개정판

최신

조리 원리
culinary principles

박문옥 · 김용식 공저

머리말

현대인은 좋아하는 음식을 먹으면서 기쁨과 행복을 느끼며 정서적인 안정을 얻는다. 때문에 식품은 인간에게 없어서는 안 될 중요한 요소이며 인간의 다양한 필요 요구에 의해 새로운 형태로 매일 개발 및 생산되고 있다.

조리는 인류의 역사와 더불어 경험을 토대로 이어지고 발전하여 왔다. 식품은 수세, 가열, 조미 등의 조리 과정에서 일어나는 여러 현상에 의해 가지고 있는 물리·화학적인 변화가 일어나 음식의 최종적인 맛, 모양, 색, 질감, 온도 등을 형성한다. 따라서 식품을 영양·기호·경제적으로 섭취하기 위해 조리 과정 중에 일어나는 식품의 다양한 현상들을 과학적으로 연구하는 것이 필요하다.

우리의 식생활은 현대 사회의 급속한 변화와 식품 산업의 발달로 다른 나라의 식문화를 받아들이면서 보다 풍요로워지고 있다. 조리인들은 필요한 정보를 대중매체와 인터넷을 통해 빠르게 습득하고 있으며, 조리 과정에서 발생하는 과학적인 연구와 다양한 조리법도 쉽게 접할 수 있다.

이 책은 우리가 원하는 최선의 음식을 얻기 위해 조리 과정에서 일어날 수 있는 물리적·화학적 변화 등을 설명하였다. 식품·조리학·영양학 및 외식 산업학 등 식품 관련 학문을 전공하는 학생들에게 조리에 대해 과학적으로 이해 할 수 있는 지침서로 활용될 수 있기를 바라며, 다양한 사람들이 조리에 대해 관심이 높아지고 있는 이 때 조리의 과학적인 원리를 알려주는 계기가 되었으면 한다.

출판의 기회를 주신 효일 사장님께 감사드리며, 책이 나올 수 있도록 도움을 주신 연성대학교 김현아 교수님과 장안대학교 김양희 교수님께 진심으로 감사드린다.

2019년
저자 씀

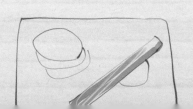

Culinary
Principles

조리원리의 개요

1. 조리원리의 중요성

2. 조리의 목적

식품에는 탄수화물, 단백질, 지방, 비타민, 무기질 등 여러 가지 영양소가 있고 사람은 식품을 섭취함으로써 건강을 유지할 수 있다. 식품에는 색, 향기, 맛, 텍스처의 특성을 주는 물질들도 함유되어 있으며 조리하는 방법에 따라 큰 영향을 받으므로, 조리 과정 중에 일어나는 식품의 다양한 현상은 음식을 섭취하는 데 매우 중요하다.

1. 조리원리의 중요성

식품은 한 가지 이상의 영양소를 함유하고 있고 유해 물질이 없는 것으로, 조리는 식품을 음식물로 만드는 것이고 식품에 어떠한 처리를 가하여 먹기 알맞은 상태로 만드는 과정이라 할 수 있다. 따라서 조리원리는 식품의 성분, 조직 및 물성을 기계적조작, 가열조작, 조미조작 등을 통해 물리·화학적 변화를 밝혀내고 이를 섭취한 인간의 생리 상태, 심리 상태, 지식 및 경험의 환경 등을 만족스럽게 해주는 다면성을 가지고 있다고 할 수 있다.

조리단계에서 일어나는 변화에 관한 연구는 많이 이루어졌지만 식품과 식품 혼합물의 복잡한 구조는 아직 많은 부분이 밝혀지지 않아, 조리 과학자들은 이를 끊임없이 연구하고 있다. 이러한 연구를 통해 조리방법을 과학적으로 설명하여 본질을 알아냄으로써 보다 더 좋은 조리방법을 찾아낼 수 있다. 그러므로 조리를 할 때 습관적인 태도로부터 벗어나 과학적인 검토를 하는 등 적극적인 태도가 중요하다. 조리과학은 조리와 과학의 관계에 대하여 이해하고 그 원리를 조리에 적용함으로써 발전한다고 할 수 있다.

이와 같이 식품의 조리 과정 중 일어나는 현상에 대하여 과학적인 원리를 이해하는 것과 조리기술을 익히는 것은 매우 중요하며 조리기술의 습득을 위해서는 경험과 숙련이 필요하다. 정확한 조리기술을 바탕으로 조리방법을 연구하면 응용과 창작 능력도 가지게 된다. 영양가와 맛이 있으며 보기에도 좋은 음식을 만들기 위해서 조리 과정은 곧 과학이고 예술이라는 개념을 가져야 한다. 또한, 식품은 그 사회의 문화적 형태의 한 부분이라는 점을 이해하여야 한다.

2. 조리의 목적

조리는 넓은 의미로는 식사계획에서부터 식품의 선택, 조리조작, 식탁차림 등 준비부터 마칠 때까지의 전 과정을 말하고, 좁은 의미로는 식품을 조리조작 과정을 거쳐 먹을 수 있는 음식으로 만드는 조리조작이다.

조리의 목적을 정리하면 다음과 같다.

[1] 식품 영양소의 이용 효율을 높임

조리할 때 식품이 가지고 있는 영양소의 손실을 최소화하는 조리조작 방법이 연구되어야 한다.

[2] 기호성 향상

식품에 대한 기호도는 지역, 성별, 연령, 직업 등에 따라 다양하다. 조리조작 중에 식품의 풍미와 텍스처를 좋게 하여 기호성을 높일 수 있다.

[3] 위생적이고 안전한 식품

식품을 씻고, 가열하는 조리조작 등을 통하여 식품에 있던 해충류, 세균, 식품 특유의 쓴맛과 아린맛과 같은 성분을 제거 할 수 있다.

[4] 저장성과 다양성

식품을 지역적 기후에 알맞도록 건조, 냉장, 냉동, 당장, 염장 등의 방법으로 보관하여 장기간 저장이 가능하게 하고, 같은 식품을 다양한 조리방법을 이용하여 만들 수 있다.

Culinary
Principles

조리와 열

조리에 있어 열은 소화되기 어려운 질긴 조직을 소화되기 쉬운 상태로 변화시키고, 위생적으로 안전하게 하며, 향을 발생시켜 식욕을 돋워주고 단백질 변성을 유도하여 맛과 소화성을 높여준다. 식품을 가열하기 위해서는 에너지가 열원에서 식품까지 전해져야 하며 전달되는 방식으로는 전도, 대류, 복사, 유도, 마이크로파가 있다.

1. 열의 역할

열을 가하면 분자의 움직임이 더 빨라지게 된다. 분자의 빠른 움직임에 의하여 생성된 에너지가 열에너지이다. 열은 에너지의 한 형태로 식품을 조리할 때 열을 사용하면 식품을 구성하고 있는 성분이 여러 가지 물리화학적 변화를 일으키게 된다. 이를 운동 에너지라 한다.

2. 열의 측정과 온도의 단위

일반적으로 수은 온도계나 알코올 온도계가 많이 사용되지만 육류용, 캔디용(젤리용), 튀김용, 오븐용 등 여러 종류가 있으므로 조리용도에 맞는 적절한 온도계를 사용하도록 한다.

[1] 섭씨 Celsius, ℃

각 나라에서 공통적으로 사용되는 온도 단위이다. 섭씨 온도는 1기압에서 물과 얼음이 공존하는 온도로 끓는점을 100℃로 하고 어는점을 0℃로 하여 그 사이를 100등분한 것이다.

[2] 화씨 Fahrenheit, ℉

미국과 일부 유럽 국가에서 사용하는 온도 단위이다. 화씨 온도는 물의 끓는점을 212℉로 하고 어는점을 32℉로 하여 그 사이를 180으로 균등하게 구분한 것이다.

3. 열의 전달방법

[1] 전도 conduction

열이 물체를 따라 이동하는 것을 전도라 하며 열이 전해지는 속도를 열전도율이라 한다. 전도는 비교적 느린 열전달 방법이다. 전도에서 열은 열을 흡수한 분자와 직접 접촉하고 있는 다른 분자로 이동한다. 열전도율이 클수록 열전달 속도가 빠른 반면 식는 속도도 빠르다. 특히, 전기가 잘 통하는 금속일수록 열전도율이 크며, 액체나 기체는 열전도율이 작다. 조리기구 중 유리나 도자기류는 열전도율이 작으므로 천천히 데울 때 좋으며, 알루미늄 냄비나 주전자는 열전도율이 크므로 빨리 끓여야 할 때 좋다. 또한 열이 효율적으로 전도되도록 냄비 바닥이 편평한 것을 사용하는 것이 좋다.

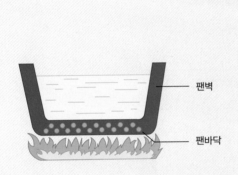

팬벽

팬바닥

[그림 2-1] 전도

[2] 대류 convection

액체 또는 기체를 가열하면 가열된 부분의 부피가 커지고 밀도가 작아져서 위로 올라가고 윗부분의 액체 또는 기체는 온도가 낮아 밀도가 커져 아래로 내려와 열전달이 일어나는데 이러한 현상을 대류라 한다. 맑은 물과 같이 대류가 잘 일어나면 열 이동이 활발하여 빨리 끓고 빨리 식으며, 점성이 있는 액체나 고형물이 있는 경우에는 열 이동성이 둔화되어 자연대류가 잘 일어나지 않아 온도를 신속하게 올리기 위해서는 젓기가 필요하지만 천천히 식기 때문에 보온성은 좋다. 식품을 부채질하는 것도 식품 주변의 공기를 강제로 대류 시켜 빨리 냉각시키는 방법이다. 대류의 흐름에 의해 오븐 내의 온도는 위치에 따라 조금씩 차이를 보여 케이크를 한 개만 구울 경우 케이크 팬을 한 가운데 놓고, 두 개 이상의 케이크를 구울 때는 대류를 방해하지 않도록 엇갈리게 놓아야 한다.

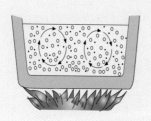

[그림 2-2] 대류

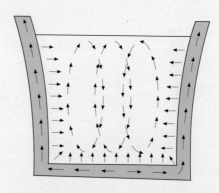

[그림 2-3] 전도와 대류에 의한 물의 가열

[3] 복사 radiation

열을 전달해주는 물질 없이 열이 직접 전달되는 현상으로 열에너지가 열선(파장)으로 발생되고, 직접 식품에 흡수되어 가열하는 경우를 복사라고 한다. 열전달 방식 중 가장 신속한 전달방법이며 특히, 숯불구이와 같은 가열은 복사에 의해 전달되는 열량이 많다. 복사열의 흡수는 표면의 색과 상태에 따라 다른데 검은색이거나 표면이 거친 것일수록 크다. 매개체 없이 열이 직접 물체를 태우는 것으로 여기에는 태양의 복사열, 가스, 숯, 장작, 석탄 등의 불꽃을 직접 이용하는 것, 토스터기의 전열, 오븐 속에서 얻는 열원 등이 있다. 조리를 할 때 식품에 복사열을 직접 가하면 음식이 탈 우려가 있으므로 도기, 금속 등의 기구에 열을 흡수시켜 거기서 나오는 복사열을 이용하면 음식을 잘 데울 수 있다. 복사열은 식품의 표면에만 흡수되므로 일단 흡수된 열은 전도에 의해 식품 안쪽으로 이동된다. 오븐조리에서 일부 복사열은 조리 용기에 흡수된 다음 전도에 의해 식품으로 이동되는데 오븐 용기의 재질이 복사열 흡수에 영향을 주므로 용기를 잘 선택해야 한다. 일반적으로 표면이 거칠고 어두운 색을 띠는 용기는 복사열을 잘 흡수하고, 표면이 매끈하고 반짝거리며 밝은 빛을 띠는 용기는 복사열을 반사하는 경향이 있어 잘 흡수하지 못한다.

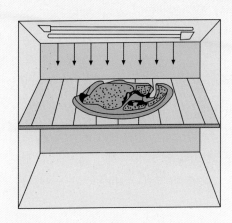

[그림 2-4] 복사

[4] 유도 induction

유도는 스토브 상부의 표면 바로 아래에 고주파수의 유도감응 코일을 장치하고 무쇠나 자기를 띤 스테인리스 스틸과 같은 전용 조리기구를 사용하여 열이 전달되도록 하는 방법이다. 코일에 전류가 흐르면 자기전류를 발생시켜 무수한 유도전류가 흐르게 되며 조리기구가 자기 마찰로 빨리 뜨거워진다. 열에너지는 전도에 의하여 조리기구로부터 식품에 전달된다. 스토브 상부는 매끈한 세라믹 물질로 만들어져 있고 표면은 차가운 상태이며 조리기구만 가열되어 식품으로 열을 전달하게 된다. 가열속도가 빠르며 청소하기가 쉽다.

[5] 마이크로파 microwave

마이크로웨이브는 복사에 의해 식품에 직접 열을 전달하는데 일반 복사방법과는 달리 식품 내부에서 열을 발생시켜 식품을 가열하는 특징이 있다. 마이크로파는 복사 에너지의 일종으로 식품의 극성 물 분자를 진동, 회전시켜 빠르게 가열되게 하며 가열조리 이외에 해동, 살균, 건조 등을 할 수 있다. 주파수가 높을수록 파장이 더 짧고 파장이 짧을수록 열을 고르게 전달한다.

마이크로웨이브는 적외선보다 파장이 짧은 극초단파로 공기, 유리, 종이, 플라스틱 등은 투과하지만 금속은 이를 반사하는 성질이 있다. 식품에 마이크로웨이브가 닿으면 식품 중의 극성 분자에 흡수되는데, 주로 물 분자가 마이크로웨이브와 반응한다. 이때 물 분자는 분극되어 전자기장 내에서 규칙적으로 배열되는데 전자기장의 변화에 따라 물 분자들이 재배열하기 위해 계속 회전하면서 마찰이 일어나 열을 발생한다.

마이크로웨이브를 사용하는 가장 큰 장점은 가열속도가 빠르다는 것이다. 마이크로웨이브는 유리, 종이 등과 같은 조리 용기를 투과하고 마이크로웨이브의 내벽에 흡수되지 않으므로 대부분이 조리에 이용되고 열효율이 높아서 빠른 속도로 가열된다.

마이크로웨이브로 조리할 때는 지나친 수분 증발을 막기 위해 뚜껑을 덮거나 랩을 씌워 조리하고 이때 일부 수증기가 제거될 수 있도록 뚜껑을 조금 열어두거나 랩에 작은 구멍을 만들어 가열한다.

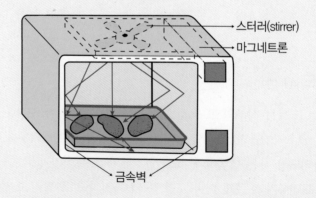

[그림 2-5] 전자레인지

4. 열의 전달매체

(1) 물

물은 식품을 조리할 때 가열기구로부터 식품에 에너지를 전달하는 매체로 작용한다. 용기 안에 있는 물은 열을 흡수하여 온도가 균일해지도록 대류를 일으키며 열이 서서히 식품에 전달되도록 한다. 물은 끓이기, 삶기 등과 같은 습열조리에서 열을 전달하는 매체로 열원에서 냄비를 통해 물에 전달된 열이 식품으로 이동된다.

(2) 기름

조리할 때 기름은 열을 전도하는 좋은 매개체로 작용하는데 그 대표적인 예가 튀김이다. 튀김은 기름의 대류에 의하여 열전도가 일어나며 고온의 기름 속에서 단시간 처리되므로 다른 조리법에 비해 맛이나 영양소 손실이 가장 적다. 기름은 볶기, 튀기기와 같은 건열조리에서 열전달 매체로 사용된다. 기름은 물보다 높은 온도로 가열되므로 물에 비해 많은 열을 전달할 수 있다.

(3) 공기

공기는 굽기, 로스팅, 브로일링 등과 같이 건열조리할 때 열을 전달하는 매체이다. 공기를 가열하면 대류에 의하여 열이 전달되는데, 오븐의 아래에서 열이 가해지면 공기가 뜨거워져서 밀도가 낮아진다. 한편 위쪽의 찬 공기는 밀도가 높고 무거워져서 아래로 이동하고 따뜻한 공기는 위쪽으로 올라가서 전체적으로 같은 온도를 만들게 된다. 많은 양의 과자나 빵을 구울 때 오븐 안에 있는 공기의 운동을 촉진시키면 굽는 시간을 반으로 줄일 수 있다. 그러나 물이나 기름에 비해 열전달 속도가 매우 느리다.

Culinary
Principles

조리와 물

물은 식품의 주요성분으로 식품의 외관, 향미, 텍스처에 영향을 주며 여러 조리 과정에 이용된다. 조리에서 물은 식품에 열을 전달하는 매체이고, 식품재료의 세정, 건조식품의 수분 부여, 맛성분의 침투 등 여러 가지 역할을 한다.

1. 물의 성질

[1] 분자구조

물 분자(H_2O)는 산소 원자 1개와 수소 원자 2개가 서로 전자를 공유한 결합이다. 수소원자가 있는 면은 약간의 양전하를 띠며 산소원자가 있는 면은 약간의 음전하를 갖는다. 이와 같이 물은 양전하와 음전하를 함께 가지므로 쌍극성이라 하고 보통 물 분자는 전기적으로 중성이다.

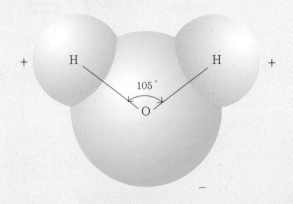

[그림 3-1] 물의 원자배열

[2] 물 분자와 수소결합

물 분자의 양전하와 음전하의 극성 때문에 여러 분자의 물이 함께 존재하며 물 분자 간에 수소결합(hydrogen bond)이 생긴다. 수소결합 자체는 비교적 약한 결합이지만 물에는 수많은 수소결합이 존재하므로 물의 수소결합을 분해하기 위해서는 매우 많은 열이 필요하다. 물이 100℃의 높은 온도에서 끓고 큰 열용량과 낮은 증기압을 갖는 것은 이 때문이다.

2. 물의 상태

[1] 액체 상태의 물

물은 0℃~100℃에서는 액체 상태로 존재하고 수소결합에 의해서 인접한 물 분자가 몇 개 모여 서로 연결되어 일정한 패턴을 형성하되 자유로이 이동한다. 상호간의 수소결합에 의해 힘을 유지하며 유동성을 갖게 되는 것이다. 공유결합과는 달리 물 분자끼리는 약한 수소결합으로 되어 있으므로 물 분자 운동에 의하여 하나의 연속 물질로 흐를 수 있고 또한 물을 그릇에 담을 때 수소결합이 끊어져서 일정량이 담길 수 있다. 물의 온도가 떨어지면 액체 상태에서의 물 분자의 움직임은 느려지며 물의 부피도 약간 작아진다.

액체가 고체로 바뀌는 온도를 어는점(freezing point)이라 한다.

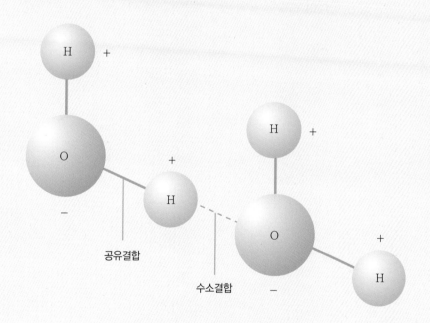

[그림 3-2] 물 분자와 물 분자의 결합

[2] 결정 상태의 물

물의 온도가 내려감에 따라 분자의 활동 상태가 약화되고 물 온도가 0℃가 되면 물이 결정 상태가 되는데 부피가 갑작스럽게 팽창한다. 이 결정은 육각형으로 내부에 공간이 생기고 부피가 커진다. 따라서 물보다 얼음의 밀도가 크다. 물이 얼어 그릇 위로 올라오는 것은 본래 분량의 1/11 만큼 부피가 커지기 때문이다.

고체가 녹아서 액체가 되기 시작하는 온도를 녹는점(melting point)라고 한다.

[3] 기체 상태의 물

물의 온도가 상승하면 수소결합 상태가 끊어지면서 분자운동이 활발해진다. 일정한 압력 하에서 액체가 어느 일정 온도에 달하면 액체 표면에서의 증발 외에 내부에서도 기체화가 일어나기 시작하는데 이 액체 내부에서 수증기가 발생되며 이때의 온도를 끓는점(boiling point)이라 한다. 순수 액체에서 일정한 압력 하에서 끓는점이 일정하게 유지되나 용액에서는 농도에 따라 끓는점이 변동한다. 일정한 압력 하에서 순수한 물의 끓는점은 100℃이다.

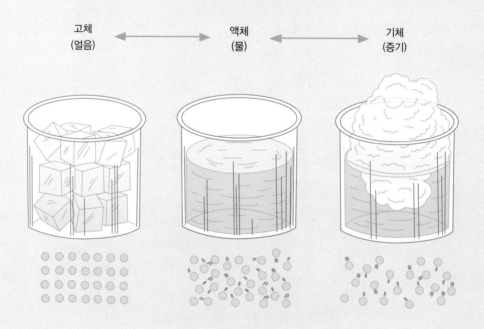

[그림 3-3] 물 분자의 움직임과 물의 상태

3. 식품에서 존재하는 물의 상태

[1] 결합수와 유리수

물은 식품의 중요한 구성 성분이며 대부분의 물은 세포 내에 잡혀있다. 이는 조직을 절단할 때 세포로부터 흘러나오지 않는다는 것을 뜻하며 이러한 물을 결합수(bound water)라고 한다. 결합수는 다른 분자에 단단히 결합되어 용매로서 작용하지 못하는 물이다. 결합수는 흐르는 성질이 없기 때문에 식품의 텍스처 특성에 크게 영향을 미치지만 효소의 활성화나 곰팡이의 생육에는 이용되지 못한다.

식품으로부터 분리되어 나오는 물을 유리수(free water, 자유수)라고 하며 식품 중 염류, 당류, 수용성 단백질과 비타민 등 가용성 물질을 녹이거나 전분, 지방 등과 같은 불용성 물질을 분산시킬 수 있는 용매로 작용하는 물이다. 0℃ 이하에서 얼며 식품을 건조시키면 쉽게 증발하고 미생물이 이용할 수 있다. 일반적으로 자유수는 조리에 사용되며 유해한 화학 물질, 미생물, 기타 건강에 해가 되는 물질이 없는 안전한 조리수여야 한다.

표 3-1 결합수와 유리수의 특성 비교

결합수	유리수
• 식품구성 물질과 결합	• 식품 내 단순한 물로 존재
• 용매로 작용하지 못함	• 수용성 성분을 녹임(용매로 작용)
• 매우 낮은 온도에서만 얾(-18℃ 이하)	• 0℃ 이하에서 얾
• 효소 활성화와 미생물 번식에 이용되지 못함	• 쉽게 건조되고 미생물 번식에 이용됨
• 증기압에 관여하지 않음	• 동·식물의 조직에 존재할 때 그 조직에 압력을 가하여 압착시키면 제거됨
• 밀도가 물보다 큼	• 밀도가 물과 같음

[2] 연수와 경수

물에 무기염(Ca^{++}이나 Mg^{++})이 함유되어 있는 정도를 경도라 하는데 이들의 함유 정도에 따라 연수(soft water)와 경수(hard water)로 나눈다. 조리할 때에는 물의 경도(hardness) 상태에 따라 영향을 받게 된다.

경수는 칼슘염류와 마그네슘염류를 다량 함유한 물이며, 이들 염류를 많이 함유하지 않은 물을 연수라 한다. 경수는 단백질과 결합하여 변성시키며, 차를 끓일 때 타닌과 결합하여 맛과 색을 저하시키고, 말린 콩을 불릴 때 경수에 함유되어 있던 칼슘이 콩을 불리거나, 채소를 불릴 때 수화를 지연시키는 역할을 하며, 알칼리성인 경수는 채소를 조리할 때 색에도 영향을 미친다.

4. 조리에서의 물의 기능

[1] 조리 시 물의 역할

물은 조리 음식의 외관, 텍스처, 향미 등의 물리·화학적 특성에 중요한 영향을 미친다. 물은 4℃에서 부피가 가장 작고 그보다 온도가 높거나 낮으면 커지게 되는데, 용기에 물을 가득 담아 얼렸을 때 용기가 깨어지거나 넘쳐나는 것이 그 이유이다.

1) 수화 hydration

물은 건조한 식품을 수화시켜 조리가 용이하도록 해주고 특히, 전분을 빠르게 호화 시킨다.

2) 세척제 washing

식품 표면에 붙어 있는 흙과 미생물들을 씻어주고 먼지를 제거해준다. 또한 조리 기구를 씻어주는 세척제로서의 역할을 한다.

3) 매개체 medium

물은 습열조리 과정에서 열을 전달하는 매개체이자 여러 종류의 화학반응(이온화, pH의 변화, 염 형성, 가수분해, 탄산가스방출 등)을 일으키게 하는데 필수적이다.

[2] 물의 조리 형태

1) 삼투압 osmotic pressure

삼투압이란 수분이 반투막을 빠져나오는 힘을 말한다. 생선이나 채소 등의 세포막은 반투막이므로 소금을 뿌리면 안쪽의 물은 세포막 바깥쪽으로 이동하고 소금은 식품 내로 침투한다.

조리 과정 중 조미료를 넣는 것은 그 조미료의 특성을 식품재료에 침투시키는 과정이라고 볼 수 있는데 분자량에 따라 침투속도가 다르다. 분자량이 적은 쪽이 많은 쪽보다 침투속도가 빠르다. 그러므로 조미 시 분자량이 큰 설탕을 분자량이 작은 소금보다 먼저 넣어야한다.

2) 확산 diffusion

농도가 높은 쪽에서 낮은 곳으로 이동하는 현상을 확산이라 한다.

3) 팽윤 swelling

건조한 것을 물에 불리면 다시 불어나는 현상을 팽윤이라 하며 식품에 따라 팽윤도가 다르다. 젤라틴과 같이 무한정 팽윤하여 마지막에는 액체가 되는 상태를 무한 팽윤이라 하고 쌀, 콩 등과 같은 곡물이나 건표고버섯, 건다시마 등과 같이 어느 정도 팽윤하면 더 이상 붇지 않는 것을 유한 팽윤이라 한다. 조리할 때는 그 식품의 팽윤도를 감안하여 준비한다.

4) 수축 shrinkage

식품의 가공, 저장 시 건조를 위해 수분을 증발시키면 수분 함량이 감소되면서 수축이 일어난다. 건조식품은 보관 중 상대습도의 영향으로 대기의 수분을 재흡수하여 변질되기 쉽기 때문에 주의해야 한다.

5. 물과 용액

(1) 용액과 용해도

어떤 물질이 다른 한 물질 속에 용해되어 균질한 상태를 용액(solution)이라 한다. 용액에서 용해되는 물질을 용질(solute)이라 하고, 용해시키는 물질을 용매(solvent)라 한다. 용해도(solubility)는 포화용액에서 용매 100g 속에 녹아 있는 용질의 질량으로 나타낸다. 용해도는 용매나 용질의 성질, 온도, 압력에 따라 달라진다. 용매의 온도가 증가하면 포화용액의 형성을 위하여 녹일 수 있는 용질의 양이 증가한다. 물은 용매로서의 역할을 하며 식품에 존재하는 물질들의 크기에 따라 진용액, 교질용액, 현탁액을 형성한다.

1) 진용액 true solution

물은 소금, 설탕, 수용성 비타민, 무기질 같은 분자량의 비교적 적은 물질들을 용해시킨다. 이런 용액을 진용액이라 한다. 용액 중 입자의 크기가 가장 작고 안정된 상태의 용액으로 이온성과 분자성 용액으로 나뉜다.

$$NaCl \rightarrow Na^+ + Cl^-$$

2) 교질용액 colloid solution

식품이 함유하고 있는 여러 성분 중에서 진용액 상태는 아니지만 물에 분산된 상태로 존재하는 것이 있는데 이를 교질용액이라고 한다. 교질용액의 용질크기는 진용액과 현탁액의 중간 정도이며 여기에는 우유나 젤라틴 용액 등이 있다. 콜로이드를 형성하는 입자의 크기 때문에 일반적으로 교질 분산액은 불완전하여 외부 조건에 의해 쉽게 안정성을 잃어 침전하게 된다.

교질 상태의 입자는 용액 중의 용질과 결합하려는 성질 즉, 흡착성을 가지고 있다. 예를 들어 간이 짠 국에 달걀을 풀어 넣으면 달걀이 소금의 전해 물질을 흡착·응고시키므로 이를 다시 걷어내면 짠맛이 감소한다.

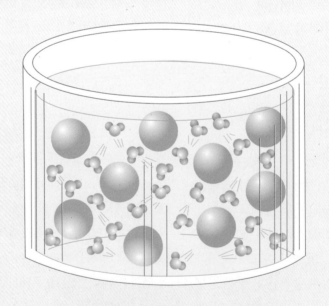

[그림 3-4] 물에 분산되어 있는 콜로이드 입자

표 3-2 식품에서의 콜로이드 상태

콜로이드 상태	비연속상	연속상	식품의 예
졸(sol)	고체	액체	사골국, 젤라틴 용액
겔(gel)	액체	고체	달걀찜, 족편
유화(emulsion)	액체	액체	샐러드드레싱
거품(form)	기체	액체	달걀흰자거품
	기체	고체	아이스크림

3) 현탁액

분산해 있는 입자는 매우 크거나 복잡해서 수분에 용해되지 않고 쉽게 가라앉는다. 이 용액은 저어주면 부유 상태가 되며, 가만히 두면 입자가 가라앉는다. 이 물질은 인력에 의해 영향을 받고 결국은 분리되려는 정향을 갖는다. 예로 물에 풀어 놓은 전분용액이나 된장국물 등이 있다.

[2] 졸과 겔 sol, gel

졸은 액체에 고체가 분산된 콜로이드 분산액으로, 연속상이 액체이므로 흐를 수 있다. 겔은 연속상인 고체에 액체가 분산된 콜로이드계로 연속상과 분산상이 졸과 반대이며 흐르지 않는다. 겔의 종류에 따라서 온도나 농도 등이 바뀌면 원래의 상태로 되돌아가는데, 이 반응을 가역반응이라 한다.

졸은 다양한 유동성을 갖는데 특히 온도가 높고 고체의 농도가 낮을수록 잘 흐른다. 예를 들어 고기나 뼈를 오래 끓였을 때의 국물이나 젤라틴으로 만든 음식에서 이러한 현상을 볼 수 있다. 그러나 가열에 의해 겔이 졸로 되돌아갈 수 없는 비가역반응으로는 묵, 달걀찜, 두부, 소스 등이 있다.

겔상의 음식은 시간이 경과하면 그물모양의 구조를 형성하고 있는 분산 물질이 흡수성이 약화되어 겔이 수축하면서 액체의 일부가 분리되는 현상을 볼 수 있는데 이것을 이수(syneresis) 현상이라 한다.

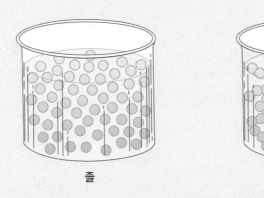

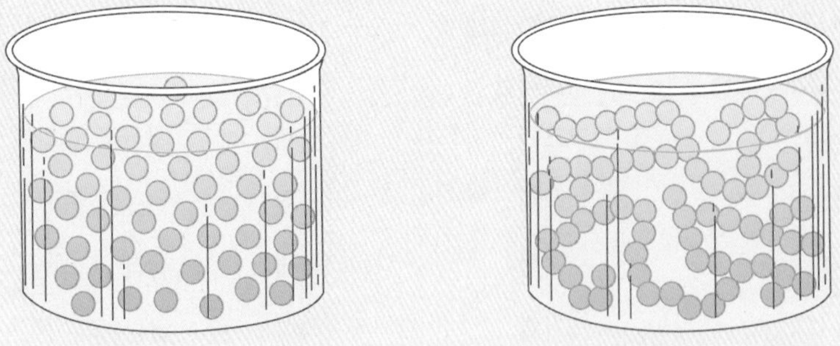

졸   겔

[그림 3-5] 졸과 겔

졸   겔

[그림 3-6] 겔의 형성

[6] 유화 emulsion

서로 섞이지 않는 두 가지 액체물질이 같이 혼합된 상태를 유화라 한다. 유화액은 연속상과 비연속상의 종류에 따라 수중 유적형 유화액(oil in water, O/W)과 유중 수적형 유화액(water in oil, W/O)로 나뉜다. 수중 유적형 유화액은 연속상인 물에 기름방울이 분산된 것으로 마요네즈, 생크림이 대표적인 예이고 유중 수적형 유화액은 버터, 마가린과 같이 연속상인 기름에 물이 분산된 것이다.

[그림 3-7] 유화제의 유화작용

유화액은 두 액체가 잘 섞여진 것처럼 보일 때까지 흔들어줌으로써 형성된다. 흔들어 주는 이유는 표면장력이 큰 액체가 또 다른 액체에 의해 둘러 싸여진 많은 작은 방울을 형성하도록 필요한 에너지를 공급하기 위한 것이다. 두 액체들이 두 층으로 가깝게 있을 때보다 분산된 액체의 표면적이 넓으면 넓을수록 작은 방울이 더 많이 이루어진다.

분산액의 방울들은 서로 부딪치며 결합하는 경향이 있다. 이로 인하여 결국 유화액이 깨어지거나 두 개의 분명한 상으로 분리된다. 따라서 물과 기름을 함께 넣고 젓거나 흔들기를 중지하면 분리되어 기름이 위로 떠오른다. 이처럼 서로 섞이지 않는 두 액체가 서로 섞여 있기 위해서는 제3의 물질이 존재해야 하며 이러한 물질을 유화제라 한다.

달걀노른자는 자연식품 중에서 가장 질이 좋은 유화제이다. 노른자의 성분 중 레시틴(lecithin)은 인지질로서 그 분자 내에 친수기와 친유기를 함께 가지고 있다. 달걀노른자 레시틴은 마요네즈를 만들 때 좋은 유화제가 된다.

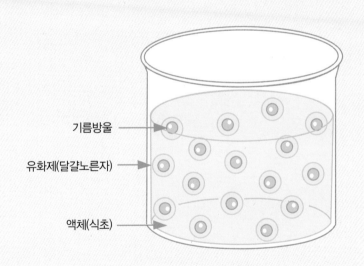

기름방울

유화제(달걀노른자)

액체(식초)

[그림 3-8] 마요네즈의 유화

노른자에 다량 함유되어 있는 단백질도 역시 한 분자에 친수기와 친유기를 함께 가지고 있기 때문에 좋은 유화제가 된다. 유화액은 비록 영구적인 상태라 하더라도 높은 온도나 냉동 상태, 지나치게 저어주거나 흔들어 줄 때, 뚜껑을 열어 놓아 표면이 건조할 때, 소금을 첨가할 때 또는 오랫동안 보관할 때 분리될 수도 있다.

6. 식품의 수분 함량

[1] 수분활성도 water activity, Aw

수분활성도는 임의의 온도에서 식품이 갖는 수증기압(Ps)에 대한 온도에서 순수한 물이 갖는 최대 수증기압(Po)의 비(Aw=Ps/Po)로 나타낸다. 식품에 들어있는 자유도를 나타내는 지표이며 순수한 물의 수분활성도는 1이다. 식품의 저장성은 그 식품이 가진 수분 함량과 대기 중의 상대습도에 영향을 받게 된다. 따라서 식품저장 시 미생물의 증식에 있어서 수분 함량보다 수분활성도가 더 중요한 의미를 갖는다. 수분활성도를 저하시키기 위하여 주로 사용되는 방법은 건조법, 냉동법, 염장법, 당장법 등이 있다.

조리방법

1. 조리의 예비조작

1. 조리의 예비조작

[1] 계량

과학적이고 실패 없는 조리를 하기 위해서는 재료를 정확히 계량해야 한다. 저울로 무게를 재는 것이 가장 정확하나, 가정에서는 계량컵이나 계량스푼과 같은 기구로 부피를 재는 것이 더 편리하다. 이때 식품의 밀도가 틀리기 때문에 정확한 계량 기술과 표준화된 기구를 사용하는 것이 중요하다.

1) 계량단위

① 중량

일반적으로 저울을 사용한다. 중량으로 계산하는 것이 정확하지만 소량 조리 시 용량으로 환산하여 계량스푼을 사용하는 것이 간단하다. 다량조리에는 식품, 조미료라도 중량에 의하는 경우가 많으므로 자주 쓰는 식품의 목측량을 알아야 한다.

[그림 4-1] 계량저울

② 용량

액체, 분말, 입자 등은 계량컵이나 계량스푼을 사용하여 계량하는 것이 편리하고 효율이 좋다. 일상적으로 자주 사용하는 식품이나 조미료 등은 용량과 중량의 관계를 알아야 한다.

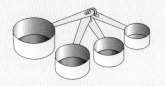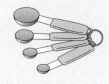

[그림 4-2] 계량컵, 스푼

표 4-1 계량단위	
한식에서 사용하는 계량단위	**양식에서 사용하는 계량단위**
• 1컵(C, cup) = 200mL • 1큰술(Tbsp, table spoon) = 15mL • 1작은술(tsp, tea spoon) = 5mL	• 1Tbsp = 3tsp = 15mL • 1C = 16Tbsp = 240mL = 8oz =1/4qt(quart) • 1oz = 2Tbsp = 30mL • 1#(lb, pound) = 16oz = 450g • 1pt(pint) = 2C = 0.47L • 1gal(gallon) = 16C = 128oz = 3.8L

2) 측정방법

① 가루

가루를 계량할 때에는 부피보다 무게로 계량하는 것이 정확하나 편의상 부피로 계량하고 있다. 부피로 계량할 때에는 할편된 계량컵을 사용하는 것이 편리하다. 가루는 입자가 작고 다져지는 성질이 있기 때문에 그릇에 오래 담겨 있으면 눌려지게 된다. 그러므로 밀가루와 같은 가루를 계량하기 전에 한 번 체에 쳐주거나 스푼으로 잘 휘저어 사용한다.

베이킹파우더, 소금, 베이킹 소다 등도 계량하기 전에 덩어리진 것을 먼저 부스러뜨리고 계량스푼으로 수북이 떠서 위를 깎아 준다.

[그림 4-3] 가루 계량법

② 액체

 물, 우유, 기름, 간장과 같은 액체는 눈금 있는 액체 계량컵으로 계량하는
것이 좋으며, 편평한 데 놓고 눈높이에서 보아 눈금과 액체의 표면(meniscus)의
아랫부분을 눈과 같은 높이로 맞추어 읽는다.

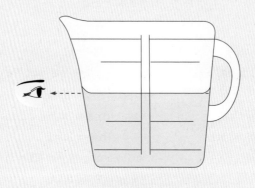

[그림 4-4] 메니스커스

③ 고체

 버터, 마가린, 쇼트닝과 같은 고체지방을 계량할 때에도 할편된 계량컵을 사
용하는 것이 정확하다. 냉장고에 넣어 두었던 지방은 사용하기 전에 꺼내어 충
분히 부드러워지도록 한다. 딱딱한 상태에서는 정확하게 계량하기가 어렵기 때
문이다. 부드러워진 지방은 컵 안에 넣어 공기 주머니가 없어지도록 눌러 준
후 평평한 것으로 깎아준다. 다른 그릇에 옮길 때에는 손가락이나 탄력 있는
고무주걱으로 잘 긁어 준다. 고추장이나 된장도 같은 방법으로 계량한다.

④ 설탕

 설탕을 계량할 때에는 할편된 계량컵을 사용하며 덩어리진 설탕은 모두 부
스러뜨린 후 계량한다. 백설탕의 경우 컵 안으로 설탕을 수북이 떠 넣어 윗면
을 깎아준다. 흑설탕은 백설탕과 달리 설탕표면에 시럽의 피막이 있어 설탕입
자가 서로 밀착하려는 경향이 있다. 그러므로 컵 안에 설탕을 넣고 눌러 주어
쏟았을 때 컵의 형태가 나타나도록 해 준다.

[그림 4-5] 흑설탕 계량

표 4-2	조미식품의 중량표 단위						(g)
식품명	1작은술	1큰술	1컵	식품명	1작은술	1큰술	1컵
물	5.0	15.0	200	다진 마늘	3	9.0	120
간장	5.7	17.0	230	다진 파	3	9.0	120
식초	5.0	15.0	200	다진 생강	3	9.0	120
소금	3.0	9.0	130	술	5	15.0	200
설탕	4.2	12.5	150	고춧가루	2	6.0	80
꿀, 물엿, 조청	6.0	18.0	292	계핏가루	2	6.0	80
식물성유	3.5	11.0	180	겨잣가루	2	6.0	80
참기름	3.5	12.8	190	후춧가루	3	9.0	120
고추장	5.7	17.2	260	통깨	3	7.0	90
된장	6.0	18.0	280	깨소금	3	8.0	120
새우젓	6.0	18.0	240	밀가루	3	8.0	105
멸치육젓	6.0	18.0	240	녹말가루	3	7.2	110

[2] 씻기

1) 수세 시 주의사항

식품에는 협잡물, 미생물, 기생충 알, 농약 등이 묻어 있을 수 있으므로 흐르는 물의 압력을 이용하여 충분히 씻어야 한다.

2) 방법

흐르는 물에 여러 번 씻는 것이 효과적이다. 씻는 물에 소금이나 식초를 타서 씻으면 살균, 소독의 효과를 낼 수 있다. 채소류는 흐르는 물에, 어패류는 묽은 소금용액에 씻는다. 기생충 알, 농약이 있거나 표면에 굴곡이 많을 때 세제를 사용하는데, 분말세제는 0.2~0.4%, 액상세제는 0.04~0.05%의 농도가 알맞다.

[3] 담그기

1) 침수의 목적

식품을 물에 담가서 흡수·팽윤·연화시키는 것이며 특히 곡류, 두류, 건어물 등은 조리 전에 충분히 침수시켜야 조미료의 침투를 용이하게 하고 조리시간을 단축시킨다. 또한 껍질을 제거한 식품의 변색방지와 염분농도가 높은 식품의 짠맛 저하 및 쓴맛, 떫은맛 제거를 위해서도 이 조작이 필요하다.

2) 방법

간장용액에 담가 수분활성도를 낮게 하여 보존성을 높인다. 술, 식초, 조미액 등에 담가 필요한 성분을 침투시켜 맛을 향상시킨다.

[4] 자르기

1) 썰기의 목적

썰기는 껍질, 상처 난 부분과 같이 조리에 필요하지 않은 부분을 제거하며, 식품 재료의 표면적을 증가시켜 열전도율을 높이므로 조리시간이 단축되고 조미액의 침투가 촉진된다. 또한 식품을 썰어서 모양과 크기를 조절하면 먹기에 편리하고 음식의 외관도 아름답고 맛있어 보인다.

2) 썰기의 방법 및 종류

조리의 목적에 맞게 식품을 잘라 성형하는 것으로 가열과 더불어 조리 조작에서 중요한 단계이다.

채 썰기	다지기	통썰기(둥글썰기)	돌려깎기	어슷썰기
나박썰기	깍둑썰기	반달썰기	얄팍썰기	은행잎썰기
막대썰기	골패썰기	깎아썰기	마구썰기	마름모썰기

[그림 4-6] 기본 썰기

[5] 마쇄와 분쇄

썰기보다 더 곱고 작게 해주는 조작으로 소화흡수를 좋게 하고 풍미를 증진하는 장점이 있으나, 식품 조직의 파괴로 비타민 C 산화효소가 활성화하여 비타민 C 파괴율이 높아지고, 폴리페놀의 산화효소작용으로 인한 갈색화가 촉진되어 품질이 저하되는 단점이 있다.

[6] 압착여과

식품에 물리적인 힘을 가해 물기를 짜내어 고형물과 액체를 분리하고 조직을 파괴시켜 균일한 상태로 만드는 것으로 음식에 따라서는 고형물을 이용하는 경우도 있고 즙액만을 이용하기도 한다. 모양을 변형시키거나 성형하기 위해서 하는 방법이다.

[7] 냉각과 냉장

냉각과 냉장은 주로 조리된 음식을 보관할 때 사용한다. 냉각시킬 때는 음식의 열이 가능한 빨리 빠져나가도록 해야 하므로 음식 주변에 있는 물체는 열전도율이 좋고 음식과 온도차가 큰 것이 좋다. 물은 공기에 비해 열전도가 높으므로 실온에서 식히는 것보다 찬물을 이용하는 것이 효과적이고 찬물보다는 얼음물이 좋다. 냉장고에서 냉각하더라도 일단 흐르는 물이나 상온에서 어느 정도 식힌 다음에 넣어야 하며 뜨거울 때 넣으면 냉장고 안의 온도가 상승하여 적정 온도 범위를 벗어나므로 주의한다.

(8) 동결과 해동

동결은 식품 중의 수분을 얼려서 동결 상태가 되도록 하는 것으로 아이스크림 등을 만들 때 이용되며 저장법으로 사용되기도 한다. 저장법으로 이용할 때에는 가능한 빨리 얼려서 식품의 조직 손상이 일어나지 않도록 한다. 서서히 얼리면 해동시킬 때 드립양이 많아져서 좋지 않기 때문이다.

해동은 동결된 식품 중의 수분을 녹여서 원상태로 복구시키기 위한 것이다. 해동방법에는 급속해동과 완만해동이 있는데 식품이나 음식의 종류에 적합한 방법을 이용한다. 급속해동법으로는 동결된 것을 그대로 가열하는 방법과 전자파를 이용하는 방법이 있다. 동결시킨 반조리 또는 조리된 식품, 데친 채소 등을 그대로 가열조리한 것은 해동과 조리가 동시에 일어나도록 급속해동법을 사용하고, 닭고기, 어류, 육류는 완만해동법을 사용한다.

가열조리조작

식품의 조리법에는 재료를 날것 그대로 이용하는 비가열조리법과 열을 이용한 가열조리법이 있다. 가열조리법은 소화율을 높이고 식품의 안전성이 증가되며 질감을 연화시키고 풍미가 증가되며 불미성분이 제거되는 등의 장점이 있으나, 지나치게 가열되면 향미와 질감이 떨어지고 영양성분이 파괴되기도 한다.

1. 비가열조리법

식품 고유의 독특한 색과 맛, 향, 질감을 살려 신선한 상태로 조리하는 방법으로 주로 이용되는 음식으로는 채소나 과일의 신선한 맛을 그대로 살린 생채, 냉채, 샐러드 등이 있고 동물성 식품을 이용한 생선회와 육회 등이 있다. 가열하지 않은 생조리는 영양성분, 특히 수용성 성분의 손실이 적고 식품 고유의 맛을 그대로 살릴 수 있으며 조리방법이 간단한 장점이 있다. 어류나 육류의 경우 가열 처리한 것보다 소화율이 높다. 반면에 위생적으로 처리하지 않으면 농약이나 병원균 등의 오염으로 안전성에 문제가 생길 수 있으므로 깨끗이 세척하고 최대한 빠른 시간 내에 조리하여 가능한 한 빨리 섭취하는 것이 좋다.

2. 가열조리법

가열을 통한 조리는 소화흡수율 증가, 안전성 증가, 풍미증가, 질감 연화, 효소불활성화, 저장연장 등이 있다. 반면 지나친 가열은 영양성분의 파괴와 향미 및 질감의 저하를 가져오므로 식품의 종류에 따라 가열조리기간을 적절하게 해야 한다.

[1] 습열조리

1) 끓이기

끓이기는 물이나 조미액을 열전달 매체로 하는 조리법으로 고농도의 설탕용액과 같이 특별한 경우를 제외하고 가열 온도는 100℃를 넘지 않는다. 끓이기는 조미성분을 식품에 충분히 침투시킬 수 있고 식품 중심부까지 가열할 수 있어 감자와 같이 단단한 식품조리에 이용하면 좋다. 끓이는 과정에서 조미성분을 충분히 식품에 침투시킬 수 있는 장점이 있으나 모양 유지가 어렵고 수용성 맛성분이나 영양성분이 물 또는 조미액 중으로 녹아 나오므로 국물을 이용하지 않는 경우에는 주의해야 한다.

2) 삶기

삶기는 물이 열전달 매체인 조리법으로 특별히 다른 양념 등으로 맛내기를 하지 않는 점이 끓이기와 다르다. 삶기란 많은 양의 물 속에서 식품을 가열하면 대류가 일어나 열이 식품 표면에 전달된 후 식품내부로 전해져 익게 되는 원리를 이용한 조리법이다.

삶기는 두류, 면류, 채소류의 텍스처를 부드럽게 하는 것이 주목적이며 또한 육류, 달걀 등의 단백질 응고를 도와주고 건조식품의 수분흡수를 촉진시키며 좋지 않은 맛성분을 제거하고 색깔을 좋게 하기 위해 사용한다.

3) 데치기

채소류를 냉동하기 전 또는 건조시키기 전의 전처리 과정으로 80~100℃의 열탕 또는 증기를 이용하여 순간적으로 익히는 것이다. 데치기의 목적은 효소를 불활성화 시켜 변질이나 변색을 방지하는 것이므로 조직이 연해질 때까지 가열할 필요는 없다. 냉동 채소를 조리할 때는 이미 한번 데쳐진 것을 고려해서 가열시간을 정한다.

4) 찌기

찌기는 수증기의 기화열을 이용하는 조리법이다. 식품에 수증기가 닿으면 기화열이 식품에 흡수되고 수증기는 냉각되어 액화되는데, 다시 수증기가 되고 액화되는 과정이 반복되면서 식품이 가열된다. 밥을 찌면 액화된 수증기의 일부가 식품에 흡수되어 입안 느낌이 좋지 않으므로 수분이 지나치게 흡수되지 않도록 주의한다.

찌기는 식품의 맛과 모양을 그대로 유지할 수 있고 수용성 성분의 손실이 적은 조리법이나 찌는 도중에는 조미할 수 없으므로 찌기 전이나 후에 조미를 해야 한다. 비린내가 강한 생선, 가열할 때 양배추같이 자극성 냄새가 나는 채소는 찌기에 적합하지 않다.

5) 조리기

조리기는 음식 재료에 양념을 넣은 다음 처음에는 센 불로 가열하다가 끓기 시작하면 낮은 온도로 서서히 조리하는 방법으로 생선을 조리거나 육류 및 콩을 조릴 때 이용된다.

(2) 건열조리

1) 구이

① 직접구이

석쇠 등의 조리 기구를 불 위에 직접 올려놓고 조리하는 방법으로 직화구이라고도 하며 육류나 어패류, 채소류에 이용하며, 서양조리에는 브로일링(broiling with over heat), 그릴링(grilling with under heat), 바비큐 등이 있는데 식품 재료가 열원의 위 또는 아래에서 조리되는 형태를 말한다. 스테이크 등의 연한 고기를 구울 때, 생선이나 채소를 구울 때 사용되며 높은 열로 빠르게 조리하는 것이 특징이다.

② 간접구이

냄비나 철판, 오븐, 알루미늄 포일 위에 식품을 놓고 가열하는 방법이다. 두꺼운 냄비나 철판을 사용해야 열용량이 커서 잘 구워지며, 눌어붙는 것을 방지하기 위해 소량의 기름을 고루 두른 후 구워내기도 한다. 또한 가열된 냄비나 프라이팬에 센 불로 고기의 표면을 익힌 후 불을 약하게 하여 식품 속까지 익히는 방법이다.

오븐에서의 열전달은 가열된 공기의 대류에 의한 것으로 오븐 속의 공기 온도가 100℃ 이상이어도 공기는 열전도율이 낮으므로 물에서 가열할 때보다 가열시간이 더 오래 걸린다.

2) 베이킹

오븐을 이용한 조리법으로 오븐이 가열되어 생긴 복사열과 뜨거워진 공기의 대류에 의하여 오븐 안의 재료를 익힌다. 주로 쇠고기나 돼지고기, 닭이나 칠면조를 덩어리째 오븐에서 조리하는 방법을 로스팅(roasting)이라고 하고 식빵, 케이크 등을 굽는 것을 베이킹(baking)이라고 한다.

3) 볶기

볶기는 소량의 기름을 사용하여 달궈진 냄비나 팬에 식품을 넣고 빠르게 익히는 조리법으로 고온에서 단시간에 조리하므로 수용성 성분의 용출이 적으며 비타민의 파괴도 적다. 또한 볶는 과정에서 식품의 수분이 빠져나오는 대신 기름이 흡수되므로 풍미를 증가시킬 수가 있다.

4) 지지기

지지기는 넓고 얇은 팬에 약간의 기름을 사용하여 재료를 익혀내는 방법으로 육류, 생선, 채소 등에 이용된다. 지지는 재료에 따라 재료를 그대로 지지는 경우도 있고 밀가루나 빵가루 등을 입혀 식품 속의 수분이 빠져나는 것을 방지하기도 한다.

5) 튀기기

튀기기는 기름을 열전달 매체로 이용하여 고온의 기름에 식품을 넣고 가열하는 조리법이다. 기름의 사용범위는 150~200℃로 물보다 높은 온도를 이용하여 단시간에 조리할 수 있고 영양소의 파괴가 적다. 튀김은 식품 재료 중의 수분과 튀김 기름의 교환이 이루어지고 튀기는 도중에는 조미가 되지 않으므로 가열 전후에 조미를 하여야 한다.

표 5-1 기름의 발연점 (℃)

종류	발연점	종류	발연점
대두유	256	올리브유	199
면실유	229	쇼트닝	177~191
옥수수유	227		

3. 가열조리가 식품에 미치는 영향

[1] 영양성분

조리 시 식품에서 일어나는 가장 중요한 변화는 수용성 영양성분의 변화이다. 이러한 영양소는 조리할 때 사용하는 물의 양, 조리하는 시간 그리고 가열 정도에 의하여 영향을 받는다. 단백질은 높은 온도에서 가열하면 딱딱하게 응고되어 소화성이 나빠지며 필수 아미노산의 효능이 상실되는 경우가 있다. 튀김을 할 때 기름의 온도를 너무 높게 하면 기름이 산화 분해되어 인체에 해로운 성분을 만들 수 있다.

[2] 향미

조리 후 맛을 좋게 하거나 그 식품의 자연적인 향미를 증진시키기 위해서는 조리 과정이 가능한 한 짧아야 하고 조미료는 조금만 첨가하는 것이 좋다. 건열법을 이용하면 식품의 표면에 갈변이 일어나며 좋은 향미를 생성한다.

그러나 지나친 조리는 향미를 나쁘게 하고 조직을 무르게 한다. 또한 휘발성 향기성분이 많이 손실된다.

[3] 색과 텍스처

가열에 의하여 식품의 색이 변하게 되나 원래의 색보다 더 선명하게 할 수도 있고, 원하는 색이 나올 수도 있다. 예를 들면 채소를 살짝 데치면 신선할 때의 색보다 좀 더 선명해지고 육류나 밀가루 반죽을 오븐에 구우면 더 좋은 갈색이 만들어진다. 조리의 목적은 식품 본연의 텍스처를 유지하는데 있지만 가열로 인하여 변화될 수 있다. 예를 들면 과일이나 채소는 부드러워지지만 단백질 식품은 단단하게 응고되기도 한다. 하지만 조리방법과 시간에 의하여 정도를 조절할 수 있다.

[4] 소화

조리는 식품의 소화력을 증진시킨다. 예를 들면 전분은 호화되고 육류는 결체 조직에 있는 단백질인 콜라겐이 파괴됨으로써 더 부드럽게 되어 소화력을 높일 수 있다.

[5] 유해 물질

식품을 조리하면 식중독의 원인이 될 수 있는 유해 물질을 파괴하거나 식품 자체가 가지고 있는 어떤 성분에 변화를 준다.

4. 조미료

[1] 정의

조미료는 식품에 단맛, 신맛, 짠맛, 감칠맛, 매운맛 등을 더하거나 원래의 맛을 두드러지게 하고 음식의 색, 향미, 텍스처 등에도 영향을 주고 식품의 맛과 어울려 새로운 맛을 내게 하는 목적으로 사용되며 우리나라에서는 양념이라고 한다.

(2) 조미료 종류

표 5-2   조미료의 종류

종류	예
짠맛 조미료	소금, 간장, 된장
단맛 조미료	설탕, 물엿, 꿀, 올리고당
신맛 조미료	식초
감칠맛 조미료	MSG, IMP, GMP

(3) 조미순서

조미를 할 때는 설탕, 소금, 식초, 간장, 된장 등 분자량이 큰 것을 먼저 넣어야 조미료의 침투가 잘 되어 맛이 좋다.

생선조림과 같이 조미료의 맛을 식품 내부까지 스며들게 하기 위해서는 설탕, 소금, 식초, 간장 순으로 첨가하는 것이 좋다. 소금은 설탕에 비해 분자량이 적어 침투속도가 빠르기 때문에 수분이 빠져나오면서 조직이 수축되어 설탕의 단맛이 배어들기 어려운 상태로 만든다. 단맛과 짠맛이 잘 어우러지게 하려면 분자량이 큰 설탕을 소금보다 먼저 넣어 주는 것이 좋다. 식초와 간장은 가열하면 향이 달아나므로 조리가 거의 끝날 때 첨가하는 것이 좋으나 식품 표면만 맛들이기 위해 단시간 가열하는 경우는 처음부터 조미료를 모두 섞어서 가열조리한다.

5. 맛의 현상

표 5-3   맛의 현상

대비	서로 다른 두 가지 맛이 작용하여 주된 맛성분이 강해지는 현상
변조	한 가지 맛을 느낀 직후 다른 맛을 보면 원래 식품의 맛이 다르게 느껴지는 현상
상쇄	맛의 강화, 대비 현상과는 반대로 두 종류의 정미성분이 혼재해 있을 경우 각각의 맛을 느낄 수 없고 조화된 맛을 느끼는 경우
억제	서로 다른 정미 성분이 혼합되어있을 때 주된 정미성분의 맛이 약화되는 현상
미맹	PTC라는 화합물에 대하여 그 쓴맛을 느끼지 못하는 현상 (PTC: phenylthiocarbamide, 미맹을 검사하는 용액으로 혀의 미뢰에서 쓴맛이 나는 정도를 판단)

Culinary
Principles

식품의 성분

식품은 다양한 화학 분자로 이루어진 복잡한 물질로 수분을 가장 많이 함유하며 탄수화물, 단백질, 지방, 무기질, 비타민 등의 영양성분과 색, 향기, 맛, 텍스처 특성을 주는 비영양성분으로 구성되어 있다. 효소는 단백질의 특수한 형태로서 가공되지 않은 식물이나 동물 조직에 미량 함유되어 있다. 산, 향미 물질, 색소 등도 식품의 구성분이다. 식품을 조리할 때 이 성분들에서 변화가 일어나는데, 예를 들어 과일, 채소, 육류 등에서는 수분이 용출되고 육류의 지방은 가열하면 녹는다. 또한 밥을 지을 때 쌀 전분은 호화라는 현상이 일어난다. 그러므로 식품을 조리할 때 일어나는 현상을 설명하기 위해서는 식품성분의 화학적 특성과 기능을 이해하는 것이 중요하다.

1. 탄수화물 carbohydrates

탄수화물은 식품에 함유되어 있는 당류, 전분, 섬유소를 말하며 식물이 탄수화물의 주공급원이다. 탄소(C), 수소(H), 산소(O)가 1:2:1로 이루어져 있으며 탄소와 물(H_2O)을 함유하고 있기 때문에 '수화된 탄소(hydrated carbon)'라고 한다. 탄수화물의 일반식은 $Cx(H_2O)y$이다. 여기서 x와 y는 두 개에서부터 수천 개까지 이를 수 있다. 탄수화물은 당질(saccharides)이라고도 하는데 이것은 가수분해에 의해 단당류가 얻어지는 물질인 비섬유성 탄수화물을 뜻한다.

탄수화물은 녹색식물에서 광합성에 의하여 형성된다. 광합성은 식물이 태양에너지를 이용하여 공기 중의 이산화탄소(CO₂)와 토양의 물을 단당류인 포도당과 물로 전환하는 과정으로 산소는 이 광합성 과정 동안 식물에 의하여 발생된다.

$$6CO_2 + H_2O + Energy \xrightarrow{\text{광합성}} C_6H_{12}O_6 + 6O_2$$

[그림 6-1] 광합성 반응

세계적으로 탄수화물 식품은 값이 싸고 구하기가 쉽고 저장이 간편하여 가장 경제적인 열량원이며 주식으로 가장 많이 이용되는 식품이다. 에너지 공급원으로 매우 중요하며 소화가 쉽고 체내에서 독성 물질을 만드는 일도 매우 드물다. 탄수화물은 구성단위에 따라 단당류(monosaccharides), 이당류(disaccharides), 소당류(oilgosaccharides), 다당류(polysaccharides)로 분류한다.

(1) 탄수화물의 분류

1) 단당류 monosaccharides

단순 탄수화물 및 당류라고하며 단당류는 가장 단순한 당으로, 당(saccharide)은 달다는 뜻이고 모노(mono)는 하나의 단위이다. 자연적인 식품은 대부분 탄소원자가 여섯 개인 당을 함유하는데 이것을 6탄당(hexose), 섬유소 또는 껌류에 함유되어 있는 다섯 개의 탄소를 갖는 당류를 5탄당(pentose)이라고 한다. 6탄당 중 중요한 것은 포도당(glucose), 과당(fructose), 갈락토오스(galactose)이며 각 당류는 $C_6H_{12}O_6$로 표기되나 화학기의 위치에 따라 단맛이나 용해도와 같은 특성이 조금씩 다르다.

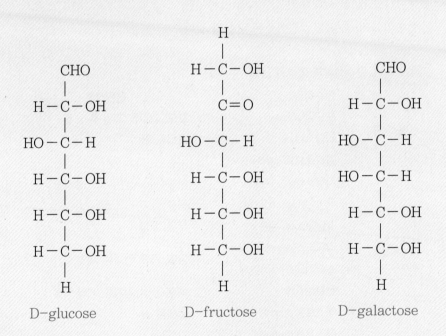

[그림 6-2] 6탄당의 직쇄구조

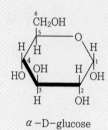
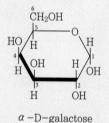

α–D–glucose α–D–fructose α–D–galactose

[그림 6-3] 6탄당의 환상구조

포도당과 갈락토오스는 알데하이드기(CHO)를 가지는 알도오스 형태의 6탄당이고 과당은 케톤기(CO)를 갖는 케토오스(ketose)형태의 6탄당이다.

당류를 명명할 때 광학 활성도에 따라 'D(alpha)' 또는는 'L(beta)'이라 하며 자연적인 당류는 D형이 대부분이고 L형은 생체 내에서 이용되지 못하여 에너지를 발생시키지 않아 주로 대체 감미료에 사용된다.

탄수화물의 종류와 급원식품은 다음과 같다.

표 6-1 탄수화물의 종류와 급원

탄수화물		급원식품
단당류 (monosaccharides)	포도당(glucose)	포도, 과일류, 과일 주스, 꿀
	과당(fructose)	과일류, 꿀
	갈락토오스(galactose)	우유
이당류 (disaccharides)	자당(sucrose, 설탕)	사탕수수, 사탕무, 메이플시럽
	맥아당(maltose)	곡류
	젖당(lactose, 유당)	우유, 유청
소당류 (oligosaccharides)	라피노스(raffinose)	당밀, 콩류, 견과류, 씨앗
	스타키오스(stachyose)	
다당류 (polysaccharides)	전분(starch)	옥수수, 밀, 감자류, 기타 곡류
	덱스트린(dextrin)	밀제품, 꿀
	글리코겐(glycogen)	간, 근육
	셀룰로오스(cellulose)	식물류
	헤미셀룰로오스(hemicellulose)	식물류
	이눌린(inullin)	돼지감자
	펙틴 물질(pectin substances)	과일류, 채소류의 세포벽 내에 함유
	껌(gums)	해조류, 식물류

① 포도당 glucose

식품에 가장 많이 분포되어 있는 단당류로 과일류와 채소류에는 적은 양이라도 함유되어 있고 꿀에는 과당과 함께 들어있다. 전분에 들어있는 많은 복합 탄수화물의 기본 단위는 포도당이다. 공업적으로는 주로 옥수수, 고구마, 감자전분이 포도당의 원료로 이용되고 있다. 옥수수 시럽은 복합전분 분자의 분해나 가수분해에 의하여 생산되는 포도당이 주성분이다. 제조된 포도당은 감미료, 의약용과 식용으로 쓰인다.

② 과당 fructose

과일과 벌꿀 속에 유리 상태로 존재하며 여러 다당류와 배당체의 주성분이기도 하다. 일반적인 당류 가운데 단맛이 가장 강하고 용해성이 높기 때문에 쉽게 결정화되지 않는다. 과당을 제조할 때는 설탕을 가수분해한 당액을 가공하여 생산하기도 하고, 전분을 주원료로 하여 이를 당화시켜 포도당액으로 만들어 생산하기도 한다. 흡습성이 커서 케이크 등이 마르는 것을 방지하기 위해 사용하기도 한다.

③ 갈락토오스 galactose

자연식품에는 존재하지 않으나 젖당을 만드는 성분 중 하나이다. 요구르트와 같은 발효유는 젖당의 가수분해로부터 만들어진다.

2) 이당류 disaccharides

이당류는 두 개의 단당류로 이루어진 것으로서 가수분해에 의하여 두 개의 단당류로 나누어진다[그림 6-4]. 이당류를 대표하는 것으로는 자당(sucrose, 설탕), 맥아당(maltose), 젖당(lactose, 유당)이 있다.

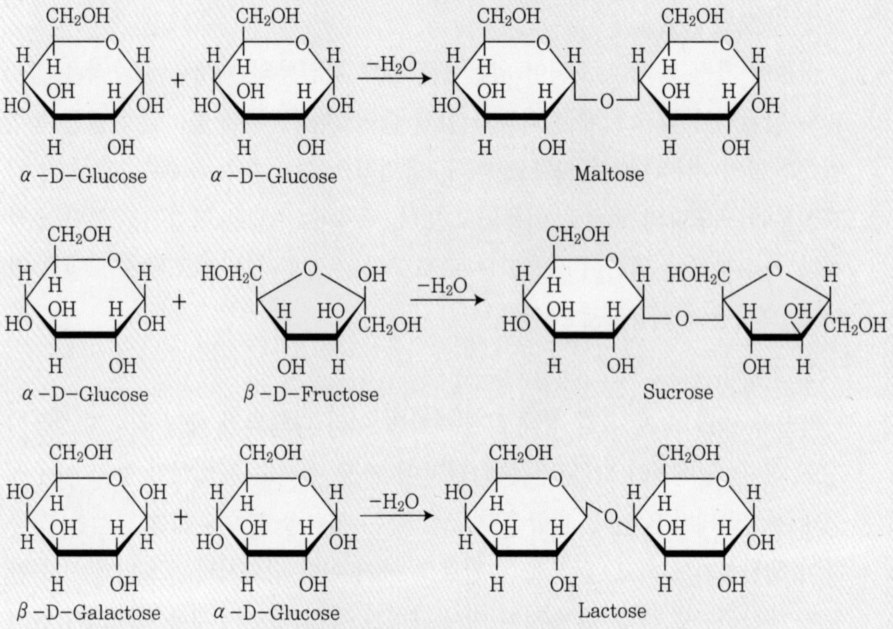

[그림 6-4] 이당류의 형성

① **자당(설탕)** sucrose

포도당과 과당이 각각 한 분자씩 글리코시드결합을 통해 만들어진 비환원당이다. 사탕수수와 사탕무에 15~16% 함유되어 있으며 그 외 대부분의 식물에도 함유되어 있다. 한 분자의 포도당과 한 분자의 과당으로 구성되며 식품조리에서는 대부분 결정형으로 이용된다. 자당이 가수분해되면 포도당과 과당 사이에 있는 연결은 파괴되고 한 분자의 물이 반응에 첨가된다. 이로 인해 같은 양의 포도당과 과당의 혼합물이 되는데 이것을 전화당(invert sugar)이라 하며, 식품 가공에 이용한다. 전화당을 사용하면 제품이 수분을 보유하게 되어 건조를 방지한다. 꿀은 전화당을 가장 많이 함유하고 있는데 이는 꿀벌이 꽃에 있는 자당을 단당류로 전환하기 때문이다.

② **맥아당** maltose

두 개의 포도당 분자가 서로 연결되어 있는 이당류이며 전분과 같은 복합 탄수화물이 분해될 때 생기는 가수분해 산물의 하나이다. 보리를 싹 틔우면 보리에 들어있는 효소인 디아스타아제(diastase)에 의하여 분해되며 이렇게 만들어진 엿기름은 식혜나 고추장을 만드는 데 쓰이고 식품산업에도 많은 용도로 이용된다.

③ 젖당(유당) lactose

포도당과 갈락토오스로 이루어져 있으며 우유와 유제품에만 자연적으로 존재한다. 치즈를 만들 때의 부산물인 유청(whey)에는 젖당이 많이 함유되어 있다.

3) 소당류 oligosaccharides

소당류 또는 올리고당은 단당류가 3개에서 10개의 단위로 결합된 탄수화물이고 당단백이나 당지질의 구성 성분이다. 포도당, 과당, 갈락토오스로 이루어진 3탄당인 라피노오스(raffinose)와 포도당, 과당, 갈락토오스 두 분자로 이루어진 4탄당인 스타키오스(stachyose)는 인체 내에서 소화되지 않으며 대장의 박테리아에 의해 분해되어 가스와 부산물을 형성하며 콩류에 함유되어있다.

4) 다당류 polysaccharides

다당류는 보통 3,000개 이상의 단당류로 이루어진 복합 탄수화물로 소화성 다당류(전분, 글리코겐)와 난소화성 다당류(식이섬유소)로 분류되며 형태는 길고 직선적인 것과 가지가 달린 것이 있다.

① 전분과 글리코겐 starch, glycogen

식물의 저장성 다당류로 식물이 성장하면서 포도당이 많이 모여 생성된 것이다. 식물의 종자, 뿌리, 덩이줄기 등에 풍부하게 함유되어 있으며 결합 형태에 따라 아밀로오스(amylose)와 아밀로펙틴(amylopectin)으로 나누어진다.

대부분의 전분에는 아밀로오스와 아밀로펙틴이 1:4 비율로 들어 있다. 길고 직선 형태의 분자는 아밀로오스(amylose)라고 하며 수백 또는 수천 개 이상의 포도당 단위가 α-1,4 결합에 의하여 연결되어 있다[그림 6-5]. 가지가 많이 달리고 숲과 같은 형태의 분자는 아밀로펙틴(amylopectin)으로 직선 형태 분자에 가지 부분(α-1,6)이 결합되어 있다[그림 6-6].

조리 과정에서 전분은 소화되기 쉬운 형태로 호화되고 아밀로펙틴의 가지 구조는 아주 안정된 전분 겔을 형성하는 성질이 있어 냉동식품과 소스류에 많이 사용된다. 글리코겐은 포도당이 중합된 다당류로 아밀로펙틴과 구조는 비슷하나 가지가 훨씬 많고 동물체에 저장된다.

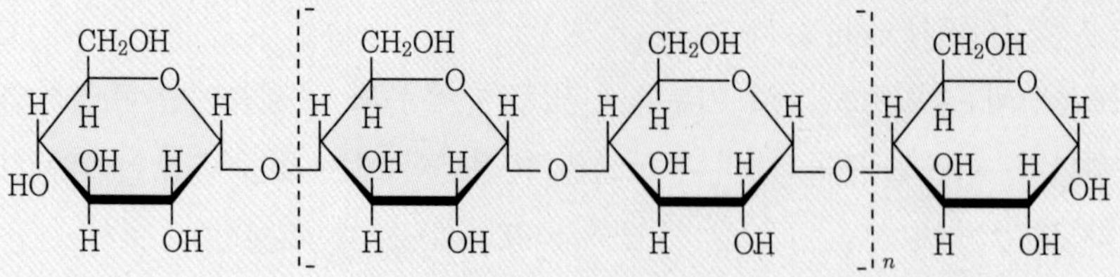

[그림 6-5] 아밀로오스

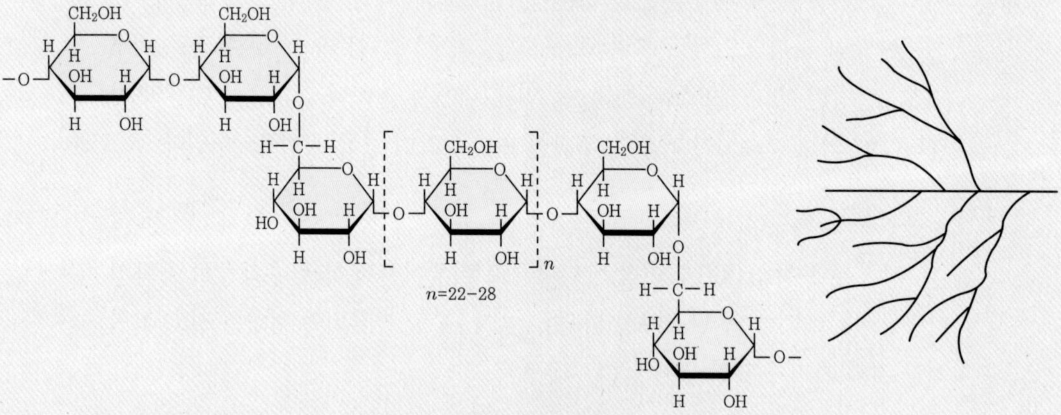

[그림 6-6] 아밀로펙틴

② 덱스트린 dextrin

전분 분자가 건열 또는 효소나 산에 의하여 부분적으로 분해될 때 생기는 것으로[그림 6-7] 옥수수 시럽을 만들 때, 빵을 토스트 할 때, 밀가루나 쌀가루를 볶을 때 형성되며 전분보다 용해가 잘 되고 점성은 약하다.

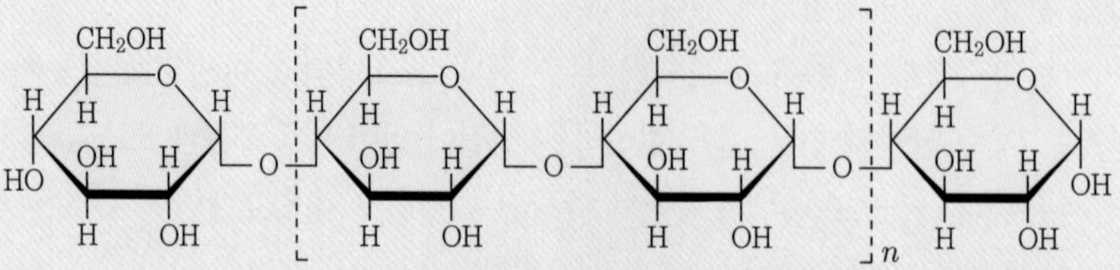

[그림 6-7] 덱스트린

③ 식이섬유소 cellulose

섬유소(섬유질)라고 하며 포도당이 β-1,4 글리코시드결합으로 연결되어 있으며 식물 조직의 구조를 지탱해준다[그림 6-8]. 대부분 식물성 식품으로 섭취되며 사람의 체내 소화효소로는 분해되지 않아 소화가 되지 않고 가용성과 난용성 섬유소로 나뉜다.

펙틴, 껌류(아라비아 껌, 구아 껌, 로커스트빈 껌), 뮤실리지와 같은 가용성 섬유소는 세포가 서로 붙어 있도록 접착제 역할을 하며 물을 흡수하는 성질이 커서 팽윤되어 겔을 형성하므로 샐러드드레싱, 아이스크림, 잼, 젤리 등에 많이 사용된다. 난용성 섬유소는 물과 친화력이 적어 겔 형성이 어렵고 장내 미생물에 의해 분해되지 않아 생리작용에 도움을 준다.

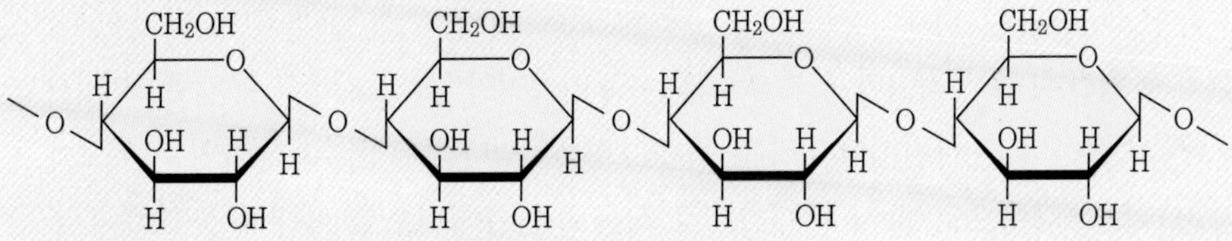

[그림 6-8] 식이섬유소

표 6-2 식이섬유소 구분

분류	종류	주요 급원식품	생리적 기능
가용성 섬유소	펙틴, 검류 헤미셀룰로오스 일부 뮤실리지	감귤류, 사과, 해조류 바나나 보리, 귀리, 두류	위장통과 지연 소장에서 당 흡수 지연 혈청 콜레스테롤 감소
난용성 섬유소	셀룰로오스 헤미셀룰로오스 리그닌	모든 식물 통밀 호밀, 쌀, 채소	분변량 증가 장 통과 속도 지연 포도당 흡수 지연

[2] 탄수화물과 갈변

탄수화물에 의한 갈변(browning)에는 캐러멜반응(caramelization)과 마이야르반응(maillard reaction)이 있다. 이들은 비효소적 갈변으로 당 또는 당과 관련된 물질에 의하여 일어나며 색과 향을 변화시킨다.

캐러멜반응은 설탕을 130℃ 이상으로 가열하면 설탕이 가수분해되어 포도당과 과당이 생성되고 이를 계속 가열하면 탈수, 분해, 중합반응이 나타나면서 갈색으로 변하는 것을 말한다. 알칼리를 첨가하면 분해반응이 잘 일어나 휘발성 방향 물질이 더 잘 생성되며, 식품의 조리나 가공 시 착색 또는 착향에 이용된다.

마이야르반응은 당의 카르보닐기와 아미노산 또는 단백질의 아미노기가 화학반응을 일으켜 갈색을 형성하는 것이다. 온도, 습도, pH 등이 최종 향미와 색에 영향을 미친다. 빵과 과자류의 껍질 색, 육류조리 시의 갈변, 커피를 볶을 때 일어나는 갈변 등이 마이야르반응에 의한 것이며 대부분 90℃에서 일어나지만 더 낮은 온도에서도 일어날 수 있다.

2. 단백질 protein

단백질은 '우선적이다(come to first)'는 그리스어인 'protos'에서 유래했으며 '가장 중요하다', '첫 번째이다'라는 뜻을 가지고 있다. 단백질은 살아있는 세포에서 수분 다음으로 많이 존재하므로 식품으로 규칙적으로 체내에 공급하여 주는 것이 중요하다. 식품조리에서 단백질은 물과 결합, 겔 형성, 농후제로 작용하며, 거품을 만들고, 갈변을 돕는다. 단백질 분자의 특수한 종류인 효소는 조리된 식품의 특성에 많은 영향을 미친다.

[1] 단백질의 구성

단백질은 탄소(C), 수소(H), 산소(O), 질소(N)로 구성되며, 일부는 유황을 함유하고 있다. 단백질의 구성단위인 아미노산은 강한 공유결합인 펩타이드(peptide)결합으로 연결되어 있고 최소한 100여개의 아미노산으로 구성된다. 펩타이드(peptide)결합은 단백질 구조의 주체가 되며 긴사슬을 만드는데, 이를 단백질의 1차 구조(primary structure)라 한다[그림 6-9].

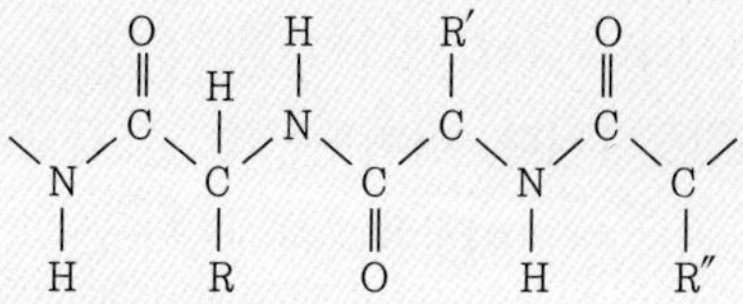

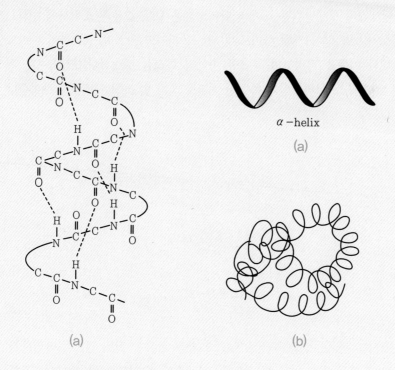

[그림 6-9] 단백질의 1차 구조

단백질의 2차 구조(secondary structure)는 긴 펩타이드 사슬이 스프링처럼 감겨져 있는 형태이다. 이러한 코일형태를 α-나선(alpha helix)이라 하고 수소결합에 의하여 이 나선구조를 유지하게 된다[그림 6-10, a]. 펩타이드 사슬의 2차 구조는 더 치밀한 구조를 형성하기 위하여 불규칙한 형태로 겹쳐져서 단백질 분자의 3차 구조(tertiary structure)를 만드는데, 각각의 단백질의 특성을 나타내는 최소 단위가 된다[그림 6-10, b].

α -helix

(a)

(a)　　　　　　(b)

[그림 6-10] 단백질의 2차 구조(a)와 3차 구조(b)

단백질의 3차 구조는 수소결합, 이온결합, 소수성 상호작용, 이황화결합 (disulfide bond)에 의해 안정화된다. 아미노산의 긴 사슬들이 감기고 겹쳐져서 둥근 모양의 단백질을 만드는데 이것을 4차 구조(quaternary structure)라 한다[그림 6-11].

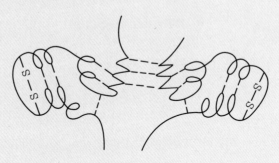

[그림 6-11] 단백질의 4차 구조

[2] 아미노산

단백질의 구성단위인 20개의 아미노산은 모두 같은 탄소원자에 1개의 카르복실기(-COOH)와 1개의 아미노기(-NH₂)를 가지고 있으며, R부분이 아미노산의 형태와 이름을 결정하며 특유한 화학적 특성을 결정한다[그림 6-12]. 천연에 총 20개의 L-아미노산이 특유한 배열로 식이 및 조직 단백질을 구성한다.

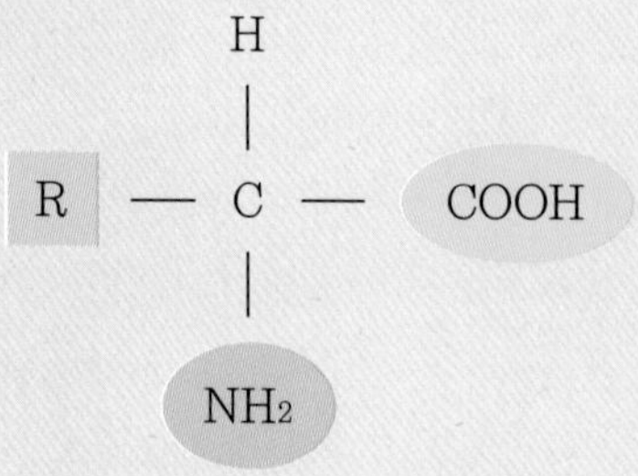

$$R - \underset{\underset{NH_2}{|}}{\overset{\overset{H}{|}}{C}} - COOH$$

[그림 6-12] 아미노산

R기는 탄소수가 짧은 것도 있고 유황을 함유한 것도 있으며 아미노기 또는 산기를 갖는 것도 있고 환 구조를 갖는 것도 있다[표 6-3]. 펩타이드결합은 한 아미노산의 아미노기와 다른 아미노산의 산 또는 카르복실기 사이에서 일어나며 단백질 분자는 이러한 결합이 수없이 많이 형성되어 만들어진다.

표 6-3 일반적인 아미노산의 곁사슬 구조

아미노산	곁사슬(R기)의 구조
글리신(glycine)	$-H$
알라닌(alanine)	$-CH_3$
세린(serine)	$-CH_2OH$
시스테인(cysteine)	$-CH_2-SH$
글루탐산(glutamic acid)	$$\begin{array}{c} COOH \\ H_2N-C-H \\ CH_2 \\ CH_2 \\ COOH \end{array}$$
리신(lysine)	$-CH_2-CH_2-CH_2-CH_2-NH_2$
메티오닌(methionine)	$-CH_2-CH_2-S-CH_3$
티로신(tyrosine)	$$HO-\bigcirc-CH_2\overset{NH_2}{C}HCOOH$$

[3] 단백질의 영양적 특성

단백질은 체내 합성이 되지 않는 9개의 필수 아미노산과 합성이 가능한 11개 불필수 아미노산으로 구분되며 필수 아미노산은 반드시 음식으로 공급되어져야 한다.

필수 아미노산은 히스티딘(histidine), 이소루신(isoleucine), 루신(leucine), 리신(lysine), 메티오닌(methionine), 페닐알라닌(phenylalanine), 트레오닌(threonine), 트립토판(tryptophan), 발린(valine)이며 이외의 알라닌, 아르기닌, 아스파라긴, 아스파트산, 시스테인, 글루탐산, 글루타민, 글리신, 프롤린, 세린, 티로신은 체내에 질소급원이 공급되면 합성될 수 있다. 단백질에서 필수 아미노산의 평형은 그 단백질의 생물가를 결정한다. 생물가가 높은 단백질은 동물의 정상적인 성장과 생명 현상을 유지하는 데 필요한 필수 아미노산을 적당한 양으로 모두 가지고 있으며 이를 완전 단백질이라 한다. 생물가가 높은 단백질 식품으로는 우유, 치즈, 달걀, 육류, 생선 등이 있다.

단백질의 구성 성분 중 필수 아미노산의 일부가 양적으로 불충분하게 함유되어 있는 것을 부분적 완전 단백질이라 한다. 이런 종류의 단백질만을 섭취하면 성장이 잘 되지 않는다.

필수 아미노산이 하나 이상 결핍되어 있는 단백질을 불완전 단백질이라 하며 생물가가 낮다. 식물성 식품의 단백질은 필수 아미노산 중 한두 개가 결여되거나 양이 충분하지 못하여 생물가가 낮으나 콩은 예외적으로 질이 좋은 단백질을 많이 함유하고 있다.

생물가가 낮은 단백질 식품은 다른 단백질 급원과 결합하면 상호 부족한 것을 보충해 주는 효과가 있다.

(4) 조리에서의 단백질 기능

조리 시 식품의 단백질은 수화, 변성과 응고, 효소적반응, 완충작용, 갈변반응 등 여러 가지 중요한 반응에 관여한다.

1) 수화 hydration

단백질이 물에 녹고 물을 끌어당기는 과정을 수화라 한다. 단백질이 수화됨으로써 겔 형성 능력이 생겨 후식류의 조리나 제과 제빵 시 결착제, 안정제, 농후제로 이용될 수 있다.

2) 완충작용 buffer action

아미노산의 아미노기는 염기 또는 알칼리로서 작용하고 카르복실기는 산으로 작용한다. 아미노기와 카르복실기가 같은 아미노산, 단백질 구조에 존재하기 때문에 아미노산과 단백질은 산과 염기 두 가지로 작용할 수 있으므로 양성 물질(amphoteric)이라 한다. 이것은 식품을 조리할 때 음식의 질에 영향을 미칠 수 있는 산이나 알칼리의 완충제(buffers)로서 완충작용을 할 수 있다.

① 등전점 isoelectric point

양성 전해질의 용액이나 콜로이드 입자들이 양이온 부분과 음이온 부분의 농도가 같게 될 때의 수소이온 농도이다. 아미노기와 카르복실기가 동등하게 이온화될 때 단백질이 중성이 되는 점인 등전점에 도달하게 된다. 단백질은 이러한 등전점을 가지고 있기 때문에 구조적으로 특이하다. 대부분의 단백질은 pH 4.5~7.0에서 등전점을 가지나, 단백질마다 등전점이 모두 다르며 단백질의 용해도는 등전점에서 가장 낮다.

3) 변성과 응고 denaturation, coagulation

복합 단백질 분자는 식품 가공과 조리 과정 중 변화가 올 수 있다. 열을 가하거나 휘저어 주거나 또는 자외선을 조사하면 단백질 분자가 물리적으로 변화한다. 흔히 3차 구조에서 2차 구조로 변화하며 단백질의 용해성이 감소되고 효소인 경우에는 촉매반응능력을 잃어버리게 되는데 이러한 현상을 변성이라고 한다. 만약 변성의 원인이 지속되면 겹쳐지지 않은 분자의 부분이 새로운 분자 형태를 만들기 위하여 다른 방법으로 재결합한다.

응고는 단백질 분자가 서로 결합하여 겔이나 고체 상태를 만드는 것을 말한다. 변성과 응고는 단백질 분자에서의 물리적인 변화이다[그림 6-13].

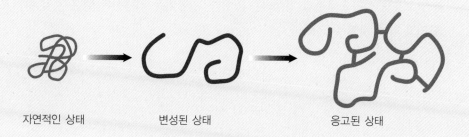

자연적인 상태   변성된 상태   응고된 상태

[그림 6-13] 단백질의 변성과 응고

식품을 조리할 때 열을 가하면 단백질이 변성 또는 응고된다. 예를 들어 육류를 익히면 육류 단백질이 변성된다. 또한 거품을 만들 때 달걀흰자 단백질의 변성과 응고가 발생한다. 산도의 변화, 무기염의 농도 변화, 그리고 냉동 역시 변성의 원인이 된다.

3. 지방 lipids

지방은 물에 불용성이고 기름과 같은 느낌을 갖거나 이와 비슷한 특성을 갖는 물질들을 광범위하게 표현하는 데 쓰인다. 지방은 탄수화물과 마찬가지로 탄소(C), 수소(H), 산소(O)로 이루어져 있으나 탄수화물보다 산소가 더 적고 수소는 더 많은 비율로 구성되어 있어 지방은 1g당 9kcal의 열량을, 탄수화물은 1g당 4kcal의 열량을 낸다.

[1] 지방의 구성

지방은 탄소(C), 수소(H), 산소(O)로 이루어져 있는데 종류에 따라서는 인, 질소 또는 유황을 포함하는 것도 있다. 지방이 가수분해되면 한 분자의 글리세롤과 지방산으로 분해된다. 지방산과 알코올의 에스테를 단순지방, 지방산과 알코올 외에 다른 물질이 포함된 에스테를 복합지방, 단순 또는 복합지방이 분해되어 생성된 생성물을 유도지방이라 한다.

1) 글리세롤 glycerol

글리세롤은 수용성으로서 세 개의 수산기(-OH)를 가지고 있으며 각각의 수산기의 수소는 지방산과 에스테결합을 할 수 있다[그림 6-14]. 에스테결합은 산과 알코올의 반응으로부터 형성되는 것이다. 결합되는 지방산은 같은 것일 수도 있고 다른 것일 수도 있다.

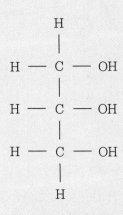

[그림 6-14] 글리세롤

2) 지방산

지방산은 우리 몸과 식품에 있는 지방의 구성 성분으로 긴사슬 탄소로 서로 연결되어 있으며 많은 수소가 결합되어 있다. 지방산은 카르복실기(-COOH)를 가지고 있는 유기 물질이며 일반적으로 탄소원자를 짝수로 가지고 있다. 지방산은 탄소원자의 수(길이)와 포화 정도(탄소원자 사이의 이중결합 수)에 따라 분류한다.

지방산에 있는 탄소 사슬은 탄소 두 개의 짧은 것에서부터 탄소 24개 이상의 긴 것이 있으며 지방산 중 가장 짧은 것은 탄소원자 두 개를 가지고 있는 아세트산(acetic acid)이며 식품에 함유된 것 중 가장 긴 것은 탄소원자가 20개인 아라키돈산(arachidonic acid)이다. 탄소사슬의 길이에 따라 탄소 8개 정도를 갖는 짧은 길이의 지방산(short chain), 탄소 8~16개인 중간 길이의 지방산(medium chain), 탄소 16개 이상을 갖는 길이가 긴사슬 지방산(long chain)으로 나눌 수 있다.

지방산은 종류에 따라 포화 정도가 다른데, 탄소원자가 결합할 수 있을 만큼의 수소원자를 가지고 있는 지방산은 탄소원자 사이에 이중결합이 없고 더 이상의 수소와 결합할 수 없어 포화 지방산(saturated fatty acid)이라 한다[그림 6-15]. 또한 탄소원자 사이에 이중결합을 갖는 지방산을 불포화 지방산(unsaturated fatty acid)이라 한다[그림 6-16].

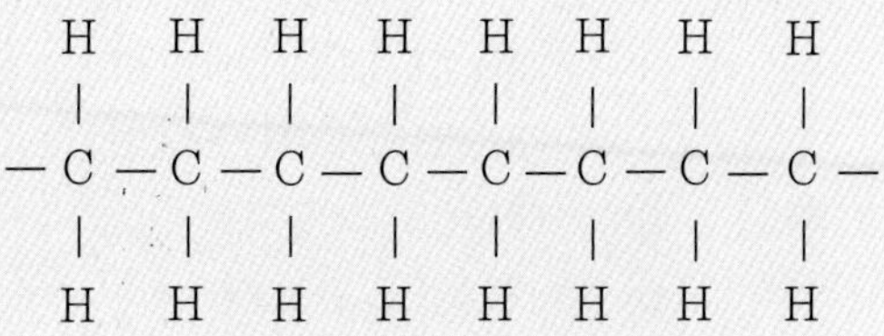

```
     H   H   H   H   H   H   H   H
     |   |   |   |   |   |   |   |
  — C — C — C — C — C — C — C — C —
     |   |   |   |   |   |   |   |
     H   H   H   H   H   H   H   H
```

[그림 6-15] 포화 지방산

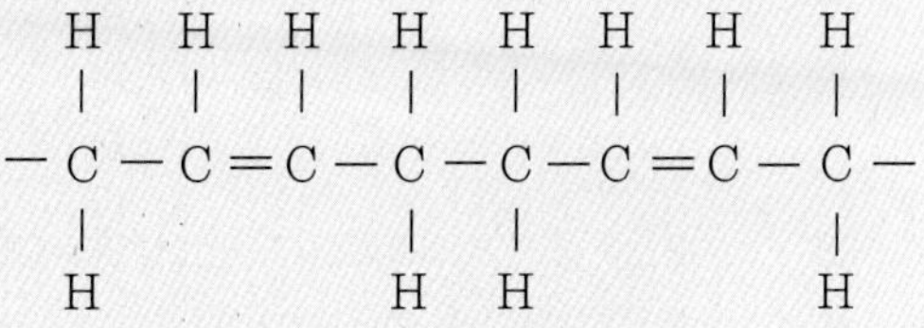

```
     H   H   H   H   H   H   H   H
     |   |   |   |   |   |   |   |
  — C — C = C — C — C — C = C — C —
     |           |   |           |
     H           H   H           H
```

[그림 6-16] 불포화 지방산

포화 지방산의 예로는 버터에 들어있는 부티르산(butyric acid), 소기름의 주성분인 스테아르산(stearic acid) 그리고 육류지방, 코코아 버터에 널리 분포되어 있는 팔미트산(palmitic acid)이다. 올레산(oleic acid)은 하나의 이중결합을 갖고 있으며 단일 불포화 지방산(monounsaturated fatty acid, MUFA)이라 한다. 리놀레산, 리놀렌산, 그리고 아라키돈산은 각각 2, 3, 4개의 이중결합을 가지고 있으며 이중결합을 둘 이상 가지고 있는 지방산을 고도 불포화 지방산(polyunsaturated fatty acid, PUFA)이라 한다[표 6-4].

인체는 이중결합 두 개를 가지고 있는 리놀레산을 합성할 수 없다. 그러므로 리놀레산은 어린이와 어른 모두에게 필수 지방산이라 할 수 있고 반드시 식사를 통해 섭취하여야 한다. 리놀레산의 좋은 급원은 옥수수유, 면실유, 대두유와 같은 식물성 기름이며 이들은 50~53%의 리놀레산을 가지며 옥수수유는 올리브유보다 더 많은 리놀레산을 갖고 있다.

표 6-4 식품에 존재하는 일반적인 지방산

일반명칭	탄소원자수	이중결합수	화학구조
Saturated fatty acid			
Butyric acid	4	0	$CH_3CH_2CH_2COOH$
Caproic acid	6	0	$CH_3CH_2CH_2CH_2CH_2COOH$
Caprylic acid	8	0	$CH_3CH_2CH_2CH_2CH_2CH_2CH_2COOH$
Capric acid	10	0	$CH_3CH_2CH_2CH_2CH_2CH_2CH_2CH_2CH_2COOH$
Lauric acid	12	0	$CH_3CH_2CH_2CH_2CH_2CH_2CH_2CH_2CH_2CH_2CH_2COOH$
Myristic acid	14	0	$CH_3(CH_2)_{12}COOH$
Palmitic acid	16	0	$CH_3(CH_2)_{14}COOH$
Stearic acid	18	0	$CH_3(CH_2)_{16}COOH$
Arachidic acid	20	0	$CH_3(CH_2)_{18}COOH$
Monounsaturated fatty acid			
Palmitoleic acid	16	1	$CH_3(CH_2)_5CH=CH(CH_2)_7COOH$
Oleic acid	18	1	$CH_3(CH_2)_7CH=CH(CH_2)_7COOH$
Polyunsaturated fatty acid			
Linoleic acid	18	2	$CH_3(CH_2)_4CH=CHCH_2CH=CH(CH_2)_7COOH$
Linolenic acid	18	3	$CH_3CH_2CH=CHCH_2CH=CHCH_2CH=CH(CH_2)_4COOH$
Arachidonic acid	20	4	$CH_3(CH_2)_4(CH=CHCH_2)_4CH_2CH_2COOH$

① P/S ratio

포화 지방산에 대한 불포화 지방산의 비율이다. P/S ratio가 높을수록 식품의 불포화 지방산 비율이 더 높다.

② 시스와 트랜스 지방산 cis, trans

이중결합에서의 화학적인 결합 형태에 의하여 명명된다. 시스(cis) 지방산은 이중결합에서 같은 방향으로 수소결합이 있고 U자 형태를 이룬다. 트랜스(trans) 지방산은 이중결합의 양쪽으로 수소결합이 있는 형태이다[그림 6-17]. 자연에 있는 대부분의 지방산은 시스형이나, 트랜스형이 조금 존재하기도 한다. 트랜스 지방산은 마가린, 쇼트닝 등을 제조할 때 식물성 기름에 수소를 첨가하여 만들어진다. 트랜스 지방산을 과다섭취 할 경우 저밀도 지단백질(LDL)이 체내에 많아져 심장병, 동맥경화증, 각종 암, 당뇨병 등을 유발한다고 알려져 있다. 세계보건기구(WHO)와 미국심장협회(AHA)는 하루 섭취 열량 중 트랜스 지방이 1%를 넘지 않도록 권고하고 있다. 식품 중에는 트랜스 지방이 마가린, 쇼트닝, 파이, 피자, 도넛, 케이크, 쿠키, 크래커, 팝콘, 수프, 유제품, 어육제품 등에 많이 첨가되어져 있다.

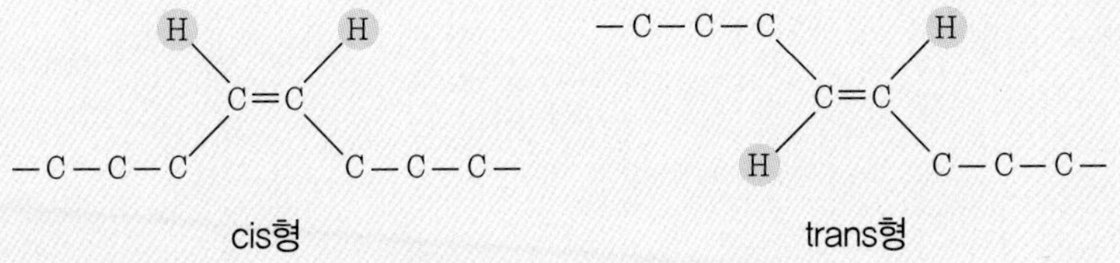

[그림 6-17] Cis와 trans 지방산

③ 오메가 (omega) 6 오메가 3 지방산

다중 불포화 지방산으로 오메가6 지방산은 분자의 메틸기(CH₃) 끝에서 6번째 탄소로부터 이중결합이 시작되는 지방산이다. 오메가3 지방산은 세번째 탄소로부터 첫 번째 이중결합이 시작되는 지방산이다[그림 6-18].

오메가3 지방산은 체내에서의 관상동맥질환 예방과 연관이 있어 그 중요성이 인정되고 있다.

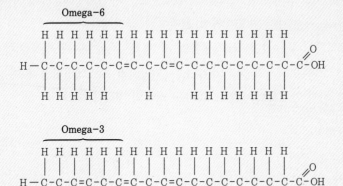

[그림 6-18] 오메가6와 오메가3 지방산

오메가3 지방산인 EPA는 탄소 20개에 이중결합이 5개인 것이고 DHA는 탄소 수 22, 이중결합 6개인 고도 불포화 지방산이다[그림 6-19]. 등 푸른 생선에 많이 함유되어 있다.

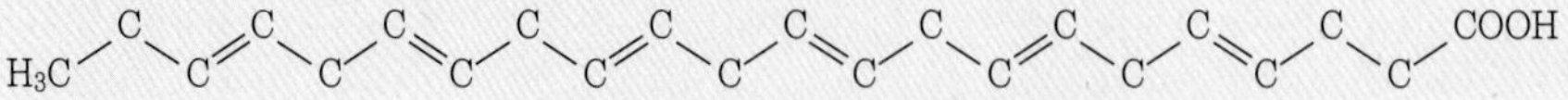

Docosahexanoic Acid (DHA)

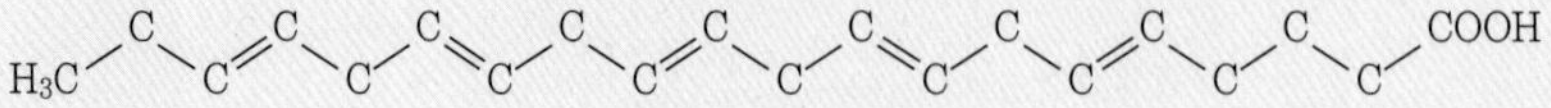

Eicosapentanoic Acid (EPA)

[그림 6-19] DHA와 EPA

[2] 글리세라이드

식품에 존재하는 지방은 글리세롤(glycerol) 분자와 에스테결합하고 있는 지방산의 숫자를 기초로 하여 분류된다. 즉, 하나의 지방산이 글리세롤에 결합되면 모노글리세라이드(monoglycerides) [그림 6-20, a]라 하고, 두 개의 지방산이 결합되면 디글리세라이드(diglycerides) [그림 6-20, b]라 한다. 식품에서 모노, 디글리세라이드의 함량은 아주 적다. 이들은 유화성이 크며 인체에서 흡수율이 낮다. 식품에 있는 지방의 가장 일반적인 형태는 세 개의 지방산이 결합된 트리글리세라이드(triglycerides) [그림 6-20, c] 또는 중성지방(neutral fat)이며, 아실기(acyl group, R-C-)를 가지고 있어 트리아실 글리세라이드(triacylglycerides)라고 한다. 트리글리세라이드는 글리세롤의 세 개의 수산기에 세 개의 지방산이 결합되어 있으며 수산기의 각각의 수소는 지방산과 에스테결합을 하며 이 에스테결합은 산과 알코올의 반응에 의하여 형성된 것이다.

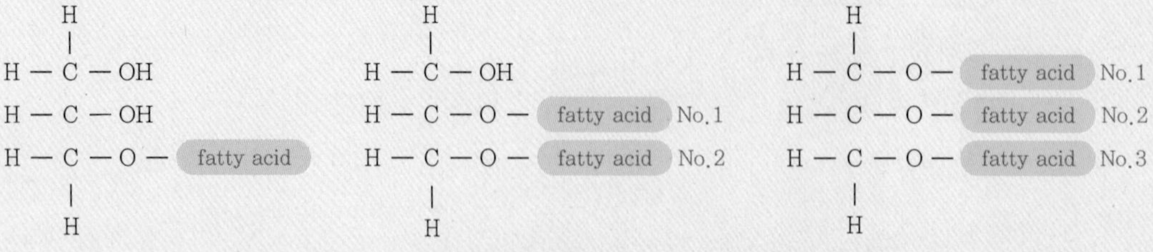

(a) 모노글리세라이드   (b) 디글리세라이드   (c) 트리글리세라이드

[그림 6-20] 글리세라이드

[3] 인지질 phospholipids

인지질은 중성지질과 유사한 구조를 갖고 있는데 글리세롤 세 번째 수산기 (-OH)에 지방산 대신 인산기(phosphoric acid)가 결합되며 이곳에 염기가 연결되어 있다. 콜린과 같은 질소염 역시 인산과 결합되어 있다[그림 6-21].

크림을 휘저어 만든 버터밀크에 들어있는 인지질은 제과 제빵 시 유화제로 작용하고, 달걀노른자에 들어있는 인지질인 레시틴은 마요네즈를 만들 때 유화제로 작용한다.

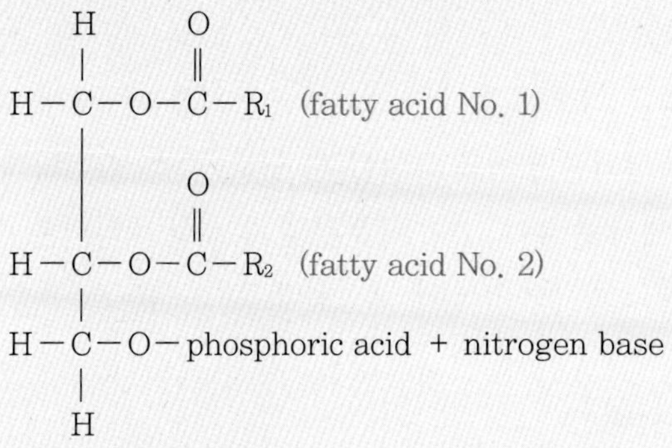

$$
\begin{array}{l}
\quad\ \ \text{H} \qquad\ \ \text{O} \\
\quad\ \ | \qquad\quad \| \\
\text{H}-\text{C}-\text{O}-\text{C}-\text{R}_1 \quad (\text{fatty acid No. 1}) \\
\quad\ \ | \\
\qquad\qquad\quad \text{O} \\
\qquad\qquad\quad \| \\
\text{H}-\text{C}-\text{O}-\text{C}-\text{R}_2 \quad (\text{fatty acid No. 2}) \\
\quad\ \ | \\
\text{H}-\text{C}-\text{O}-\text{phosphoric acid} + \text{nitrogen base} \\
\quad\ \ | \\
\quad\ \ \text{H}
\end{array}
$$

[그림 6-21] 인지질

[4] 스테롤 sterol

식품에 함유된 중요한 스테롤(sterol)은 콜레스테롤(cholesterol)과 에르고스테롤 (ergosterol)이다. 콜레스테롤은 가장 널리 알려진 스테롤이며 동물성 식품에서만 발견된다. 육류의 내장, 어류, 조개류, 가금류, 달걀노른자, 유지방에 들어 있다. 콜레스테롤은 인체의 세포에 필수성분이지만 혈액에 너무 많으면 관상동맥질환을 유발한다.

에르고스테롤은 버섯류에 들어있는 스테롤로 자외선을 쬐면 비타민 D_2로 전환된다. 과일류와 채소류는 피토스테롤(phytosterols)이라 하는 스테롤을 소량 함유하고 있는데, 인체 소화관에서 잘 흡수되지 않고 콜레스테롤 흡수를 방해할 수 있다.

4. 비타민과 무기질 vitamin, mineral

(1) 비타민 vitamin

비타민은 여러 다양한 구성원소와 화학구조를 가지며, 주로 체내의 생체반응이 쉽게 일어나도록 돕는 역할을 한다. 그러므로 생명 현상을 유지하고 대사작용을 하는 데 절대적으로 필요하다. 비타민은 인체에서 합성되지 않기 때문에 음식으로 섭취 하여야한다.

비타민은 지용성 비타민과 수용성 비타민으로 분류하는데 지용성 비타민으로는 비타민 A·D·E·K가 있고, 수용성 비타민으로는 비타민 C와 B 복합체가 있다.

지용성 비타민은 기름과 같이 조리하거나 섭취할 때, 체내 흡수와 이용률이 높아지며 과잉축적되면 질병을 유발할 수 있다. 수용성 비타민은 물에 용해되므로 조리 과정에서 손실이 크며, 대부분의 수용성 비타민은 산에는 안정하나 알칼리에는 약하고 체내에서 쉽게 배설된다.

(2) 무기질 mineral

무기질은 매우 간단한 무기원소들로 이루어져 조리 시 쉽게 파괴되지 않는다. 무기질은 에너지를 생산하지는 않으나 신경계의 기능, 대사 과정, 수분평형 및 골격구조에 매우 중요한 역할을 한다. 많은 양이 요구되는 무기질인 다량 무기질에는 칼슘, 인, 마그네슘, 유황 등이 있고 나트륨, 칼륨, 염소는 전해질로서 신진대사에서 수분평형을 유지하도록 해준다.

미량 무기질은 적은 양이 필요하지만 인체에 필수적인 성분이다. 현재까지 알려진 것들에는 철, 아이오딘, 아연, 구리, 망간, 셀레늄, 몰리브덴, 불소, 크롬, 코발트 등이 있다. 식품에 따라 무기질이 강화되기도 하는데 칼슘을 첨가한 우유가 그 예이다.

① 산성 식품과 알칼리성 식품

산성 식품과 알칼리성 식품은 pH를 이용한 일반적인 구분법과는 다르게 식품을 태운 재의 성분(회분, 무기질)이 우리 몸에서 산으로 작용할 것인가, 염기로 작용할 것인가를 기준으로 구분한다. 즉 염소, 인, 황, 요오드, 브롬, 불소와 같은 산 생성원소를 많이 포함하고 있는 식품은 산성 식품이며, 나트륨, 칼슘, 철, 칼륨, 마그네슘 등의 알칼리 생성원소를 많이 함유하고 있는 식품들은 알칼리성 식품으로 분류한다.

산성 식품에는 육류, 어패류, 곡류, 유지류, 달걀 등이 있으며, 알칼리성 식품에는 채소류, 과일류, 해조류, 감자, 우유, 식초 등이 있다. 우유는 칼슘 등의 무기질이 많이 들어 있어 알칼리성 식품이며, 이와 같은 이유로 오렌지 등의 과일도 신맛을 내지만 알칼리성 식품이다. 신체는 항상성을 유지해야 건강하기 때문에 어느 한쪽으로 기울어지지 않도록 평소에 산성 식품과 알칼리성 식품을 균형 있게 섭취하는 것이 중요하다.

5. 물 water

물은 영양소로서 중요하며 체내 생명유지에 필수적이다. 용매와 윤활제로서 역할을 하고, 영양소와 노폐물의 운반 및 체온조절에 매개체로 작용한다. 하루에 인체가 필요로 하는 물의 양은 2,000mL 이며 신체의 60% 이상이 물로 이루어져 있다.

Culinary
Principles

전분

　식물의 탄수화물 저장 형태인 전분(starch)은 자연에 가장 풍부하게 존재하는 물질 중 하나이며, 전분을 가장 많이 함유하고 있는 부위는 씨앗과 뿌리이다. 전분의 가장 보편적인 공급원은 쌀, 밀, 옥수수 등의 곡류, 칡, 타피오카, 감자, 고구마 등의 근채류, 여러 가지 콩류이다. 전분은 포도당이 결합되어 형성된 분자 또는 식물세포에 이들 전분 분자가 여러 개 모여서 입자의 형태로 되어 있는 것을 말한다. 조리 시에는 입자의 형태로 되어 있는 것을 사용한다. 식품 가공 및 조리에는 옥수수전분, 감자전분, 고구마전분, 타피오카전분 등이 주로 쓰이며 안정제, 결합제, 텍스처 증진제로 이용된다. 전분의 종류에 따라 성질이 다르기 때문에 가공이나 조리에 이용할 때에는 목적에 맞는 전분을 이용하는 것이 바람직하다.

1. 전분의 구성

[1] 전분 분자

　전분 분자는 수백 또는 수천 개 이상의 포도당이 결합되어 있는 다당류이다. 전분 분자는 아밀로오스(amylose)와 아밀로펙틴(amylopectin)으로 이루어져 있다.

1) 아밀로오스

　아밀로오스는 포도당이 α-1,4 결합으로 된 긴 사슬 모양의 분자이고 직선상의 중합체이며 포도당 분자가 함께 고리를 이루고 있다[그림 7-1]. 결합된 포도당의 수가 적을수록 물에 잘 용해되나 전분과 같이 많은 수의 포도당이 결합되면 용해성이 낮은 특징을 가지고 있다. 아밀로오스의 실제 길이는 식품에 따라 다양하며 일반적으로 곡류전분은 두류전분이나 감자전분보다 짧아서 분해되기 쉽다.

[그림 7-1] 아밀로오스

식품에 있어서 아밀로오스의 중요한 특징 중 하나는 지방, 알코올, 아이오딘과 같은 물질과 복합체를 이루는 것이다. 아밀로오스는 용액 중에서 6분자의 포도당으로 된 나선구조 형태를 보인다. 나선형으로 된 아밀로오스 배열에 아이오딘을 첨가하면 아이오딘이 아밀로오스의 나선구조 내로 들어가 결합하여 청색을 띠게 하는데, 이 아이오딘 검사는 어떤 물질 속에 아밀로오스의 존재를 확인할 때 사용된다. 만약 아밀로오스 분자의 길이가 길면 아이오딘-전분 복합체는 청색을 나타내지만 짧으면 적색을 나타낸다.

전분의 종류에 따라 아밀로오스 함량에 차이가 있는데, 뿌리와 줄기식물의 전분들은 곡류전분보다 아밀로오스를 약간 적게 함유하고 있다. 옥수수전분은 24~28%, 밀전분은 25~26%, 감자전분은 20~30%의 아밀로오스를 함유하고 있다. 타피오카전분의 아밀로오스 함량은 17%로서 일반적으로 사용되는 전분 중 아밀로오스 함량이 가장 낮다.

품종개량을 하여 아밀로오스 함량이 높은 전분을 생산하기도 한다. 예를 들어 아밀로오스 함량을 높인 옥수수(amylomaize)는 약 70%의 아밀로오스를 함유한다. 이러한 전분은 다른 재료를 엉기게 하거나 피막을 형성하는 능력이 있어 캔디류를 포장할 때 전분으로 얇은 필름을 만드는데, 이것은 성분이 전분이기 때문에 식용이 가능하다.

전분의 아밀로오스 분획(fraction)은 가열하여 차게 식혔을 때 겔화되는 특성이 있으며 생성된 겔은 단단하여 형태를 그대로 유지하게 한다.

아밀로오스가 많이 함유된 전분은 호화 온도가 높고 노화되기 쉬우며, 점도가 높아 소량으로 겔 형성 능력이 좋아 점도를 높이고 겔화시키는 목적으로 사용된다. 국내에서는 옥수수전분이 주로 사용되고 있다.

2) 아밀로펙틴

아밀로펙틴은 D-글루코오스의 중합체로 분자는 가지 모양을 이루며, 94~96% 정도의 α-1,4 결합과 4~6%의 α-1,6 결합을 갖는 가지구조이다[그림 7-2].

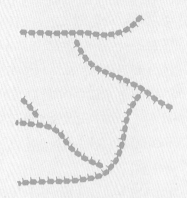

[그림 7-2] 아밀로펙틴

전분을 가열하면 걸쭉해지는데 이는 아밀로펙틴 때문이며 아밀로오스처럼 젤화되지 않고 아이오딘 테스트를 하면 적자색(자줏빛, 붉은색)을 나타낸다.

대부분의 전분은 아밀로펙틴과 아밀로오스의 혼합물로 전분 입자의 20~25% 정도가 아밀로오스이고 75~80% 정도가 아밀로펙틴이다. 그러나 옥수수, 쌀, 조 등 몇 종류의 곡류처럼 아밀로오스가 거의 없는 품종이 있는데 이러한 것들을 찰 품종이라고 하며, 아밀로펙틴만을 함유하고 아밀로오스가 거의 없기 때문에 젤화가 일어나지 않고 걸쭉한 상태를 유지한다.

아밀로펙틴을 다량 함유한 전분은 점탄성과 팽화력이 높고 호화액이 투명하며 점도의 안정성이 좋다. 또한 호화 온도가 낮고 끓이는 시간이 단축되며 노화가 빨리 일어나지 않아 부드럽고 쫄깃하고 매끄러운 텍스처를 준다.

카사바 나무의 뿌리로 만든 타피오카전분은 아밀로펙틴 함량이 높아 호화 온도가 낮으며 투명성이 높고 노화가 빨리 일어나지 않는 특징이 있다.

(2) 전분의 입자

전분은 입자형태로 존재하는 유일한 다당류로, 식물 세포 내에서 아밀로오스와 아밀로펙틴 분자로 구성된 전분 분자로 합성되고, 이 분자들은 다시 입자라고 하는 아주 작은 단위로 만들어져 세포의 백색체(leucoplast) 내에 저장된다. 전분은 각각의 특징을 가지고 있는데 예를 들어 밀 전분 입자는 작은 원형과 큰 원형인 두 가지의 형태를 가지고 있고 쌀전분 입자는 전분 중에서 크기가 가장 작고 다각형이며 감자전분의 입자는 가장 크고 원형이다. 옥수수전분 입자는 크기가 크고 모양이 조개껍질과 비슷하다[그림 7-3].

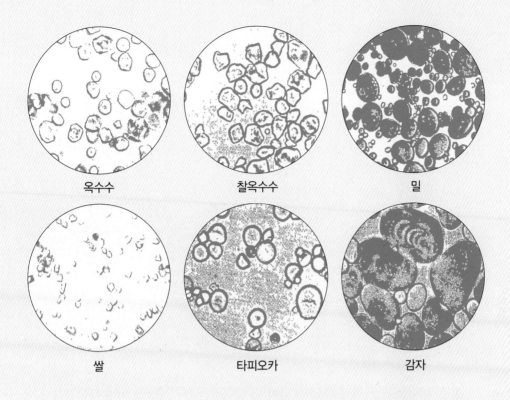

옥수수	찰옥수수	밀
쌀	타피오카	감자

[그림 7-3] 전분 입자의 형태

    전분을 현미경으로 보면 내부의 중심에 검은 점이 있는데 이것을 하일럼 (hilum)이라 한다. 하일럼은 일종의 구멍으로 이 구멍을 중심으로 아밀로오스와 아밀로펙틴 분자가 서로 단단하게 연결되어 내부 조직을 형성하며, 결정구조와 비결정구조의 형태로 하일럼을 중심으로 둥글게 층을 형성하고 있기 때문에 현미경으로 보면 수소결합에 의해 결합된 동심원의 선을 볼 수 있다[그림 7-4].

[그림 7-4] 전분 입자의 배열

　전분 입자를 편광 현미경으로 관찰하면 규칙적인 분자배열에 의해 복굴절성 (double refraction)이 관찰된다. 복굴절성은 생전분에서만 나타나며 전분에 물을 첨가하여 가열하면 빛의 굴절 원인인 결정면이 변형되어 복굴절이 나타나지 않는다.

　전분의 X선 회절도(X-ray diffraction pattern)는 생전분인 β전분의 경우 A, B, C형을 나타낸다. A형은 주로 쌀, 옥수수 같은 곡류전분, B형은 감자, 밤 등의 전분, C형은 고구마, 칡, 완두, 타피오카 등의 전분의 결정형태이다. 호화된 α전분은 모두 V형이고, 노화되면 모두 B형을 나타낸다[그림 7-5].

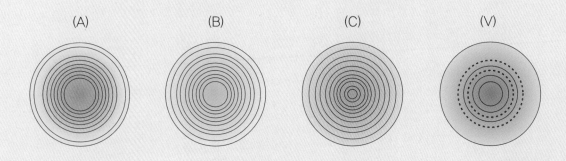

(A)　　　　　　(B)　　　　　　(C)　　　　　　(V)

[그림 7-5] 전분의 X선 회절도

2. 전분의 특성

[1] 가수분해 hydrolysis

전분은 산, 알칼리 효소 등에 의하여 가수분해되며, 가장 작은 분해 형태는 포도당이다. 몇 천개 또는 몇 만개의 포도당으로 구성되어 있는 전분은 가수분해되어 덱스트린이라고 하는 전분 분자로 분해되며, 덱스트린은 가수분해되어 몇 개의 포도당을 갖는 올리고당이 되며 마지막으로 이당류인 맥아당이 된다. 이당류인 맥아당은 포도당 2분자로 이루어져 있다. 전분에 산을 넣고 가열하거나 엿기름을 넣어 효소(amylase)의 최적 온도를 맞추어 주면 전분이 서서히 가수분해되는데 이러한 과정을 당화라 한다. 식혜는 쌀의 전분을 부분적으로 당화시킨 것이고 물엿, 조청, 엿은 쌀을 완전히 당화시켜서 농축한 것이다.

[2] 호화 gelatinization

호화는 전분에 물을 가하여 가열할 때 일어나는 물리적 변화로 호화에 이용되는 수분은 식품 자체에 존재하는 수분이거나 조리할 때 가하는 물이다.

전분 입자는 찬물에 녹지 않으나 열을 가하면 온도가 상승함에 따라 전분 분자는 열에너지의 영향으로 크게 움직이고 분자 간의 수소결합이 끊어져 입자 속으로 물의 침투를 촉진시켜 입자 주위의 물이 아밀로오스 분자 내로 이동하게 된다. 물은 초기에는 밀도가 낮은 비결정 부분으로 이동하지만 온도가 상승함에 따라 결정 부분까지 도달하여 전분 입자를 팽윤시키고 구조를 크게 변화시킨다. 물을 흡수하여 팽윤한 전분 입자는 최고 농후 상태로 될 때까지의 점도와 걸쭉한 정도가 증가하며 복굴절성을 잃고, 가열이 계속됨에 따라 투명도가 증가한다.

걸쭉해진다는 것은 팽윤된 입자에서 전분 분자의 조각이 떨어져 나오는 것을 뜻하는데 가열한 전분 용액이 최고의 점성을 가졌을 때는 전분 분자의 조각이 가장 많이 용출되고 전분 입자 내부에 많은 공간이 생긴 상태라고 할 수 있다. 전분의 종류에 따라 입자 크기가 클수록 저온에서 팽윤되기 시작한다. 감자전분의 입자는 다른 전분 입자에 비해 커서 낮은 온도에서 호화되어 최고의 점도를 보이며, 전분은 대부분 95℃ 정도에서 호화가 완성된다. 호화된 후에는 일반적으로 곡류전분이 감자와 같은 근경류의 전분보다 덜 투명하다.

참고 전분의 호화에 영향을 미치는 요인

• 전분의 종류

전분은 종류에 따라 걸쭉해지는 정도가 다르며 입자가 클수록 빨리 호화된다.

감자전분은 다른 전분보다 호화가 크며 밀전분은 일반적으로 사용되는 전분 중 가장 호화가 낮은데 이는 가정에서 일반적으로 사용하는 밀가루는 순수한 밀전분보다 단백질을 함유하고 있기 때문이다. 감자전분은 곡류전분이 호화되었을 때보다 훨씬 더 투명하며 찰전분은 찰전분이 아닌 것보다 더 투명하다. 전분이 호화되면 끈적거리게 되는데 끈적거리는 정도는 근경전분이 곡류전분보다 더 크다.

• 가열 온도와 시간

전분과 물을 불 위에서 직접 가열하여 끓는 온도까지 빨리 도달하도록 하여야 하며 걸쭉해질 때까지 계속 저은 후 잠깐 동안 뜸을 들인다. 빨리 가열된 전분 풀은 천천히 가열한 것보다 더 걸쭉해진다. 분산된 전분의 양이 많으면 그렇지 않은 것보다 더 낮은 온도에서 더 높은 점성을 보이는데 이는 호화의 초기 단계에서 팽윤할 수 있는 입자가 더 많기 때문이다.

• 젓기

일정한 농도의 부드러운 음식을 만들기 위해서 전분과 물을 조리하는 동안에는 초기 단계부터 저어주는 것이 바람직한데, 오랫동안 지나치게 많이 저으면 전분 입자의 붕괴가 일어나 점도가 낮아 미끈거리며 입안에서 풀 느낌이 나므로 되도록 적게 저어준다. 죽을 끓이거나 소스나 크림수프를 만들 때 이러한 현상이 자주 발생한다.

• 산도(pH)

전분에 산을 가하여 가열하면 점도가 낮아지고 호화가 잘 일어나지 않는다. 과일을 넣고 만든 파이소나 탕수육 소스를 만들 때 전분 혼합물에 레몬즙이나 식초와 같은 산성분을 pH 4 이하로 넣으면 가수분해반응이 일어나 전분 분자가 조금 더 작은 분자로 쪼개져서 묽어진다. 전분에 산을 첨가하고자 할 때는 전분이 완전히 호화된 후에 넣어야 묽게 되는 것을 방지 하여 원하는 점도를 얻을 수 있다.

• 설탕

설탕이 많이 들어 있으면 산의 영향을 덜 받게 되는데, 이는 설탕이 전분 입자의 팽윤을 제한하여 산에 의한 가수분해가 덜 일어나기 때문이다. 설탕은 전분이 호화되는 온도를 상승시키는데, 당의 흡습성으로 인해 전분이 호화되는데 필요한 물을 당이 흡수하여 호화에 필요한 물이 경쟁적으로 사용된다. 이로인해 전분 입자의 팽윤이 늦어지고 호화 온도를 증가시킨다. 따라서 설탕을 많이 넣어야 할 경우에는 조리 전에 조금만 첨가하고 나머지는 전분이 호화된 후 첨가하여야만 점도가 영향을 덜 받게 된다.

• 다른 성분

조리를 할 때 다른 여러 재료가 전분과 함께 이용되는데 이들 재료 중 어떤 것은 호화에 크게 영향을 미친다. 지방과 단백질은 전분을 둘러싸는 경향이 있어 전분 입자의 수화를 지연시키고 점도의 정도를 더 낮게 한다.

[3] 겔화 gelation

호화된 후 전분풀(starch paste)을 식히면 굳는데 이를 겔화라고 한다.

겔 형성은 풀이 식는 동안 계속해서 일어난다. 전분 입자가 호화된 후 식으면 혼합물 안에 있는 전분의 분자 사이에 수소결합이 형성된다. 아밀로펙틴 분자의 가지 사이에 형성된 수소결합은 아주 약해 전분풀의 단단한 정도에 거의 영향을 미치지 않으나, 아밀로오스 분자의 긴 직쇄 사이의 수소결합은 강하고 삼차원 그물 모양 조직을 형성하여 겔화를 촉진 한다.

> **참고** 겔의 강도에 영향을 미치는 요인
>
> **• 전분의 종류**
> 아밀로오스가 없는 찰전분은 겔을 형성하지 못한다. 옥수수전분 같이 아밀로오스 함량이 많은 전분은 아밀로오스 함량이 적은 전분보다 더 단단한 겔을 형성하고 감자전분은 부드러운 겔을 형성한다.
>
> **• 가열 온도와 젓기**
> 전분 풀은 아밀로오스가 충분히 방출될 때까지 가열하는 것이 필요하지만 입자가 조직으로부터 분리되기 전까지 가열하여야 최적의 겔 강도를 형성한다. 오랫동안 지나치게 많이 젓거나 가열시간이 길면 분리가 일어나 풀 같은 텍스처가 되고 묽은 겔을 형성한다. 최대의 겔 강도를 위해 전분 혼합물은 방해받지 않고 식히며 겔 형성 기간 동안 저으면 미리 형성된 수소결합을 분열시키고 겔을 약화시킨다.
>
> **• 다른 성분의 영향**
> 당과 산을 첨가하면 부드러운 겔이 형성되며 겔의 투명함을 증가시키고 산이 첨가된 시간, pH, 당의 농도, 첨가시기에 따라서도 달라진다. 지방과 단백질은 호화개시 온도를 높게 하여 겔의 강도를 증가시키며, 식염이나 글루탐산나트륨(MSG) 등의 첨가는 겔의 강도를 저하시키고 점도도 낮춘다.

[4] 노화 retrogradation

겔 형성이 완성된 후 전분 혼합물을 그대로 두면 내부에서는 직쇄상 아밀로오스 분자 사이에 많은 결합이 형성되어 아밀로오스와 아밀로펙틴 분자들이 팽윤된 입자 내에서 잘 조직된 결정 영역을 형성한다. 이때 아밀로오스 분자는 서로 잡아당겨 겔의 그물모양 구조가 주저앉아 물이 겔 밖으로 밀려 나오는데, 겔 구조로부터 물이 빠져 나오는 현상을 이수(syneresis)라 하며 전분 겔이 오래될수록 전분 분자의 결합이 증가되어 발생한다. 이와 같이 오래된 전분

젤 안에서 아밀로오스 분자의 집합이 증가하는 것을 노화라 한다.

노화가 일어나면 호화전분(α-starch)이 생전분(β-starch)의 구조와 유사한 물질로 변화하는데 이때 온도, 수분 함량, pH, 전분 분자의 종류 등에 따라 다르게 나타난다.

참고 전분의 노화 속도에 영향을 주는 요인

• 전분의 종류

쌀, 밀, 옥수수 등과 같이 입자 크기가 작은 곡류전분은 노화가 빨리 일어나며 감자, 고구마 등의 전분은 노화가 더디게 일어난다. 아밀로오스 함량이 높은 전분은 노화가 빨리 일어나고 아밀로펙틴이 많은 것은 가지 형태의 구조로 인하여 분자 간 수소결합을 방해하므로 노화가 빨리 일어나지 않는다. 그러므로 찹쌀로 지은 밥이나 떡은 멥쌀로 만든 것보다 빨리 굳지 않는데 이는 찰전분이 결정영역을 거의 형성하지 않기 때문이며 찹쌀가루에 들어있는 단백질도 냉동-해동 안정성에 미치는 효과가 크기 때문이다.

• 수분 함량과 온도

전분의 노화는 수분 함량이 30~60%이고 온도가 0~4℃일 때 가장 쉽게 일어나며 겨울철에 밥, 빵, 떡 등이 빨리 굳는 것이 이러한 이유 때문이다. 수분 함량이 60% 이상, 15% 이하일 때에는 노화가 일어나기 어렵고 80℃ 이상의 온도에서는 노화가 일어나지 않는다. 따라서 밥, 빵, 떡류를 냉동고에 저장하면 급격히 수분을 탈수시켜 호화된 상태 그대로 건조시킬 수 있다.

• pH

알칼리성에서는 노화가 억제되며 강한 산성에서는 노화속도가 촉진된다.

[5] 호정화 dextrinization

전분에 물을 가하지 않고 160℃ 이상으로 가열하면 가용성 전분을 거쳐 덱스트린으로 분해되는데 이러한 화학적인 현상을 호정화라고 하고, 건열로 생성된 덱스트린을 피로덱스트린(pyrodextrin)이라 하며, 호정화되면 전분보다 수용성으로 변하여 점성은 낮아지고, 소화가 잘된다. 색과 풍미가 바뀌어 비효소적 갈변이 일어나고 볶은 냄새가 나는데 지나치게 가열하면 탄 냄새가 난다. 밀가루를 뿌린 고기를 구웠을 때, 식빵을 토스트 할 때, 전분을 입힌 음식을 튀겼을 때, 밀가루를 볶았을 때(roux), 미숫가루를 만들 때, 팝콘, 누룽지, 뻥튀기 등에서 이 현상을 볼 수 있다.

[6] 변성전분과 저항성전분 modified starch, resistant starch(RS)

전분은 종류에 따라 구성과 분자구조가 달라서 조리에서도 기능이 다르게 나타나므로 용도에 적합한 전분을 사용해야 한다. 천연의 전분은 식품가공에 이용할 때 한계가 있어 목적에 적합하도록 물리, 화학적인 방법 또는 효소로 처리하여 만드는데 이를 변성전분이라 한다.

변성전분의 종류는 처리하는 방법에 따라 산처리전분, 덱스트린류, 가교전분, 호화전분 등이 있고 이렇게 만들어진 변성전분은 저장기간 동안 노화 현상이 덜 일어나며 안정제로 사용된다. 예를 들어 애플파이의 필링에 변성전분을 이용하면 이수(syneresis) 현상을 막을 수 있으며 이유식에 이용하면 냉장 보관해도 노화가 일어나지 않는다.

저항성전분은 소화에 대하여 저항성이 있는 전분이라는 뜻으로 전분 속에 식이섬유가 30~90% 들이있기 때문에 포도당으로만 구성된 일반적인 전분과는 달리 인체 내에서 소화, 흡수되지 않아 체내 지방연소에 도움이 되며 콩, 감자, 보리, 밀, 옥수수, 바나나 등에 들어있다.

3. 전분의 조리

전분을 넣어 조리할 때 뜨거운 액체에 전분을 직접 넣고 가열하면 덩어리가 생기기 쉽다. 이를 방지하기 위한 방법으로 우선 찬물에 전분을 섞고 이것에 뜨거운 물을 부어 열을 가하여 계속 저어주는데, 탕수육 소스를 만들 때 사용한다. 또는 전분을 설탕과 섞어서 조리하는 방법인데, 푸딩(pudding)이나 파이소(pie filling)를 만들 때 사용된다. 마지막으로 소스나 수프를 만들 때 지방을 먼저 녹이고 밀가루를 섞어 루(roux)를 만들어 준 다음 액체를 가하는 방법이다.

[1] 소스 sauce

소스는 지방, 밀가루, 액체로 만들어진 걸쭉한 것으로 액체는 우유 또는 육수(stock)와 물을 사용하며, 잘 만들어진 소스는 부드럽고 덩어리진 것이 없어야 한다. 우선 지방을 녹이고 밀가루를 넣고 잘 저어 전분 입자를 분리시켜 뜨거운 액체를 가했을 때 덩어리지는 것을 막아준다. 이를 루(roux)라고 한다. 여기에 우유나 다른 액체를 가하면서 끓을 때까지 계속 저어준다. 열을 가하면 전분 입자는 팽창하고 혼합물은 끈끈해지는데, 이때 두꺼운 소스팬이나 이중

팬을 이용하면 눌러 붙지 않아 덜 저어주어도 되고 덩어리지지 않고 부드러운 소스가 만들어지지만 조리시간이 오래 걸린다. 혼합물이 걸쭉하게 되면 3~5분간 뜸을 들이는데 이 단계에서는 가끔씩 저어준다. 전분 혼합물이 일단 걸쭉해진 후에 너무 많이 저으면 묽어지기 때문이다.

[2] 묵

묵은 전분의 겔화를 이용하여 만든 우리나라 고유의 전통 식품이다. 모든 전분은 가열하면 호화되고 식으면 굳으나, 그릇에 담거나 칼로 썰었을 때 모양을 유지하지 못하는 것도 있다. 일반적으로 녹두·메밀·도토리전분이 묵이 잘 되는데, 아밀로오스 분자의 길이가 중간 정도여서 호화된 전분 입자와 입자 사이를 연결하여 입체적 그물 조직을 형성하기 때문이다.

묵의 질에 영향을 주는 중요한 요인 중 하나는 전분의 농도인데, 같은 전분이라도 농도가 너무 낮으면 호화시킨 후 식혔을 때 겔화되지 않고, 농도가 너무 높으면 쉽게 겔화되기는 하나 단단하여 맛이 없다.

일반적으로 전분 가루에 물을 5~6배 정도로 하여 묵을 쑤면 좋은데 전분 가루를 물에 풀어 나무주걱으로 잘 저어가면서 눌러 붙지 않도록 잘 저어준다. 마지막으로 소금과 식용유를 조금 넣고 잘 섞은 후 뜸을 들이고 응고시킬 그릇의 밑바닥에 찬물을 바른 후 부어 굳힌다.

곡류

곡류(cereals)란 식물학상 화본과에 속하는 열매를 식용으로 하는 식물을 말하며 쌀, 맥류(보리, 밀, 호밀, 라이밀, 귀리), 잡곡류(조, 수수, 기장, 옥수수, 메밀, 기타 잡곡류)로 분류하고, 곡류는 알갱이 자체를 먹기도 하고 가루, 전분, 가공품으로 이용하기도 한다.

전 세계적으로 각 지역의 기후 풍토에 알맞은 곡류가 주로 재배되고 단위 면적당 생산량이 많기 때문에 열량원 중 가장 경제적으로 알려져 있다.

1. 곡류의 구조 및 종류

[1] 곡류의 구조

모든 곡류의 열매는 비슷한 구조를 갖으며 곡류 입자는 왕겨로 둘러싸여 있고 그 내부는 크게 겨층(bran), 배유(endosperm), 배아(embryo)의 세 부분으로 나눈다[그림 8-1].

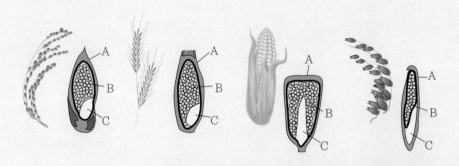

A : 겨층   B : 배유   C : 배아

[그림 8-1] 곡류의 구조

왕겨를 벗기면 겨층이 나오는데 겨층을 벗기는 과정을 도정이라 하며 겨층은 배유와 배아를 보호하는 부분으로 대부분 섬유소이고 단백질, 지방, 비타민 B_1, 무기질을 함유한다. 겨층의 가장 안쪽, 즉 배유의 가장 바깥쪽은 다량의 영양소를 함유하나 도정 중에 많이 깎여나간다.

배유는 낟알의 대부분을 차지하는 가식부분으로 가장 큰 중심부분이고 전분 입자의 저장고라 할 수 있으며 단백질도 많이 함유하며 미량의 지방, 비타민이 있고 섬유소는 거의 함유되어 있지 않다.

배아는 곡류 낟알의 2~3%를 차지하며 지방, 단백질, 무기질, 비타민이 풍부하지만 도정이나 가공 과정에서 핵이 깨지면 공기 중의 산소에 노출되어 산화되기 때문에 곡류의 저장기간이 단축되고 벌레들의 영향을 받기 쉽다.

(2) 곡류의 종류

1) 쌀

쌀의 원산지는 아시아 대륙 동남부의 인도에서 중국 남부에 걸친 열대와 아열대 지역으로 우리나라에 도입된 시기는 확실하지 않으나 기원전 5세기경으로 추정하고 있다.

① 품종

전 세계적으로 벼의 품종은 매우 다양하지만 크게 자포니카형(일본형, japonica)과 인디카형(인도형, indica)으로 구분한다. 자포니카형은 쌀의 입자가 둥글고 짧으며 단단하여 밥을 지으면 점성이 높은 것이 특징으로 우리나라, 일본, 대만, 중국 남북부, 이집트, 이탈리아 북부, 스페인, 브라질, 미국의 캘리포니아 등에서 생산된다. 인디카형은 쌀알이 길고 가늘며 부서지기 쉽고 점성이 낮으며 베트남, 파키스탄, 타이, 멕시코, 미국 남부, 남미 북부 등에서 주로 생산된다.

② 아밀로오스 함량

쌀은 아밀로오스와 아밀로펙틴의 함량의 차이에 따라 멥쌀과 찹쌀로 구분하는데 멥쌀은 아밀로오스 20~25%와 아밀로펙틴 75~80%으로 반투명하고, 찹쌀은 100% 아밀로펙틴으로 이루어져 있으며 유백색을 띤다.

찹쌀전분은 아밀로펙틴으로 인하여 점성이 강하고, 반대로 멥쌀은 아밀로오스의 함량이 높으므로 점성이 약하다. 전분의 아이오딘반응을 보면 멥쌀은 청자색을 띠고 찹쌀은 적자색을 띤다.

③ 도정

탈곡에 의해서 겉껍질인 왕겨를 벗긴 것을 현미라 하고 현미를 도정한 것을 정백미라 한다. 겨층이 벗겨진 정도를 도정도라 하며 현미를 100으로 하였을 때 백미의 도정도는 92%이다. 7분 도미는 70%의 겨층을 제거한 것이다. 완전히 벗긴 것을 10분 도미, 반 정도 벗긴 것을 5분 도미라 하며 수확하여 도정한 지 6개월 이내의 쌀을 햅쌀이라 하며, 외관상 더 투명하고 신선한 냄새를 갖는다.

④ 유색미

최근 들어 현미의 호분층에 색소와 향기를 입힌 유색미 또는 향미(scented rice)가 재배되고 있다. 안토시아닌을 함유한 흑미, 클로로필을 함유한 녹미, 탄닌과 카로티노이드를 함유한 적미 등이 있으며 이들 색소의 건강 기능성이 알려지면서 그 수요가 증가하고 있다. 이들은 향기성분도 가지고 있는데 향미는 보통 쌀에 5~10% 정도 섞어서 밥을 지으면 구수한 밥 냄새를 나게 하면서 밥맛을 향상시켜 준다. 이외에 가공 처리할 때 기능성 성분을 함유시킨 쌀이나 특수 목적용 쌀이 재배되고 있다.

⑤ 영양성분

현미에는 주성분인 탄수화물, 단백질, 지방, 비타민 $B_1 \cdot B_2$, 섬유소 등이 함유되어 있지만 도정을 한 정백미는 대부분이 탄수화물로 단백질, 지방, 비타민 B_1, B_2, 섬유소와 같은 성분은 적다.

현미의 표피는 물이 통하기 어려워 소화가 좋지 않으므로, 도정도가 높을수록 단백질, 지방, 비타민, 무기질 등과 같은 성분은 감소하지만 인체 내에서 소화는 더 잘 된다. 쌀의 단백질은 주로 글루텔린(glutelin)으로 오리제닌(oryzenin)이라 하며, 아미노산 중 아르기닌(arginine)은 풍부하나 리신(lysine)과 트립토판(tryptophane)이 부족하며 찹쌀은 멥쌀보다 단백질과 지방이 약간 많다. 지방은 주로 배아에 함유되어 있어 현미에는 23% 정도 들어 있고 백미에는 그 함량이 매우 적으며 쌀 지방의 50% 이상은 올레산(oleic acid)이고 나머지는 리놀레산(linoleic acid)과 팔미트산(palmitic acid)이다.

쌀 입자의 외층에는 무기질이 풍부하나 내부에는 적은데 칼륨, 마그네슘 등은 많고 칼슘과 철분은 부족하다. 쌀에는 비타민 B군이 주로 함유되어 있으며 그 외 비타민의 함량은 적다. 비타민 B군 또한 외피와 배아 부분에 주로 함유되어 있고 백미에는 그 함량이 적은데, 그나마 백미에 남아있는 비타민 B군도 물에 씻고 밥을 짓는 동안에 손실된다.

⑥ 제분

쌀을 떡이나 과자류의 가공원료로 사용할 경우에는 분쇄하여 쌀가루로 만들어서 이용하게 되며 분쇄된 쌀가루의 입도 분포는 쌀가루의 물리화학적 특성을 변화시킴으로써 가공제품의 품질에 직접적인 영향을 미친다.

현재 이용되는 제분 방법에는 건식제분법과 습식제분법이 있다. 떡을 만들기 위한 가루는 습식 제분법을 사용하고, 대부분의 상업용 쌀가루는 건식 제분법으로 제분한다.

2) 밀

① 밀

밀은 전 세계적으로 가장 광범위하게 경작되는 식물로 기후가 온화하고 건조한 지역에서 매우 잘 자란다. 밀은 매우 오래된 작물로 기원전 15,000~10,000년부터 중동에서 재배되었고 우리나라에서는 삼한시대부터 재배된 것으로 전해진다.

밀은 품종, 기후, 토양 등에 따라 품질이 다르며 같은 종류의 밀이라도 제분과정, 정제 과정 등에 따라서 특성이 달라진다. 파종시기에 따라 봄밀과 겨울밀로 나누고, 밀알의 단단한 정도에 따라 경질밀과 연질밀, 종피색에 따라 적색밀과 백색밀로 분류한다. 봄밀은 봄에 파종하여 6~7월에 수확하고, 겨울밀은 따뜻한 지방에서 가을에 파종하여 이듬해 6~7월에 수확한다.

우리나라에서는 밀가루 단백질인 글루텐 함량에 따라 강력분, 중력분, 박력분으로 분류한다. 강력분은 글루텐 함량이 13% 이상, 중력분은 10~12%, 박력분은 9% 이하이다. 이탈리아가 원산지인 듀럼밀은 매우 단단하고 단백질이 많이 함유되어 있어 주로 마카로니와 스파게티 등의 파스타를 만드는 데 쓰인다.

밀의 탄수화물은 70~78%이고 섬유소나 무기질이 적으며 비타민 B_1은 현미보다 적으나 쌀과 달리 배유에도 함유되어 있어 제분하더라도 50~70%는 남는다. 그러나 빵을 만드는 동안 15~20%는 손실되고 구우면 다시 10% 정도 손실된다. 빵을 만들 때 중조나 탄산암모늄 등의 알칼리를 사용하면 비타민 B_1은 거의 손실된다.

② 밀가루

가루(flour)는 특히 밀가루를 의미하는 경우가 많으나 곡류의 종류에 상관없이 제분하여 얻는 것을 말하며 여러 종류의 가루 중에서 점탄성과 팽창시키는 특성을 가지고 있는 것은 밀가루뿐이다.

가. 밀가루의 구조

밀가루 단백질은 빵의 구조 형성에 가장 중요한 역할을 한다. 밀가루를 반죽하면 밀가루 단백질 중 글리아딘(gliadine)과 글루테닌(glutenin)이 서로 엉겨서 3차원의 그물 모양인 글루텐(gluten)을 형성하며 점탄성을 나타낸다[그림 8-2]. 글리아딘은 70% 알코올에 용해되는 단백질이며 반죽이 유동적이고 끈적끈적하도록 해주며 글루테닌은 물이나 알코올에 불용성으로 반죽에 탄성을 준다.

글루테닌의 분자는 글리아딘 분자보다 더 크며 그물 모양 구조에 가장 영향을 미치는 결합은 이황화결합(disulfide, S-S)이다. 밀가루 상태일 때는 두 가지가 거의 동량으로 따로따로 존재하지만 밀가루에 물을 넣어 잘 섞은 후 반죽하면 불용성 단백질인 글루텐이 생성된다.

| 글리아딘 | 글루테닌 | 글루텐 (글리아딘+글루테닌) |

[그림 8-2] 밀가루 단백질과 글루텐의 형성

밀가루 반죽을 헝겊이나 체에 밭쳐 계속해서 물로 씻어 주면 전분이 제거되면서 점탄성이 있는 점질상의 물질이 남게 되는데 이것이 글루텐이고 오븐에서 구우면 수분이 증발되면서 크게 부푼다. 이는 글리아딘과 글루테닌이 물을 흡수하면서 가는 실 모양으로 결합하여 만든 그물 모양의 구조가 가열 시 팽창되기 때문이다[그림 8-3].

| 박력분 | 중력분 | 강력분 |

[그림 8-3] 밀가루에서 추출한 글루텐과 구웠을 때의 모양

나. 밀가루의 종류

• 글루텐 함량에 따른 분류

밀가루는 밀의 종류, 사용된 전립의 부분, 가루의 혼합 등에 따라 성분이 다른데 단백질인 글루텐 함량에 따라 강력분, 중력분, 박력분으로 나누며, 글루텐 함량이 높은 것은 강도와 가스 보유율도 크고 약한 크림색을 띤다.

밀가루의 색은 회분에 의하여 영향을 받는데 겨층의 혼입률이 높을수록 회분 함량이 증가하여 색상이 미색으로 된다. 보통 밀가루 색상을 희게 하고 제빵류의 질감과 부피를 좋게 하기 위하여 표백 과정을 거친다.

우리나라에서는 미국이나 호주에서 수입한 경질밀과 연질밀을 적당히 혼합하여 제분함으로써 용도에 맞게 글루텐 함량이 조절된 밀가루를 만들어 낸다.

강력분	글루텐 함량은 13% 이상이며 경질밀로 만드는데 점탄성이 커서 탄력이 있고 질기며 수분흡수율과 흡착력이 커서 제빵 시 많이 부푼다. 주로 마카로니, 스파게티, 피자, 국수, 제빵 등을 만들 때 이용한다.
중력분	글루텐 함량은 10~12% 정도로 경질밀과 연질밀의 혼합분으로 강력분과 박력분의 중간 정도이며 가정에서는 다목적용으로 이용한다.
박력분	글루텐 함량이 9% 이하이며 연질밀로 만드는데 점탄성이 약하고 물과의 흡착력이 약하다. 주로 케이크나 쿠키와 같은 제과류와 튀김옷 등을 만들 때 이용한다.

• 사용 목적에 따른 종류

▶ 전립 밀가루

밀의 외피를 포함하여 낱알이 전부 포함되도록 하여 제분한 것으로 겨층, 배아, 배유를 모두 함유한 것이다. 배아 부분의 지방성분이 그대로 함유되어 있기 때문에 저장 중에 산패될 수 있으므로 냉장 보관하며 외피를 포함하므로 식이섬유소의 함량이 높다.

▶ 기능성을 개선한 밀가루

제빵용 밀가루	단백질 함량이 높아서 강한 점탄성을 지니며 빵을 만들기에 적합하다.
페이스트리와 케이크용 밀가루	연질밀로 만드는데 페이스트리, 쿠키, 케이크와 같은 제과류를 만들기에 적합하다.
글루텐 밀가루	글루텐의 함량을 41% 수준까지 증가시켜 점탄성을 증가시킨 것으로 제빵에 적합하다.

기능성을 개선한 밀가루	① 숙성 밀가루 바로 제분한 밀가루는 희지 않고 제품의 품질이 좋지 않기 때문에 몇 개월 동안 숙성시키는데, 숙성하는 동안 자연적으로 공기 중의 산소에 의해서 표백되므로 저장 장소가 넓어야 하고 노동력 또한 증가하므로 가격이 더 비싸다. ② 표백 밀가루 밀가루를 염소 가스나 과산화벤조일(benzoyl peroxide)로 표백한다. 이러한 과정에서 밀가루의 카로티노이드 색소가 산화하여 더 희게 되고 글루텐의 상태와 제품의 부피, 텍스처, 껍질 구조가 좋아 진다. 케이크용 밀가루는 항상 표백하며 다목적용은 표백을 하기도 하고 하지 않기도 한다. ③ 인스턴트 밀가루 뭉쳐지지 않고 차가운 액체에도 잘 섞이도록 만든 것으로 일반적인 밀가루보다 입자가 더 크고 균일하며 습기를 더 천천히 흡수한다. 계량하기 전에 체에 칠 필요가 없어 계량이 손쉽다. ④ 팽창제 함유 밀가루 보통 연질밀로 만드는데 케이크류를 만들기에 적당한 비율로 소금과 베이킹파우더를 첨가한 것으로 구입하여 액체를 넣고 반죽만 하면 된다. ⑤ 강화 밀가루 흰 밀가루에 비타민 B_1, B_2, 나이아신, 엽산과 무기질인 철분을 강화한 것이며 칼슘은 강화할 수도 있고 하지 않을 수도 있다.

다. 밀가루의 영양성분

밀의 단백질은 밀알의 경도가 높을수록 그 함량이 높은데 단백질 함량이 높은 강력분은 제빵에 사용되며, 함량이 낮은 박력분은 제과에 사용된다.

밀은 밀겨, 배유, 배아로 구성된다. 밀겨는 총질량이 약 14.5%를 차지하며 섬유소, 단백질, 비타민, 무기질 등을 함유하며 물을 다량 흡수한다. 배아는 총 질량의 약 2.5%를 차지하며 기름을 추출하는데 쓰이고 밀가루의 미네랄 함량은 중요한 품질인자로 사용되는데 미네랄 함량이 높은 밀가루는 제분 과정에서 밀겨 부분의 혼입이 많음을 나타낸다.

표 8-1	수입산 밀의 영양성분표		(100g 당)
	강력분	**중력분**	**박력분**
수분	13.7	13.3	12.8
단백질	13.8	10.4	8.7
지방	1.0	1.1	0.8
탄수화물	71.1	74.8	77.5
섬유소	0.2	0.2	0.2

3) 보리

보리는 쌀, 밀, 옥수수 다음으로 많이 생산되는 곡류로 재배 역사가 가장 오래된 곡류 중 하나이다. 보리는 성숙 후에도 껍질이 종실에 밀착하여 분리되지 않는 껍질보리와 성숙 후 껍질이 종실에서 잘 분리되는 쌀보리로 나뉘며, 파종 시기에 따라 가을보리와 봄보리로 구분하고 우리나라에서는 대부분 가을보리를 재배한다.

겉껍질을 제거한 보리는 현맥으로 섬유소가 많아 먹기에 좋지 않다. 소화율을 높이기 위하여 보리쌀을 고열 증기로 쬐여서 부드럽게 한 다음 기계로 눌러 압맥을 만들고, 할맥은 보리의 중심부를 2등분한 것으로 수분흡수가 빠르고 소화가 잘 된다.

보리쌀의 단백질, 지방 함량은 밀과 큰 차이가 없으나 탄수화물은 75% 정도로 밀보다 적고 특히 섬유소가 많다. 맥주보리는 전분이 75% 이상이고 단백질이 10% 정도이며, 보리의 주단백질을 호르데인(hordein)이라 한다. 비타민류는 배유의 내부에도 분포되어 있으므로 도정하더라도 손실은 비교적 적다. 보리는 단백질이 적고 글루텐이 형성되지 않으므로 빵을 만들어도 부풀지 않는다. 맥아(엿기름)의 β-아밀라아제는 당화효소로서 식혜, 엿, 고추장 등을 만들 때 이용된다.

4) 호밀

호밀의 재배 역사는 2,000년쯤 되며 유럽에서 많이 재배되어 빵을 만드는데 이용하였다. 밀보다 품질이 못하나 추위에 훨씬 강하고 적응력이 높다. 호밀의 성분은 탄수화물이 주성분으로 70% 정도 차지하고 단백질 11%, 지방 2%, 섬유소 2% 정도이며 비타민 B군도 풍부하지만 글루텐을 형성하지 못하므로 빵이 덜 부풀고 빵의 색도 검어서 품질이 떨어진다.

5) 귀리

귀리는 밀이나 보리보다는 재배역사가 길지 않다. 러시아, 폴란드를 포함한 유럽과 미국 등에서 많이 생산되나 우리나라에서는 식량으로 재배되는 것이 거의 없는 실정이다.

모양은 보리와 비슷하고 다른 곡류에 비하여 단백질(13%), 지방(5.4%), 섬유소가 풍부하여 독특한 맛이 있고 비타민 B군도 많아 소화율이 높다.

귀리는 낱알을 증기 가열하여 플레이크를 만들어 죽(오트밀)을 쑤거나 밥을 지어 먹기도 한다.

6) 조

조는 아시아 지역이 원산지로 인도, 아프리카, 중국, 러시아 등지의 건조한 지대에서 주로 주식으로 쓰이고, 예로부터 우리나라에서도 조를 중요한 곡물로 여겨왔으며, 토양이 척박하고 온도가 높은 지역에서 잘 자라 제주도에서 많이 재배되고 있다. 조는 섬유소, 무기질, 칼슘, 비타민 $B_1 \cdot B_2$가 풍부하며 단백질 중 프롤라민(prolamine)의 함량이 많고 소화율이 좋다. 아밀로펙틴의 함량에 따라 차조와 메조로 구분되며 차조는 메조보다 단백질과 지방 함량이 높다. 조는 주로 밥, 떡, 죽, 엿, 술 등에 제조할 때 이용한다.

7) 옥수수

옥수수의 원산지는 멕시코와 온두라스로 알려져 있고, 현재 세계 3대 곡류에 들어간다. 재배가 용이하고 생산량이 많기 때문에 사료로 많이 사용되며 옥수수유, 전분, 포도당, 물엿 등을 만드는 데 쓰인다. 옥수수의 주요 단백질인 제인(zein)은 필수 아미노산이 거의 없고 나이아신(niacin)도 적으므로 옥수수를 주식으로 하는 열대 주민에게는 피부병의 일종인 펠라그라(pellagra)가 많다. 씨눈에는 비타민 E를 많이 함유한 좋은 기름이 들어있다. 옥수수는 사료용, 전분제조용, 생식용, 통조림용, 팝콘용, 찰옥수수 등 그 종류가 다양하다.

8) 메밀

메밀은 중앙과 동북아시아가 원산지로 추정되는데, 서늘하고 습하며 건조한 토양 등 척박한 땅에서도 잘 자란다. 메밀가루는 국수나 묵을 만드는데 쓰이며, 단백질이 많고 곡물에 부족하기 쉬운 트립토판, 리신 등의 필수 아미노산 함량이 많다. 또한 혈관벽을 강하게 하는 루틴(rutin)을 함유하고 있다.

2. 곡류의 영양성분

곡류는 영양학적인 관점에서 볼 때 매우 유용한 식품으로 가장 경제적인 열량 공급원이며 탄수화물, 단백질, 비타민, 무기질, 섬유소의 중요한 공급원이다. 배아에 들어있는 지방산은 주로 올레산(oleic acid)과 리놀렌산(linoleic acid)으로 구성되어 있고 레시틴도 함유되어 있다. 곡류의 단백질은 일반적으로 생물가가 낮고, 필수 아미노산인 리신(lysine), 트레오닌(threonine), 트립토판(tryptophan)이 부족하지만, 곡류에 부족한 아미노산을 보충해 줄 수 있는 동물성 단백질이나 콩류 같은 단백질 식품과 함께 섭취하면 전체 단백질의 질을 효과적으로 높일 수 있다.

곡류에는 비타민 B군이 많이 함유되어 있고 비타민 A, C, D는 거의 없지만 곡류가 싹을 틔울 때는 비타민 C가 발견되기도 한다. 비타민 B군 중 티아민(thiamine)은 리보플라빈(riboflavin)보다 많이 함유되어 있으나 도정 및 조리 과정 중 손실되기 쉬우며, 노란색의 옥수수는 다른 곡류와는 달리 체내에서 비타민 A로 전환되는 카로틴(carotene)을 함유하고 있다.

도정하지 않은 곡류에는 다량의 무기질이 함유되어 있지만 많은 양의 섬유소와 피트산(phytic acid)이 이들과 결합되므로 잘 이용되지 못한다.

곡류 입자에는 여러 가지 효소가 함유되어 있어 곡류를 저장하거나 가공 및 조리 시 품질에 영향을 미치며 특히 지방분해 효소인 리파아제(lipase)는 곡류를 저장할 때 산패의 원인이 되기도 한다.

3. 곡류의 조리

곡류를 조리하는 목적은 맛을 좋게 하고 소화율을 좋게 하기 위함이다. 곡류조리의 가장 중요한 역할은 전분의 호화와 향미 증진이다. 전분이 호화되려면 적당한 수분과 높은 온도가 필요하며, 곡류의 종류, 저장기간, 가열방법, 가열용기, 곡류의 양에 따라 수분 요구량이 다른데 수분 함량이 적은 곡류일수록 조리 시 수분이 더 필요하다.

오븐에 익히기, 중탕하기, 직접 불에서 끓이기 등 가열방법에 따라 수분 필요량이 다르며 중탕해서 곡류를 익히는 방법은 다른 조리법에 비해 수분이 적게 필요하다. 가열용기의 뚜껑이 허술하거나 열전도율이 빠른 용기일수록 낮은 온도로 서서히 가열하는 것보다 높은 온도로 짧은 시간 가열할 때 더 많은 물이 필요하며, 한꺼번에 많은 양을 끓일 때보다 적은 양을 끓일 때 수분이 더 필요하다. 압력솥이나 집단급식소에서 사용하는 증기 솥은 물의 양이 적게 필요하다.

곡류전분의 호화를 위하여 적절한 온도가 유지되어야 하는데, 끓은 후 98~100℃의 온도를 20분 정도 유지해야 한다.

[1] 밥

우리나라의 가장 기본이 되는 주식이다. 조리법도 다양하고 밥의 종류 또한 다양하여 대표적인 것이 흰밥이고 잡곡을 섞은 잡곡밥과 밤밥, 무밥, 콩나물밥, 굴밥, 김치밥 등 별미밥이 있다.

밥은 생쌀에 물을 부어 가열함으로써 점차 분자운동이 활발해져 운동에너지가 결합에너지보다 커지면서 생쌀의 전분 입자결합이 붕괴되어 결정상의 전분이 비결정상으로 되는 것으로, 밥을 지으면 쌀의 β-전분(생전분)이 α-전분(호화전분)으로 되는데 완전히 α화하려면 적당한 수분과 온도가 필요하다. 밥을 지을 때는 쌀의 종류, 쌀의 양, 건조 정도에 따라 물의 양, 용기의 크기, 불의 조절, 밥 짓는 시간 등이 결정된다.

어떤 종류의 조리 기구를 사용하더라도 밥이 되는 원리는 동일하다. 단, 물의 양, 가열시간, 끓는 시간, 뜸들이기 등에 약간의 차이가 있을 뿐이다.

1) 쌀 불리기

쌀을 물에 담가두면 물이 서서히 쌀 입자 내에 침투하여 전분 내의 비결정 분자와 결합하여 부피가 증가하여 쌀알이 팽창한다. 물을 충분히 흡수한 쌀알은 가열 시 열 전도가 쉬워 호화가 잘 일어난다. 전분이 α화되려면 30% 정도의 물이 필요한데 쌀을 씻는 동안 10% 정도의 수분을 흡수하고, 담가두는 동안 20~30%의 수분이 흡수된다. 이 때 물 온도가 높으면 흡수시간이 빠르고 물 온도가 낮으면 흡수시간이 느리다. 30~90분이 지나면 흡수는 포화 상태가 되므로 여름에는 30분, 겨울에는 90분 정도 생쌀을 물에 불린다.

찹쌀은 멥쌀보다 물을 흡수하는 시간이 조금 더 걸리며 현미는 치밀한 쌀겨층으로 싸여 있으므로 쌀겨층을 통한 수분 흡수 및 취반 속도가 백미와 다르다.

2) 밥 짓기

① 물의 양

물의 양은 쌀의 종류, 건조 상태, 물에 담가두는 시간, 온도에 따라 다르며 햅쌀보다 묵은 쌀이 더 많은 물을 필요로 한다. 보통 쌀 중량의 1.5배, 쌀 부피의 1.2배가 필요하다.

말리지 않은 콩 등은 쌀과 그대로 섞으면 되지만 말린 콩은 미리 불려서 사용한다. 팥을 사용할 경우에도 미리 삶고, 보리는 통보리일 경우 미리 삶고 압착한 것은 그대로 이용하며 밥물의 양은 쌀밥을 할 때와 큰 차이가 없다. 밤이나 감자를 섞을 경우 밥물은 쌀을 기준하여 하여 부으면 되고 콩나물밥, 무밥, 김치밥은 흰밥보다 밥물을 적게 붓는데, 콩나물밥을 지을 때는 콩나물의 부피로 인하여 쌀에 대한 물의 양을 가늠하기 힘들기 때문에 콩나물을 쌀 위에 놓는 것이 좋다.

② 가열

가열시간은 쌀의 양이나 불의 세기 등에 따라 다르다. 밥이 되는 단계는 온도 상승기, 끓이기, 뜸 들이기의 세 단계로 나눌 수 있다. 직접 불 위에서 끓이는 방법을 예로 들면 다음과 같은 단계로 설명할 수 있다.

온도가 상승하기 시작하면 쌀이 수분을 흡수하여 팽윤하고 60~65℃에서 호화가 시작된다. 이 때 강한 화력에서 10~15분간 끓인다. 쌀이 계속 수분을 흡수하면 끈기가 생기며 쌀 입자는 움직이지 않는다. 내부의 온도는 100℃ 정도이며 화력을 중간 정도로 줄여 5분 정도 유지시킨다. 그 다음 쌀 입자의 내부가 완전히 팽윤하도록 화력을 약하게 조절하여, 보온인 상태에서 15~20분 정도 뜸을 들인 후 불을 끄고 일정 시간 동안 놓아둔다.

③ 보온

밥을 지은 후에 보온을 유지하지 않으면 공기나 취반기구 등에 의해 밥의 부패가 시작된다. 부패균의 번식을 막기 위한 온도는 10℃ 이하나 65℃ 이상이다. 전기밥솥의 경우 65℃ 이상으로 보온이 되지만, 보온시간이 너무 길어지면 갈변 현상이 일어나고 밥맛이 떨어진다.

3) 쌀밥의 맛에 영향을 주는 인자

밥맛은 밥을 먹으면서 느끼는 여러 가지 감각을 종합적으로 표현한 말로 밥맛이 좋다 또는 나쁘다는 말은 개인의 기호와 성향에 따라 매우 다른데 우리나라 사람들은 끈기가 있고 탄성이 있는 쌀을 선호한다. 잘된 밥은 쌀알이 잘 퍼지면서 밥알 하나하나의 모양이 뚜렷하고 윤기가 있으며 찰진 상태이어야 한다.

밥맛은 쌀의 종류, 수분 함량, 저장 정도, 물의 양, 용기의 크기, 불의 조절, 밥 짓는 시간 등에 의하여 영향을 받으므로 밥맛을 좋게 하려면 이런 조건들이 적당히 어우러져야 한다.

묵은 쌀일수록 쌀의 지방이 산패되어 좋지 않은 냄새가 나며, 쌀의 pH가 낮아지고 맛을 내는 물질인 포도당, 수용성 질소 물질 등이 감소한다. 지나치게 오래 건조된 쌀은 물을 부으면 갑자기 수분을 흡수하므로 조직이 불균일한 팽창을 하고 파괴되며 질감이 나빠진다. 밥 짓는 물이 중성이나 약칼리성(pH 7~8)일 때 밥의 외관이나 맛이 좋아지므로 밥을 지을 때 약간의 소금(0.03% 정도)을 넣으면 밥맛이 더 좋아진다.

쌀밥의 맛에 관련된 요인은 쌀의 아밀로오스 함량, 입자의 구조적인 차이, 단백질 함량 등이며 영양적으로는 단백질 함량이 높은 것이 좋으나 밥맛의 관점에서 보면 단백질 함량이 낮을수록 밥맛이 좋은 쌀로 간주된다.

4) 밥의 노화

밥의 상태는 소화가 쉬운 α-전분이 되는 것인데, 전분 입자 사이에 물을 포함하고 있는 겔을 오래 방치하면 소화되기 힘든 β-전분이 된다.

α-전분이 β-전분으로 되는 현상을 전분의 노화(retrogradation) 또는 β화라 하며 이 현상은 수분 함량이 30~60% 일 때와 온도가 0~4℃에서 가장 잘 일어나는데 밥을 냉장고에 보관할 경우 밥의 노화 속도가 빨라지는 것은 이 때문이다. α-전분을 급속히 냉동하여 전분의 분자운동을 제한하거나 수분을 15% 이하로 탈수, 건조하면 안정한 α-전분으로 고정시킬 수 있다. 전분의 노화 현상은 열에 의하여 가역적반응을 일으키므로 노화된 겔을 65℃ 정도로 가열하면 다시 원래의 상태로 회복된다.

(2) 죽

곡류의 낟알이나 가루를 오랫동안 끓여 완전히 호화 시킨 유동식을 죽이라 하며 죽은 "쑨다"라고 표현하며 중간 불에서 오래 끓인다.

죽은 주식, 별미식, 보양식, 환자식 등으로 이용되고 종류도 매우 다양하며 물의 양에 따라 묽은 정도가 달라진다. 일반적으로 죽은 쌀 분량의 6~7배의 물을 넣으며, 죽을 끓이는 동안 지나치게 젓거나 불의 세기가 너무 약하면 유리수가 생겨 물이 겉돌게 된다.

잣죽, 깨죽 등과 같이 쌀을 갈아서 끓이는 죽은 더 세심한 주의가 필요한데 가열하는 동안 덩어리지지 않도록 잘 저어 주어야 하나 너무 지나치게 저어주거나 가열시간이 길어지면 전분 입자가 조직으로부터 분리 또는 붕괴되어 묽게 되거나 풀 같은 느낌을 준다.

(3) 떡

예로부터 우리나라는 곡류 음식이 가장 많이 발달되었으며 그 중 떡은 우리 민족이 즐겨 먹는 곡류 가공품으로 주재료는 쌀이지만 잡곡으로도 가루를 내어 여러 종류의 떡을 만들어 왔다.

일반적으로 쌀로 떡을 만들면 입자가 치밀해져 소화액의 침투가 어려워져 밥보다 소화가 느리지만 쑥과 같은 산채류를 혼합하여 떡을 만들면 조직이 덜 치밀하게 되어 소화액의 침투가 잘 일어난다.

떡의 품질에 영향을 미치는 요인은 쌀의 수침시간, 수침 시 수분 흡수량, 전분의 특성 및 저장 상태, 제분의 종류와 제분 방법 등이다. 수침 후 분말화 된 쌀가루의 90% 이상은 전분으로 구성되어 있어 기본적으로 쌀전분 특성에 의존하게 되는데 쌀의 수침 시 수분 흡수 속도는 쌀의 품종, 저장 시간, 침지 온도와 시간에 따라 다르다.

(4) 국수

국수는 곡류를 가루 내어 반죽한 것을 가늘고 길게 뽑은 것을 총칭하는 우리말이다. 밀가루를 가장 보편적으로 사용하며 메밀가루와 쌀가루 등도 이용되고 있다. 국수류는 기본적으로 반죽을 길게 빼는 방법과 압출하는 방법에 의하여 제조되며, 우리나라 국수류는 대부분 길게 빼는 방법으로 만든다. 조선시대 이후의 문헌에 등장한 국수는 60여 종에 이르며 당면은 기본 원료가 전분이므로 전분면에 속한다. 현재 시판되는 국수류에는 건면류, 생면류, 즉석면류 등이 있다.

우리나라의 국수는 주로 중력분으로 만들어지므로 이탈리아의 파스타와 비교해서 삶는 시간이 짧다. 삶을 때 물의 양은 국수 무게의 6~7배 정도이며 물이 끓을 때 국수를 넣고, 끓기 시작하여 국수가 떠오르면 찬물을 조금씩 부으며 끓여준다. 이는 국수가 떠오른 뒤 너무 센 불에서 가열할 경우 거품이 많이 생성되거나 표면이 거칠어지는 것을 방지하고, 쫄깃한 느낌을 주기 위함이며 국수를 다 삶은 뒤에 찬물에 씻어 국수 표면의 전분을 제거하여 전분의 맛을 감소시키고 호화를 멈추게 하여 더 쫄깃한 면발을 만든다.

(5) 파스타

파스타(pasta)는 이탈리아어 'impastare'가 어원으로 반죽하다는 뜻이며 밀가루에 물을 넣어 반죽한 것의 총칭이다. 파스타에는 우리나라에서 가장 대중화된 스파게티를 비롯하여, 라자냐, 링귀니, 페투치니, 버미셀리, 라비올리, 마카로니, 푸실리, 펜네 등 형태에 따라 다양한 종류가 있다[그림 8-4].

[그림 8-4] 다양한 종류의 파스타

파스타는 글루텐이 많이 함유된 듀럼밀을 거칠게 갈아서 만든 세몰리나를 가지고 만들어 다양한 모양과 크기로 생산되고 있다. 듀럼밀은 단백질 함량이 많으므로 파스타를 만들 때 기계적인 반죽과 조각에 가장 적합하고 조리할 때도 그 모양을 그대로 유지한다. 듀럼밀은 카로티노이드 색소가 많으므로 파스타의 색을 나타낸다. 오징어먹물이나 당근, 토마토, 비트 등의 채소 퓌레를 반죽에 섞어 색을 더 좋게 하기도 한다.

파스타를 익힐 때는 우리나라 국수보다 더 오래 삶아야 하는데 물에 소금이나 올리브 오일을 넣어 서로 달라붙지 않게 저어준다. 다 익은 것은 찬물에 씻을 필요 없이 물기를 빼주어 비타민과 무기질의 손실을 막으며, 익힌 파스타에 올리브 오일, 버터나 마가린으로 코팅을 해주어 전분의 끈적임을 감소시킨다. 파스타를 익히는 시간은 파스타의 크기, 모양, 수분함량 정도, 재료의 형태에 따라 다르며 대략 8~20분이다.

[6] 아침 식사용 곡류

아침 식사용 곡류는 곡물의 종류와 가공 방법에 따라 매우 다양하며, 가공 형태로는 압출 성형한 것, 작게 자른 것, 팽화한 것, 조각낸 것, 가루를 낸 것 등이 있고 날것, 부분 조리한 것, 완전 조리한 것과 시럽, 당밀, 꿀 등을 입힌 것도 있다. 날것은 물이나 우유에 끓여 먹고 이미 호화된 것은 조리할 필요 없이 물이나 우유에 타서 먹을 수 있다.

4. 곡류의 강화

곡류를 도정할 때 비타민과 무기질은 많이 감소되어 배유의 탄수화물과 단백질이 주성분으로 남는다. 티아민, 나이아신, 리보플라빈이 주로 제거되기 때문에 잘 정제된 곡류와 가루는 도정 할 때 손실된 영양소를 강화한다.

미국에서는 법적으로 흰 쌀, 흰 밀가루, 마카로니, 스파게티, 아침 식사용 곡류 등에 영양소를 강화하도록 권장한다. 비타민 B군과 철분은 필수강화성분이고 이 성분이 다 포함되어야 '강화' 표시가 가능하며 칼슘과 비타민 D는 선택사항이다. 콩은 필수 아미노산 중 메티오닌(methionine)의 함량이 낮은 반면 쌀은 리신과 트립토판은 부족하지만 메티오닌이 충분히 있어서 쌀에 콩을 섞어 섭취하면 필수 아미노산의 균형을 이룰 수 있다.

Culinary
Principles

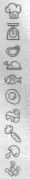

서류

뿌리나 땅속줄기가 비대해져 덩이줄기, 구경, 구근을 이루어 전분이나 기타 다당류를 저장하는 덩이식물을 서류라 한다. 일반적으로 지하 덩이줄기, 구경, 구근 등을 사용하는 식물들은 근채류로 분류하지만 그중에서 전분의 함량이 많아 열량 급원 식품으로 볼 수 있는 감자, 고구마 등은 따로 구분하여 서류에 포함시킨다. 전분 식품은 산성 식품이지만 서류는 단백질, 지방, 비타민의 함량은 적고 칼륨이나 칼슘 등 무기질의 함량이 비교적 높아 알칼리성 식품으로 분류하며 토란, 참마, 돼지감자, 곤약, 카사바 등도 서류에 속한다.

서류는 곡류보다 수분 함량이 70~80%로 높아 냉해에 약하고 발아되기 쉬워 저장성은 많이 떨어진다. 그대로 조리에 이용되기도 하지만 전분, 물엿, 포도당, 과자, 주정 등의 제조 시 가공원료로도 많이 이용된다.

1. 감자

감자(potato)는 남미 안데스 산맥의 고원지대가 원산지로 가짓과에 속하는 1년생 식물이며 저온성 식품이다. 우리나라에는 조선시대에 전파된 것으로 보인다. 가장 바깥쪽에 외피가 있고 주로 그 내부의 후피에 전분 입자가 저장된다.

[1] 감자의 품종과 텍스처

감자는 서늘한 곳에서 잘 자라는 고랭지 작물로 우리나라에서는 강원도에서 많이 재배하고 있다. 감자는 품종에 따라 껍질 색깔, 모양, 씨눈의 깊이, 감자 속의 색깔, 전분 함량, 조리 후의 텍스처가 다르며 품종에 따라 전분 입자의 크기와 수도 다르다. 우리나라에서 가장 많이 재배되는 품종으로는 수미와 남작, 두 가지가 있는데 수미는 다른 감자들과 달리 감자의 눈이 표면에 돌출되어 있어 껍질을 벗길 때 폐기량이 적으며 점질감자이다. 남작은 수확량이 좋으며 표피가 희고 매끄럽고 눈이 얕고 적으며 육색은 희고 분질감자이다.

감자는 조리 후의 텍스처에 따라 분질감자(mealy potato)와 점질감자(waxy potato)로 분류되며 음식에 따라 다르게 이용된다. 분질과 점질은 감자 세포의 크기, 세포 내의 전분 함량, 전분 입자의 크기, 펙틴질의 특성 등에 따라 구분된다. 전분 함량이 많고 전분 입자가 클수록 분질이 되기 쉬우며 단백질이 많으면 점질이 되기 쉽다. 분질과 점질감자는 비중에 차이가 있어 소금물에 담가 쉽게 구분할 수 있는데, 물과 소금의 비율을 11:1로 만든 소금물에 감자를 담가 가라앉으면 비중이 큰 분질감자로 전분 함량이 많고 수분이 적으며, 소금물에서 감자가 뜨면 비중이 낮은 점질감자로서 전분 함량이 적고 수분이 많다.

분질감자는 가열하면 흰색을 띠며 윤기가 없고 파삭파삭한 느낌을 주어 구이, 튀김, 매시드 포테이토(mashed potato)를 하거나 쪄 먹는데 적합하다. 점질감자는 먹을 때 촉촉하고 끈기가 있게 느껴지는 차진 감자이다. 가열해도 자체의 모양을 잘 보존하므로 샐러드나 조림, 국 또는 모양이 중요한 음식을 만들 때 적당하다. 이와 같은 텍스처의 차이는 전분 함량의 차이뿐만 아니라 감자를 가열했을 때 세포의 결합 상태에 따라 달라지기도 한다. 즉 분질감자는 세포가 하나 또는 몇 개씩 붙은 채 분리되고, 점질감자는 세포가 거의 분리되지 않고 단단하게 결합되어 있다.

[2] 감자의 성분

감자의 주성분은 전분으로 65~80%에 이르며 미숙할 때는 당으로 존재하다가 성장하면서 전분으로 바뀐다. 비타민 B_1, C, 칼륨, 인과 같은 무기질의 급원이며 칼슘과 나트륨은 거의 존재하지 않는다. 감자는 고구마보다 수분 함량이 높고 전분 함량은 낮으며 당의 함량도 고구마보다 적어 덜 달다. 감자는 품종과 토질에 따라 당의 함량이 다른데 살이 노란 것일수록 전분 함량이 낮고 단백질 함량이 높다. 감자에 들어있는 비타민과 무기질은 주로 껍질 바로 아래에 함유되어 있기 때문에 껍질을 벗길 때 많이 손실된다. 또한 신선한 감자에는 비타민 C가 들어 있는데, 양은 많지 않으나 전분 입자 사이에 싸여 있어 안정성이 높다. 감자를 삶을 때는 조리수의 양을 적게 하여 영양소의 유출을 막아주어야 하며 비타민 B_1과 C는 조리시간이 길수록 많이 파괴된다.

감자는 햇빛을 받거나 싹이 나면 솔라닌(solanine)이라는 물질이 생기는데, 쓰고 독성이 있는 알칼로이드의 일종으로 눈 부분에 가장 많고 껍질 부분에도 상당량 존재하므로 껍질이 녹색으로 변한 것이나 싹이 난 것은 고르지 않는 것이 좋다. 껍질을 벗기면 약 70%가 제거되며 솔라닌은 열에 약하므로 가열하면 파괴된다.

[3] 감자의 갈변

감자는 껍질을 벗겨서 두거나 썰면 절단면이 갈색으로 변하는데 산화효소인 티로시나아제(tyrosinase)가 감자의 방향족 아미노산인 티로신(tyrosine)에 작용하여 멜라닌 색소를 형성하기 때문이다. 그러므로 껍질 벗긴 감자를 물 속에 담가 산소와의 접촉을 방지하거나 가열하면 효소가 불활성화되어 갈변을 방지할 수 있다. 익힌 후에도 서서히 갈변되는 감자는 티로신을 다량 함유하고 있기 때문이다.

[4] 감자의 저장

감자는 품종과 토질에 따라 당의 함량이 다르며 저장하는 온도에 따라서도 많이 달라진다. 감자를 10℃ 이하의 서늘한 곳에서 저장하면 전분은 아밀라아제와 말타아제의 작용으로 분해되어 당분으로 변한다. 당분이 증가되면 단맛은 증가하지만 질척해져서 굽거나 삶을 때는 적당치 않다. 그러므로 냉장고보다는 서늘하고 통풍이 잘되는 그늘에서 덮개를 이용하여 햇빛을 차단해 주는 것이 좋다.

[5] 감자의 조리

1) 찌기와 굽기

찌는 감자는 분질인 것이 좋으며 잘 여문 감자가 좋다. 찐 후 물기가 없고 포근포근하여야 한다. 껍질을 벗긴 감자를 물에 오래 담가두면 표면의 세포로 수분이 침투해 찐 후에 질척해지기 쉽다.

감자를 삶을 때는 감자가 잠길 만큼 물을 부은 다음 소금을 조금 넣어 삶고 다 익으면 여분의 물을 따라 버리고 솥 밑에 남은 물기를 모두 증발시킨다. 감자를 씻어 물기를 닦은 다음 은박지로 싸서 약 200℃ 정도의 오븐에 넣어 약 1시간 동안 구우며 이때는 분질감자가 적당하다.

2) 매시드 포테이토

매시드 포테이토(mashed potato)는 감자를 삶아 으깨어 따뜻한 우유, 버터, 소금, 후춧가루를 넣고 잘 섞어 준 것이다. 매시드 포테이토를 할 때 삶은 감자를 지나치게 많이 으깨면 전분 입자가 밖으로 터져 나와 점성이 높아지므로 주의해야 한다.

3) 프렌치 프라이드 포테이토

감자를 가늘고 길게 썰어 기름에 튀긴 것으로 감자를 조금 삶아서 튀기거나 생감자를 튀긴다. 삶아서 튀기면 튀기는 시간은 단축되나 생감자를 튀기는 것이 맛이 더 좋다. 저온(150~160℃)에서 한번 튀기고 고온(180℃)에서 다시 튀기면 더 맛있다. 겉은 파삭파삭하고 엷은 갈색이며 속은 완전히 물러야 잘 된 것이다.

감자를 튀길 때는 감자 내 당의 함량과 튀김 기름 온도가 중요하다. 당의 함량이 높은 감자는 감자가 충분히 익기 전에 갈변이 일어나므로 지나치게 검은 색이 될 수 있다.

2. 고구마

고구마(sweet potato)의 기원은 3,000년경에 멕시코 지역으로 알려져 있으며 콜럼버스의 미 대륙 발견으로 유럽에 전파되기 시작하였다. 1593년경에 중국에 전파되어 우리나라에는 조선 시대 영조 39년 일본으로부터 들어와 구황식품으로 이용되었다고 전해진다.

고구마의 가장 바깥층에는 색깔을 나타내는 주피가 있으며, 그 다음 전분 입자가 함유된 피층이 있고, 내부는 대부분 전분으로 되어 있는 유조직이 있다.

[1] 고구마의 품종과 텍스처

고구마는 매꽃과에 속하는 1년생 식물로 전 세계적으로 다양한 품종이 있다. 고구마는 모양과 색깔별로 여러 가지 품종이 있는데, 흔히 구분할 때는 분질 고구마(일명 밤고구마)와 점질 고구마(일명 물고구마)로 나눈다.

분질 고구마는 찌거나 구웠을 때 육질이 약간 단단하며 물기가 없어 마치 밤을 삶아놓은 것과 같은 텍스처이며, 점질 고구마는 당 함량이 많고 수분이 많아 찌거나 구웠을 때 말랑말랑하고 물기가 많아 질척한 느낌을 준다. 호박 고구마는 물고구마와 호박을 접목한 것으로 수분과 당분이 많아 찌거나 구우면 말랑말랑하고 단맛이 많고 익히면 속이 짙은 주황색을 띤다.

[2] 고구마의 성분

고구마는 감자보다 수분 함량이 낮고 전분 함량은 높은데 당 함량은 4~5배 정도 되며 감자보다 달다. 주성분은 전분이고, 포도당, 과당, 펜토산, 이노시톨(inositol), 점성 물질, 단백질, 섬유소 등이 있으며 특히 섬유소의 함량이 많아 장의 연동 운동을 촉진시킨다.

일반적으로 익어감에 따라 전분이 감소되고 당이 증가한다. 고구마의 단백질은 글로불린의 일종인 이포마인(ipomain)이며, 감자와는 달리 비타민 A의 전구체인 카로틴, 비타민 C와 무기질이 풍부하다. 특히 노란빛이 진한 것일수록 카로틴의 함량이 높고 카로틴의 90%가 β-카로틴이다. 고구마는 같은 품종이라도 생육 조건에 따라 모양, 껍질의 색, 성분에 차이가 있다.

생고구마를 잘랐을 때 하얀색의 점액을 볼 수 있는데 이것은 수지 배당체인 얄라핀(jalapin)이라는 성분이다. 얄라핀은 물에 녹지 않으며 공기 중에 방치하면 검게 변한다. 고구마를 잘라두면 절단면은 폴리페놀 산화효소(polyphenol oxidase)의 작용에 의해 갈색으로 변한다. 고구마를 가열한 후 건조시킬 때 표면에 생기는 하얀 가루는 주로 맥아당이다. 고구마는 감자와 마찬가지로 칼륨이 많은 알칼리성 식품이다.

(3) 고구마의 저장

고구마는 저장하면 저장 기간이 경과함에 따라 당이 증가하고 조직이 연해진다. 이는 β-아밀라아제가 전분을 분해하여 맥아당으로 만들기 때문이다. 저장 온도는 12~15℃가 적당하며, 이보다 낮거나 높을 경우 저장 중 부패나 중량 감소의 원인이 된다.

(4) 고구마의 조리

고구마를 찌거나 구웠을 때 다른 조리 방법에 비해 단맛이 많이 증가하는 이유는 β-아밀라아제가 55~65℃에서 전분을 분해하여 맥아당으로 만들기 때문이다. 그러므로 고구마의 단맛을 강하게 하기 위해서는 저온으로 서서히 가열하는 것이 좋다. 전자레인지에서 고구마를 익히면 단시간에 익기 때문에 효소가 작용할 시간이 부족하여 당이 잘 형성되지 않아 단맛이 덜하다.

고구마는 찌기, 굽기, 튀김 등 감자와 거의 같은 용도로 이용된다.

3. 마

마(yam)는 마과에 속하는 다년생의 넝쿨 식물과 그 식용의 덩이줄기 총칭이다. 산우, 서여라고도 하며 동남아시아에서 오스트레일리아에 이르는 지역과 아프리카 및 남아메리카 등 고온다습한 지역이 주요 산지이다. 예로부터 강장식품으로 널리 알려져 왔으며 10여 종이 식용으로 재배되고 있다.

마의 주성분은 전분이며 당, 펜토산, 만난과 함께 단백질, 무기질, 비타민 C, 비타민 B_1 등의 영양성분을 함유하고 있다. 마의 점성을 나타내는 성분은 뮤신(mucin)이라는 당단백질로, 만난(mannan)과 글로불린(globulin)이 결합된 것이다. 마는 갈아주면 갈색으로 변할 수 있는데 이는 티로신이라는 아미노산이 티로시나아제의 작용으로 갈변하기 때문이다.

우리나라에서 재배되는 식용 마는 뿌리 모양에 따라 긴마, 단마 및 참마로 구분한다. 가장 일반적인 것은 참마로 수분이 많고 점성이 적으며 사각사각한 텍스처를 가지고 있다. 마는 생으로 먹거나, 굽거나 삶거나 쪄서 먹고, 죽을 끓이거나 갈아서 전을 부치기도 하며 가루로 만들어 여러 가지 음식에 이용하기도 한다.

4. 토란

뿌리에 전분이 많으며 동남아시아에서는 주식으로 이용하기도 한다. 주성분은 전분이고, 덱스트린과 자당이 들어있어 토란 고유의 단맛을 낸다. 미끈미끈한 성분은 갈락탄(galactan)이라는 당질이며 이는 소금물 또는 쌀뜨물에 넣고 삶아 주면 일부 제거된다. 우리나라에서는 주로 추석 때 국을 끓여 먹으며, 부침 또는 가루로 이용한다.

5. 카사바

카사바(cassava)는 타피오카(tapioca)라고도 하며 원산지는 중남미 일대로 탄수화물의 중요한 공급원이다. 많은 품종이 있는데 잘 알려진 것으로는 쓴맛을 내는 품종과 단맛을 내는 품종이 있다. 다른 서류에 비하여 단백질 함량이 낮고 탄수화물 함량이 많아 전분 재료로 많이 사용한다. 단맛을 내는 품종은 고구마처럼 삶아서 먹기도 한다.

6. 돼지감자

돼지감자(Jerusalem artichoke)는 일명 뚱딴지라고도 불리며, 국화과에 속하는 1년생 초본으로 식물체와 꽃은 해바라기와 비슷하다. 뿌리는 여러 개의 작은 감자가 혹을 이루고 있는 모양이며 표면 색깔은 배색, 황색 또는 적자색을 띤

다. 수분이 많고 이눌린을 15% 정도 함유하고 있다. 이눌린은 과당으로 이루
어진 다당류로서 사람은 소화를 시키지 못하나 돼지는 소화시킬 수 있다. 특
유의 불쾌한 냄새가 있어 식용하기에 부적당하나 된장이나 겨로 절여서 먹으
면 맛이 좋아지며 유럽에서는 샐러드로 이용하는 경우도 있다. 과당이나 엿의
원료로 이용된다.

당류

당류(sugar)는 물에 녹아 단맛을 내는 탄수화물을 통틀어 지칭하는 말로 단맛을 주는 물질들이며 감미료(sweetener)라 한다. 감미료는 천연 감미료와 대체 감미료로 나뉜다. 기원전 50,000년경에 만들어진 동굴 벽화에 꿀 항아리를 머리로 나르는 여인의 벽화가 있는 것으로 보아 인류가 단맛을 즐기기 시작한 역사는 아주 오래된 것으로 보이며 문헌에는 기원전 4세기경 유럽에서 설탕을 사용한 기록이 있다.

단맛은 다양한 종류의 식품과 잘 어울리는 맛이므로 식품의 조리에 널리 이용되는데 설탕이 기본이며 당류는 감미료로서 이용될 뿐만 아니라 식품의 비효소적 갈변에 중요한 영향을 미친다. 빵을 구울 때에 빵 표면의 색깔 변화는 갈변의 바람직한 현상이지만 분유의 변색은 바람직하지 않다. 설탕은 빵 제품들의 부피와 텍스처에 도움을 주고 달걀흰자의 거품을 안정되게 하며 잼과 젤리를 만들 때는 겔 형성을 도와주는 역할을 한다. 또한 사탕류를 만들 때 기본적인 재료가 된다.

1. 당류의 종류

(1) 천연감미료

1) 설탕 sugar

설탕은 가장 오랫동안 널리 사용되고 있는 천연 감미료이며 어느 감미료보다도 다양한 특성을 가지고 있다. 원료의 60%가 열대지방에서 재배하는 사탕수수이고 온대지방에서 자라는 사탕무에서도 추출하여 생산한다. 여러 번에 걸쳐서 분리한 갈색의 원당(설탕 결정체)을 한데 모아 정제 과정을 거쳐 백색의 순수한 설탕 결정체를 얻는다.

① 과립 설탕

설탕 중 가장 많이 이용되고 테이블 슈가(table sugar)라고도 하며 일반적으로 설탕을 일컬을 때는 이것을 말한다. 사탕수수나 사탕무의 즙을 추출하고 여러 단계를 거쳐 불순물을 제거하여 흰색의 결정체로 만든 것이다. 황설탕은 설탕의 제조 과정 중 희게 정제하기 전 단계에서 만든 것으로, 당밀에 막이 입혀진 결정체로 구성되어 있다. 흰 설탕에 비해 독특한 향을 가지며 케이크나 쿠키 등에 사용하고, 우리나라 음식 중 약식을 만들 때도 황설탕을 넣으면 향이나 색이 더 좋아진다. 흑설탕은 정제하지 않아 검은 빛을 내는 설탕으로 흰 설탕이나 황설탕에 비해 흡습성이 강하다.

② 슈가 파우더

굵은 설탕과 옥수수전분을 곱게 분쇄하여 만들며 일반적으로 제과 제빵에 많이 사용한다.

③ 각설탕

굵은 설탕에 약간의 시럽을 넣어 사각형 모양으로 굳힌 것으로 주로 음료에 사용된다.

2) 시럽 syrup

시럽은 설탕과 마찬가지로 시럽은 식품 가공과 조리에 감미료로 사용된다. 다량의 당(약 80%)을 함유하고 있는 액체로 설탕보다 가격이 비싸고 독특한 향미를 가지고 있다.

① 당밀 molasses

당밀은 사탕수수나 사탕무를 설탕으로 가공할 때 나오는 시럽으로 사탕수수 당밀은 즙을 짜내어 끓여서 농축시켜 설탕을 제서하고 남는 것인데 끓이는 횟수에 따라 설탕의 함유량이 달라지며 결정화된 설탕에 비해 비타민과 무기질 함유량이 풍부하다. 사탕무 당밀은 최종 결정화 단계에서 얻어지는 시럽만을 말하며 서당이 대부분이지만 많은 양의 포도당과 과당을 함유하고 있어 맛이 떨어진다.

② 메이플시럽 maple syrup

단풍나무 수액으로부터 만드는 메이플시럽에는 독특한 맛과 향이 있다. 자당이 62% 정도이고 과당과 포도당이 약 1% 정도 있다. 캐나다는 전 세계 메이플시럽 생산량의 약 85%를 차지하며 등급으로 분류하여 관리한다.

③ 옥수수시럽 corn syrup

옥수수전분에 묽은 산을 가하여 가수분해하여 만드는 옥수수시럽은 75%의 탄수화물과 25%의 수분을 함유한다. 그러나 당의 비율은 제조 과정에 따라 다르며 포도당, 맥아당, 덱스트린의 혼합물이다. 효소를 이용하여 포도당 함량이 더 많은 옥수수시럽을 만들 수 있다. 이것은 점도가 낮고 감미는 더 높으며 식품 산업계에서 탄산음료 제조에 널리 사용하고 있다. 또한 가공된 곡류 초콜릿 제품, 통조림 과일, 냉동 후식 등에 사용된다.

3) 꿀

우리나라는 옛날부터 감미료로서 꿀을 소중히 여길 뿐만 아니라 불로장수의 비약이라 할 만큼 귀한 식품으로 여겨왔다. 벌꿀은 수많은 꿀벌이 꽃의 꿀과 분비물을 모아 여기에 체내의 소화효소를 넣어 자당이 포도당과 과당, 즉 전화당으로 변환되도록 한 것이다.

꿀을 채취한 꽃의 종류와 식물의 종류에 따라 벌꿀의 향미와 색이 다르며 그 성분 조성에도 차이가 있다. 일반적으로 색이 진한 꿀일수록 맛이 강하고 색이 연할수록 맛도 약하다. 미국에서는 클로버와 오렌지꽃 등에서, 우리나라에서는 아카시아꽃, 싸리꽃, 밤꽃, 유채꽃 등에서 꿀을 많이 얻는다. 가장 일반적인 것은 아카시아 꿀이고 유채꿀은 제주도에서 생산되며 밤꿀은 색이 가장 검고 쓴맛이 많다.

벌꿀은 보통 수분이 20%, 포도당과 과당이 75% 내외, 자당이 5% 내외이며, 미량성분으로는 단백질, 비타민류, 무기질, 효소 등이 있다. 벌꿀은 과당 함유량이 높으나 포도당과 과당의 비율에 따라서 꿀의 특성이 달라진다. 과당의 비율이 포도당보다 높은 아카시아꿀과 밤꿀은 저장 시 결정이 잘 생기지 않으나, 싸리꿀이나 유채꿀은 반대로 포도당의 비율이 높아서 저장 시 결정이 잘 생기고 가열하면 없어진다. 꿀을 온도가 높은 곳에 보관하면 품질이 나빠질 수 있고 설탕보다 흡습성이 강하기 때문에 오랫동안 수분을 유지하여 건조하지 않게 보관하는 음식에 사용된다. 약과나 약식에는 꿀을 넣어 만들며 케이크나 쿠키에도 사용한다.

4) 조청

찹쌀, 멥쌀, 조, 수수, 고구마 등 그 지방에서 많이 생산되는 곡류의 맥아를 당화시켜 오랫동안 가열하여 수분을 증발시켜 농축한 것이다. 수분 함량은 18% 정도이며 맥아당, 포도당의 혼합물이다. 이것을 수분 1% 정도로 농축시키면 검은색의 고체가 되는데 이것이 갱엿이다.

(2) 대체 감미료

감미료로서 가장 많이 사용되어 온 것은 설탕이지만 근래에는 다양한 종류의 대체 감미료가 개발되고 있다. 주로 설탕을 대신하여 사용되는 당류(모든 단당류, 이당류, 옥수수시럽, 터비나도당, 흑설탕, 메이플시럽, 벌꿀 등), 전분에 효소를 작용시킨 것과 전분당에 수소반응을 시킨 당알코올류(솔비톨, 만니톨, 자일리톨, 락티톨) 등이 있으며 당알코올류(sugar alcohol)는 당류보다 더 천천히 흡수되어 대사되며, 열량이 있고 혈당에 영향을 미치므로 당을 제한해야 하는 당뇨 식이에는 부적당하다.

과량 섭취 시 장에서 흡수가 덜되어 설사를 유발한다. 입안에서 녹았을 때 시원한 느낌을 주므로 츄잉 껌, 캔디, 기침약 등에 설탕 대신 사용한다. 또한 대체 감미료에는 사카린, 아스파탐, 아세설팜, 수크랄로스 등이 있고 당뇨 환자의 식이나 체중조절용으로 사용된다. 또한 천연허브에서 추출한 스테비오사이드도 많이 사용되고 있다.

1) 솔비톨 sorbitol

전분에서 유도된 D-glucose(dextrose)의 촉매적 환원에 의해 생산된 당알코올의 일종인 솔비톨은 깨끗하고 기분 좋은 감미를 가지며 설탕의 60%의 감미도를 지니고 있다. 제과, 제빵, 잼, 아이스크림, 껌 등에 사용된다.

열과 pH에 안정하며 단백질과 함께 갈변반응을 일으키지 않고 다른 당류에 비해 미생물 번식도 어려워 보존효과를 높인다. 단백질 변성을 방지하기 때문에 어육, 축·수산물에 많이 사용하고 있다.

2) 락티톨 lactitol

락티톨은 이당류 당알코올로 락토오스의 수소첨가 촉매반응에 의해 생산되며 감미도는 설탕의 30~40% 정도이다. 설탕과 비슷한 단맛과 향을 가지며 퐁당, 잼, 비스킷 등 단맛이 강한 식품에 이용할 때 매우 효과적이다.

3) 올리고당 oligosaccharide

올리고당은 탄수화물을 분자량의 크기에 따라 분류하였을 경우 중간 정도의 분자량을 가진 물질을 총칭하는 이름으로 단당이 3~10개 결합된 탄수화물을 말한다. 대부분의 올리고당은 식물 체내 구성분으로 존재하지만 최근에는 박테리아가 생산하는 효소를 이용하여 자당, 젖당, 포도당, 전분으로부터 다양한 기능을 가진 올리고당을 생산하여 많은 식품에 사용하고 있다.

구분	대두올리고당	이소말토올리고당	프락토올리고당	갈락토올리고당
원료	대두박	전분	설탕	유당
감미도	70	50	60	40
열량	2.0kcal/g	3.0kcal/g	–	1.5kcal/g
장점	• 저칼로리 • 비피더스균 증식	• 가격 저렴 • 산과 열에 안정	• 감미가 우수 • 저칼로리	• 산과 열에 안정 • 비피더스균 증식

표 10-1 제조방법에 따른 올리고당 종류

4) 아스파탐 aspartame

설탕 감미도의 200배로 설탕과 같은 단맛이 나는 아스파탐은 다른 저칼로리 감미료에 비해 쓴맛이 적다. 열에 약하므로 제빵 제품에 사용하는 것은 바람직하지 않으며, 주로 탄산음료, 유제품, 초콜릿, 제과, 껌, 잼 등에 사용한다. 설탕과 동일한 단맛이 나기 때문에 모든 형태의 음료에 사용되는 유일한 감미료이다.

5) 사카린 saccharin

사카린은 가장 오랫동안 알려진 감미료로 1879년 발견되었고 감미도는 설탕의 200~300배이다. 뒷맛이 쓰기 때문에 일반적으로 다른 감미료와 혼합하여 사용한다. 탄산음료 제조에 많이 사용하며 시클라메이트(cyclamate)와 혼합하여 사용하면 사카린의 쓴맛이 중화되어 설탕의 감미와 비슷해진다.

6) 수크랄로오스 sucralose

수크랄로오스는 1976년에 발견되었고 자당의 변성된 형태이며 감미도는 설탕의 600배이다. 미국과 캐나다에서는 'Splenda'라는 이름으로 시중에서 판매되고 있으며 탄산음료, 소스, 껌, 제과, 시럽, 유제품, 디저트류 등에 이용되고 있다.

7) 스테비오사이드 stevioside

스테비오사이드 또는 스테비올 배당체(steviol glycosides)는 스테비아 잎으로부터 추출하며 감미도는 설탕의 300배이다. 인체 내에서 분해, 흡수가 전혀 되지 않아 칼로리를 내지 않으며 내산성과 내열성이 우수하나 설탕보다 감미도가 떨어진다. 천연 대체 감미료로서 현재 널리 사용되고 있으며 우리나라에서는 희석 알코올 음료(소주)에 감미를 내기 위하여 사용하고 있다[표 10-2].

표 10-2 국내에서 생산되는 감미료 비교표

	설탕	과당시럽	솔비톨	아스파탐	스테비오 사이드
분자식	$C_{12}H_{22}O_{11}$	$C_6H_{12}O_6$	$C_6H_{14}O_6$	$C_{14}H_{18}N_2O_5$	$C_{36}H_{60}O_{18}$
원료 및 제법	사탕수수나 사탕무에서 추출	옥수수전분을 이성화시킴	포도당에 수소반응시킴	아스파트산과 페닐알라닌 합성	스테비아 잎에서 추출
성질	백색 결정	투명 시럽, 당류 중 수용성이 가장 큼	백색 결정, 무색 무취, 분말, 융점 92℃	백색 결정	회백색 결정, 분말 융점 196~198℃
감미도	1	0.75	0.6~0.7	200	300
감미의 질	기준	연한 감미	연한 감미	설탕과 유사한 맛	약간 쓴맛
용해도	양호	양호	양호	양호	불량
용도	제과, 제빵, 음료, 통조림, 빙과 등 거의 모든 식품	음료, 빙과, 통조림, 과자	의약품, 일부의 식품, 접착제, 유화제	다이어트식품, 커피, 제과, 제빵, 음료, 껌	다이어트식품, 어육, 연제품, 장류, 통조림, 음료

2. 당의 특성

[1] 단맛

모든 당은 조리 시 단맛을 부여하며 당의 종류에 따라 단맛의 정도가 다르다. 당류의 상대적인 감미도는 표와 같다[표 10-3]. 상대적인 감미도를 비교하기 위해서는 10% 설탕용액의 단맛을 100으로 하여 감미의 표준 물질로 하는데 그 이유는 설탕은 유리 상태의 카르보닐기가 없어서 이성질체가 존재하지 않는 비환원당이므로 온도변화에 의한 감미도의 변화가 적기 때문이다.

감미도의 순서는 온도에 따라 다른데 과당은 약간의 산이 첨가되거나 차게 먹을 때 최대 감미를 나타내고 온도가 올라감에 따라 단맛이 약해진다.

표 10-3 당류의 상대적인 감미도

당류	상대적인 감미도
과당	173
전화당	130
자당	100
포도당	74
맥아당	32
갈락토오스	32
젖당	16

(2) 용해도

용해도는 물 100mL에 녹을 수 있는 설탕의 g수로, 당은 친수기인 수산기(-OH)를 가지고 있어 물에 쉽게 용해되며 종류에 따라 용해도가 다르다. 이당류 중 자당의 용해도가 가장 높고 젖당의 용해도는 가장 낮으며 단당류 중에서는 과당의 용해성이 가장 크며 자당보다 용해도가 크다. 실온에서 상대적인 용해도를 보면 과당, 자당, 포도당, 맥아당, 젖당의 순이고 50℃에서의 당류의 용해도는 다음과 같다[표 10-4].

표 10-4 50℃에서 당류의 용해도 (g)

당류	100mL의 물에 용해되는 당
과당	86.9
자당	72.2
포도당	65.0
맥아당	58.3
젖당	29.8

당류의 용해도는 입안에서의 느낌과 텍스처에 영향을 미치는데 용해도가 가장 큰 과당은 결정을 형성하기가 가장 어렵고 용해도가 가장 낮은 젖당은 쉽게 결정화된다. 용해시키는 물의 온도가 높아지면 모든 당의 용해도도 증가하며, 적은 양의 설탕을 물에 넣고 저으면 설탕은 녹고 용액은 투명해지는데 이 용액을 불포화 용액이라 한다. 특정한 온도에서 녹을 수 있는 설탕이 모두 녹아 있을 때를 포화 용액이라 하고, 특정한 온도에서 녹을 수 있는 것보다 더 많은 용질을 갖고 있을 때를 과포화 용액이라고 한다.

[3] 결정체 형성

당의 결정화는 캔디를 만들 때 반드시 필요한 과정으로 결정화가 어떻게 되느냐에 따라 제품의 품질이 결정된다. 설탕은 과포화 상태에서 결정이 생긴다. 과포화 용액을 형성하기 위해 용액을 끓는 온도까지 가열하여 설탕을 완전히 용해시킨다. 이것을 그대로 실온까지 식히면 이 용액은 점점 포화 상태에서 과포화 상태로 되는데 이때 과포화 상태는 불안정한 상태이므로 결정화가 잘 일어날 수 있다.

[4] 융점과 갈변

당을 가열하면 녹아서 액체 상태가 되며 그 이상 가열하면 변화가 일어난다. 자당은 160℃ 정도에서 녹아 맑은 액체가 되는데 계속 가열하면 점점 변화가 일어나 170℃ 정도가 되면 캐러멜향이 나면서 갈색이 된다. 이 현상을 캐러멜 반응이라 한다. 캐러멜반응은 비효소적 갈변이며 수분이 제거되고 중합체를 형성하는 복잡한 화학적반응이다. 캐러멜화가 지나치게 일어나면 쓴맛을 내며 반응 정도는 당의 종류에 따라 다르다. 갈락토오스와 포도당은 자당과 같은 온도에서 갈변되나 과당은 110℃에서, 맥아당은 180℃ 정도에서 갈변된다.

[5] 흡습성

당류는 흡습성이 강하여 공기 중에 노출되면 덩어리지기 쉽다. 과당은 다른 당보다 흡습성이 크므로 과당 함량이 높은 꿀이나 당밀을 넣어 만든 케이크나 쿠키는 더 많은 습기를 흡수하게 된다.

[6] 설탕 용액의 비점

당용액의 비점(boiling point)은 순수한 물보다 높은데, 특히 당용액의 농도가 높을수록 상승한다[표 10-5]. 당용액은 농축될수록 증기압이 낮아져 공기 중의 수분을 잘 흡수한다. 특히 대기의 습도가 높은 경우 더욱 심하므로 비 오는 날이나 습도가 높은 날 당용액을 가열하면 수분의 증발이 서서히 일어나 온도를 높이는 데 시간이 걸리고 사탕을 만들면 끈적끈적해진다.

표 10-5 당용액의 농도에 따른 비점의 상승

자당(%)	물(%)	비점(℃)
0	100	100
40	60	101
60	40	103
80	20	112
90	10	123
99.6	0.4	170

[7] 발효

젖당을 제외한 대부분의 당은 효모에 의하여 발효되어 탄산가스와 알코올을 생산한다. 이 반응은 제빵에 중요하며 탄산가스와 알코올은 오븐에서 굽는 동안 휘발된다.

[8] 식품의 저장

식품의 저장 시 당 함량이 높으면 미생물의 번식을 억제하므로 잼, 젤리, 과일 통조림 등에 이용한다.

[9] 산에 의한 가수분해

이당류는 약산에 의해 가수분해되어 단당류를 생산한다. 자당은 산에 의해 쉽게 가수분해되어 포도당과 과당의 혼합물인 전화당이 되지만 맥아당과 젖당은 천천히 반응한다.

당용액의 산 가수분해 정도는 용액의 가열 정도, 사용된 산의 종류와 농도, 가열 정도와 가열 시간에 따라 다르다. 가열하면 반응이 촉진되므로 오랫동안 천천히 가열하면 가수분해가 더 잘 일어난다. 산도가 높을수록 이 반응이 더 잘 일어나는데 예를 들어 설탕에 레몬즙이나 주석산(tartaric acid)을 넣어 가열하는 경우에 반응이 잘 일어난다.

[10] 효소에 의한 가수분해

수크라제(sucrase) 또는 인버타제(invertase)는 자당을 가수분해하여 포도당과 과당으로 만들기 때문에 다량의 사탕을 만들 때 당의 결정화를 막기 위해 효소를 사용하며 효소를 사용하면 미세한 결정이 만들어진다.

[11] 알칼리에 의한 파괴

모든 알칼리는 당류를 파괴하므로 사탕 제조에 중요하다. 설탕 용액을 끓일 때 베이킹 소다와 같은 알칼리를 넣은 물을 섞으면 설탕의 파괴가 일어난다. 그 결과로 갈색의 산물을 얻게 되고 오래 가열하면 쓴맛과 강한 향미가 난다.

3. 당류의 조리

당은 물에 잘 용해되어 진용액을 만들며, 여러 농도의 당용액은 조리에 많이 이용되고 있다. 당의 결정화는 캔디를 만들 때 반드시 필요한 과정으로 결정형 캔디와 비결정형 캔디로 나뉘며 결정 형성에 영향을 주는 요인은 다음과 같다.

[1] 결정 형성에 영향을 주는 요인

1) 핵의 존재

결정 형성은 과포화 용액일 때만 나타나며 반드시 핵이 존재해야 결정이 생긴다. 용액이 농축될수록 핵의 형성을 촉진하며 핵의 크기에 따라 결정 형성 속도나 결정 크기가 달라져 핵이 크면 빠른 속도로 결정이 형성되며 크기가 작으면 서서히 형성된다.

2) 용질의 종류

설탕은 빠르게 결정을 형성하며 결정 크기도 크다. 포도당은 서서히 결정을 형성하고 결정 크기도 작다.

3) 용액의 농도

용액이 농축될수록 결정이 잘 형성된다.

4) 온도

농축된 설탕 용액의 온도가 40℃ 정도로 식은 후 저어주면 미세한 결정이 형성된다.

5) 젓는 속도

젓는 속도가 빠를수록 미세한 결정이 형성된다.

6) 결정 형성에 영향을 주는 물질

용질인 설탕 이외에 다른 물질이 존재하면 결정체의 크기가 작아지는데 가열하는 동안 설탕이 가수분해되어 전화당이 생기면서 미세한 결정체가 생긴다. 결정 형성을 방해하거나 미세한 결정을 형성하는 물질은 주석염, 전화당, 시럽, 꿀, 달걀흰자, 버터, 초콜릿, 우유 등이 있다.

(2) 결정형 캔디

결정형 캔디 중에는 퐁당(fondant), 퍼지(fudge), 디비니티(divinity) 등이 있다. 결정 형성을 작게 하는 것이 원칙이며 결정의 크기에 따라 텍스처가 다른 캔디를 만들 수 있다.

1) 퐁당 fondant

퐁당은 설탕용액으로 만든 부드럽고 매끈한 사탕으로, 좋은 퐁당을 만들기 위해 완전한 당용액이 만들어져야 하며, 원하는 상태까지 용액을 농축시키며 미세한 결정이 형성되도록 한다.

① 설탕용액

설탕을 충분히 용해시키고 용기 주위에 설탕 결정이 묻어 있지 않도록 한다.

② 가열 온도

112~115℃까지 가열하여 농축시킨다. 온도를 조금 낮추면 사탕이 부드럽게 되며 온도를 조금 높여 주면 더 단단하게 된다. 이때 온도뿐만 아니라 가열시간도 중요한데, 지나치게 서서히 가열하면 전화당이 많이 생겨 결정화하기 힘들어진다.

③ 젓기와 성형

가열 농축된 용액은 다른 용기에 붓고 40℃까지 식힌 후 젓기 시작한다. 처음에는 뿌옇게 되다가 갑자기 덩어리가 되며 단단해진다. 너무 단단하면 부드러워질 때까지 손으로 반죽한다. 결정이 만들어지면 모양을 만들어 기름종이에 싼다. 반죽에 주석염을 조금 섞으면 눈처럼 희어지고, 옥수수시럽을 조금 넣어 만들면 크림색을 띤다[그림 10-1, 10-2, 10-3].

[그림 10-1] 설탕용액을 115℃까지 끓여 104℃로 식힌 후 저었을 때의 당 결정체

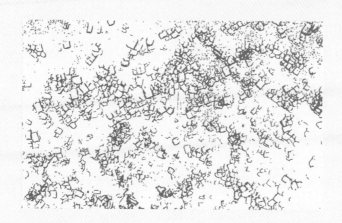

[그림 10-2] 설탕용액을 115℃까지 끓여 40℃로 식힌 후 저었을 때의 당 결정체

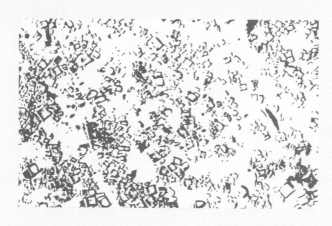

[그림 10-3] 주석염을 넣은 설탕용액을 115℃ 까지 끓여
40℃ 로 식힌 후 저었을 때의 당 결정체

④ 숙성

퐁당을 만든 후 뚜껑 있는 그릇에 담아 약 24시간 정도 저장해 두면 수분이 평형을 이루어 더 부드럽게 된다.

2) 퍼지 fudge

퍼지는 설탕용액이 끓는점(116℃)에 도달한 후에 버터, 우유를 넣고 기호에 따라 초콜릿, 바닐라 등을 넣는다. 퍼지는 일반적으로 49℃까지 식힌다. 젓는 방법은 퐁당과 같으며 젓는 동안 공기가 들어가므로 색이 연해지며 부드러워 진다. 버터와 우유는 설탕 용액의 결정화를 지연시켜 부드러운 텍스처를 준다.

3) 디비니티 divinity

디비니티는 달걀흰자, 옥수수시럽, 설탕이나 갈색 설탕으로 만드는 누가(nougat)와 비슷한 흰색 사탕이다. 말린 과일과 견과류를 다져서 넣는다.

[3] 비결정형 캔디

이 캔디는 높은 온도에서 처리하여 결정이 생기지 못하도록 하며 결정 방해 물질을 넣거나 설탕 시럽의 농도를 고농도로 하여 결정이 없는 상태로 만든 것이다. 비결정형 캔디의 종류에는 끈적끈적한 캐러멜, 단단한 태피와 브리틀, 부풀린 마시멜로가 있다.

1) 캐러멜 caramel

캐러멜은 설탕, 옥수수시럽, 버터, 무당 또는 가당연유로 만든 것으로 끈적끈적한 텍스처를 가진다. 가열할 때 주의할 점은 혼합물이 눌어붙지 않도록 하는 것이다. 캐러멜은 이름처럼 캐러멜화반응이 일어난 것이 아니라 마이야르 반응에 의하여 갈색과 특유의 향미가 생성된다고 할 수 있다.

2) 브리틀 brittles

브리틀은 시럽이 다량 첨가된 당용액을 고온으로 가열하여 얇게 펴서 만든 것으로 견과류를 시럽이 굳기 전에 넣는다. 향미와 색은 설탕의 캐러멜화에 의한 것이고, 베이킹 소다를 시럽에 넣어 탄산가스를 발생시켰기 때문에 다공성을 나타낸다.

3) 태피 taffy

태피는 설탕 용액을 일정한 온도까지 높여 덩어리를 만든 후 냉각 판에 부어 향과 맛을 더한 뒤에 식히면서 견고하고 매끄러워질 때까지 계속 당기면서 펼치고 접어 만든다.

4) 누가 nougats

질깃질깃하고 캐러멜보다 더 스펀지 같은 텍스처를 갖는 사탕을 말한다. 설탕시럽에 달걀흰자 거품을 넣어 만든 것으로 꿀이나 견과류를 넣는다.

5) 마시멜로 marshmallow

마시멜로는 115℃까지 가열한 설탕 용액에 젤라틴과 달걀흰자를 넣어 휘저어 원래 부피의 3배 정도로 거품을 낸 스펀지 형태로, 완성품의 점도는 단단한 것에서 물렁한 것까지 다양하다.

[4] 냉수시험

온도계가 없을 때 캔디의 조리 온도 또는 시럽의 농도를 알기 위해 시럽을 조금 떠서 냉수에 떨어뜨려 본다[표 10-6]. 조리의 마지막 단계에서 해야 하며 이때 끓이는 냄비는 불 위에서 내려놓고 시험한다.

표 10-6 캔디시럽의 냉수 시험

냉수에서의 형태	온도	용도
5cm 정도의 실을 형성한다(thread)	110~112℃	시럽
모양 유지가 어렵다(soft ball)	112~117℃	퐁당, 퍼지
형태를 겨우 유지할 수 있다(firm ball)	118~121℃	캐러멜, 누가
손으로 눌렀을 때 모양이 달라질 수 있는 정도의 덩어리를 형성한다(hard ball)	121~130℃	디비니티, 마시멜로
단단한 실을 형성한다(soft crack)	132~143℃	버터스카치, 태피
쉽게 부러지는 실을 형성한다(hard crack)	149~153℃	브리틀, 단단한 사탕
갈색의 점성 액체를 형성한다(caramel)	170℃	색을 내기 위한 캐러멜

Culinary
Principles

젤라틴과 한천

젤라틴(gelatin)과 한천(agar-agar)은 단독으로 사용하면 맛이 없고 식품 가치가 적으나 다른 식품과 함께 사용하면 식품을 응고시켜 좋은 모양과 질감을 가지게 한다. 젤라틴은 자연스러운 색을 가지며 뜨거운 액체에 잘 분산되는데, 차게 했을 때에도 분산 상태를 유지하는 능력을 가지고 있어 적합한 농도로 사용하면 굳어서 반고체를 만드는 기능이 있다.

젤라틴과 한천 이외에도 제품을 굳히는 응고제로 펙틴이 있는데, 펙틴은 다른 응고제보다 산에 강하므로 과일을 이용한 잼, 젤리 등의 응고에 주로 사용하며, 젤리나 아이스크림 등에도 사용할 수 있다.

1. 젤라틴

젤라틴은 동물성 단백질로서 동물의 뼈와 피부 조직(가죽)을 물에 넣고 가열하면 결합 조직인 콜라겐이 젤라틴으로 바뀐다. 이때 어린 동물의 뼈보다는 수분 함량이 낮은 숙성된 뼈가 더 좋다. 젤라틴은 가정에서 가금류, 어류 또는 육류를 물에 넣어 가열 할 때 생기는 콜로이드 상태에서 볼 수 있으며 질긴 고기를 서서히 가열하면 연하게 되는 것도 콜라겐이 젤라틴화 되었기 때문에 나타나는 현상이다. 잘 만들어진 젤라틴 제품은 실온에서 그 형태를 유지하며 단단하지만 거칠거나 질기지 않고 부드러우며 입안에서 쉽게 녹고 탄성이 있다.

[1] 구성

젤라틴은 길고 가는 단백질 분자로 이루어져 있다. 이 단백질은 물을 끌어당기는 다수의 극성기를 가지고 있어 뜨거운 물에서 젤라틴이 분산되면서 단백질이 졸의 상태인 콜로이드 용액을 형성한다. 차게 식으면 단백질 사슬이 견고한 그물모양 구조를 형성하여 물을 포집함으로써 졸이 겔로 전환된다.

이러한 구조는 불규칙적으로 연결된 단백질 내부에 물을 보유하게 되어 탄성이 있는 고체를 만들어내게 된다. 이 반응은 가역적으로 일어나며 젤라틴이 용해되어 있으면 더 빨리 연속적인 겔을 형성한다[그림 11-1]. 또한 고형의 젤라틴을 신선한 젤라틴 혼합물에 첨가하면 응고가 더 신속하게 일어난다.

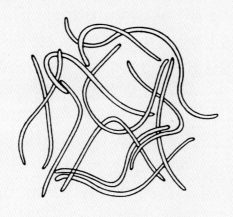

[그림 11-1] 젤의 그물 모양 구조

단백질의 그물모양 구조가 붕괴되거나 젤을 칼로 잘라주면 내부에 갇혀 있던 액체가 밖으로 새어나온다. 이렇게 젤에서 액체가 흘러나오는 현상을 이수(syneresis)라 한다. 이러한 현상은 달걀찜을 지나치게 오래 할 때와 같이 콜로이드 용액을 지나치게 가열할 때도 발생한다.

젤라틴은 동물의 결체 조직을 가수분해한 것으로 필수 아미노산이 결핍되어 있으며 특히 함황 아미노산이 부족하기 때문에 영양가가 낮은 불완전 단백질이다. 그러나 다른 단백질 식품과 혼합하여 사용하면 영양가가 높아질 수 있다. 상업적으로는 동물의 뼈나 가죽의 콜라겐을 산 또는 알칼리로 가수분해하여 식용 젤라틴을 만든다.

[2] 조리특성

1) 겔화

젤라틴을 겔화시키는 데는 세 단계가 필요하다. 분자가 분리되어 뜨거운 물에 잘 혼합되는 단계, 가열에 의한 젤라틴 혼합물의 분산 단계, 그리고 적당한 겔화 온도에서 충분히 방치하는 단계이다.

① 분리

젤라틴을 분리시키는 데는 두 가지 방법이 있다. 첫 번째는 젤라틴을 찬물에 넣어 두는 것이다. 이 시간 동안 팽윤 또는 수화가 일어난다. 정확한 시간은 젤라틴의 형태에 따라 다른데 가루로 만든 젤라틴은 표면적이 크므로 빨리 수화되며, 판상으로 된 젤라틴은 20~30분간 담가두어야 한다. 수화는 젤라틴을 만들 그릇에서 직접 시킬 수 있다. 단, 우유를 액체로 사용하는 경우는 예외인데 우유에서는 건조 젤라틴이 잘 녹지 않기 때문에 초기에 수화시키는 것은 반드시 물을 넣고 해야 한다. 두 번째 방법은 젤라틴과 설탕을 섞는 방법으로, 입자를 물리적으로 분리시키는 것이다. 이 방법은 젤라틴 후식을 다량으로 만들 때 주로 사용한다.

② 분산

일단 젤라틴이 분리되면 35~40℃의 뜨거운 물 일부를 넣고 분산시킨다. 남은 액체(물)가 식으면 분산시키는 방법도 있는데, 이 방법은 뜨거운 액체의 양이 너무 많아서 식히려면 너무 오래 걸리고 휘발성 향미성분이 손실될 수 있으므로 좋지 않다. 젤라틴은 뜨거운 물에 넣고 완전히 분산될 때까지 저어주거나 블렌더로 섞어준다. 어떤 방법으로 하든 그릇의 옆이나 바닥에 녹지 않은 입자가 있으면 닦아내야만 한다.

③ 겔화

젤라틴 용액은 3~10℃에서 응고한다. 겔화에 걸리는 시간은 주변 온도 조건에 따라 달라진다. 냉장고 온도에서는 약 3시간 정도 소요된다. 그러나 양이 많을 경우에는 4~6시간 이상이 걸릴 수도 있다. 블렌더로 만든 혼합물은 1시간 정도면 충분히 겔화된다. 빨리 겔화시키려면 혼합물을 얼음 위에 올려 두면 된다. 그러나 이 방법은 지나치게 빨리 고형화되어 젤리가 거칠고 덩어리지게 되므로 좋지 않다. 빨리 젤리가 형성되면 서서히 고형화 된 것보다 그 구조를 더 빨리 상실하는 경향이 있다. 젤라틴을 많이 사용할수록 겔화가 더 빨리 일어난다.

2) 거품 형성 능력

젤라틴이 분산되어 있는 액체는 완전히 굳기 전에 저어준다. 저어주면 겔의 부피가 2~3배 정도 증가하며 가볍고 스펀지 같은 조직을 갖게 된다. 혼합물이 너무 묽을 때 저어주면 거품이 윗면에 형성되고 바닥에는 겔층이 남게 된다. 그러나 젤라틴이 너무 많이 굳어 단단할 때 젓기 시작하면 겔이 갈라지고 적은 양의 공기만이 섞이게 된다.

휘핑크림과 달걀흰자를 젤라틴 혼합물에 첨가하면 스펀지 같은 텍스처를 갖게 된다. 이들이 잘 섞이려면 적절한 시기에 혼합물을 첨가해 주어야 한다.

3) 고형 식품 재료의 첨가

고형 식품은 젤라틴 혼합물이 달걀흰자와 같은 응집성을 가지게 된 후에 첨가해야만 한다. 만약 고형물을 혼합물이 액체 상태일 때 첨가하면 위로 뜨거나 바닥에 가라앉는다. 과일, 채소, 고기 조각, 생선과 같은 재료는 젤라틴 혼합물에 첨가하기 전에 물기를 완전히 빼야 한다. 과도한 수분은 젤라틴과 액체의 비율을 불균형하게 하여 겔화 시간이 크게 증가하고 매우 연하며 수분이 많은 고형물이 형성된다. 달걀흰자를 거품 내어 젤라틴 혼합물에 첨가하면 가볍고 폭신한 텍스처가된다. 그러나 달걀흰자를 지나치게 저어주면 혼합물 속에서 덩어리를 형성하여 좋지 않으며 덩어리를 부드럽게 하는 동안에 상당한 부피가 상실된다.

(3) 젤라틴의 응고에 영향을 미치는 인자

젤라틴을 물에 섞어두면 물을 흡수하여 용해되는데 차갑게 두면 겔을 형성하여 응고된다. 젤라틴의 응고에 따른 겔의 구조 또는 단단한 정도는 젤라틴의 농도, 산도, 설탕의 양, 물리적인 방해, 효소의 존재, 그리고 온도 등과 관계가 있다.

1) 젤라틴의 농도

겔화는 젤라틴의 농도가 1.5~2% 이상일 때만 일어난다. 젤라틴의 농도는 응고 속도와 관계가 있어 농도가 높을수록, 온도가 높을수록 빨리 응고된다. 그러나 너무 많은 양의 젤라틴은 오히려 끈적끈적한 느낌을 주는 제품을 만들게 된다. 기온이 높은 여름철에는 젤라틴 농도를 두 배 정도(3~4%)로 높여주어야 겔이 잘 형성된다. 왜냐하면 온도가 높아질수록 응고되었던 것이 다시 녹기 쉬워 실온에서도 녹기 때문에 농도를 높여준다.

일반적으로 판형과 분말형 젤라틴을 많이 이용하는데, 형태에 상관없이 무게로 동량 사용하면 된다. 가정용으로 판매되는 판형 젤라틴 1장은 약 2g이므로 분말형 젤라틴 2g으로 바꿔 사용할 수 있으며, 분말형 젤라틴 1큰술(Table spoon, 15mL)은 약 10g이므로 판형 젤라틴 5장 정도와 바꾸어 사용할 수 있다. 대부분의 표준 레시피에서 일반적으로 많이 사용하는 비율은 2% 정도로 과일 주스 등 굳히려는 액체 500mL당 젤라틴 분말 1큰술 또는 판형 젤라틴 5장 정도이다.

2) 산

겔은 pH 5~10 사이에서 가장 견고하게 되고 pH 4 이하에서는 겔의 강도가 약화된다. 레몬주스, 식초 그리고 토마토 주스와 같은 산은 젤라틴의 응고를 방해하여 조금 사용하면 더 부드러운 제품을 만들게 되므로 신맛이 강한 과일이나 과즙, 주스를 넣어 줄 때는 젤라틴 사용량이 더 많이 요구된다. 산 함량이 높은 제품은 더 많은 양의 젤라틴을 넣어야 한다. 산의 농도가 지나치게 높으면 겔의 형성을 방해하여 심하면 응고되지 않는다.

3) 설탕

설탕은 겔 분자와 결합하는 부위에서 물과 경쟁하기 때문에 겔의 강도를 저하시켜 응고를 방해한다. 많은 양의 설탕을 첨가하는 조리방법에서는 젤라틴을 더 많은 비율로 첨가하여야 한다.

4) 염류

물이나 신맛이 나는 주스 대신에 용매로 우유를 사용하면 젤라틴이 더 적은 양만 있어도 된다. 이것은 우유 속에 들어있는 염이 제품을 더 잘 굳게 만들기 때문이다. 젤라틴을 이용하여 음식을 만들 때 경수를 사용해도 그 안에 들어있는 염 때문에 빨리 굳는 효과가 있으며 단단하게 되어 응고를 돕는다. 염류는 산과는 반대로 더욱 단단한 응고물을 만든다. 특히 소금은 물이 흡수되는 것을 막아주고 겔의 견고도를 높여준다. 즉, 우유와 소금 같은 염류는 젤라틴의 응고를 촉진한다.

5) 물리적인 요인

겔의 형성과 견고성에 영향을 미치는 인자는 젓기와 고형물의 존재 여부이다. 젓기를 중단하면 겔은 다시 굳어지게 된다. 또한 다진 과일이나 채소와 같은 고형물이 지나치게 많이 있으면 젤라틴에 대한 물의 비율을 줄여 준다.

6) 효소

단백질 분해효소는 단백질을 변성시키기 때문에 겔화를 방해한다. 파인애플의 브로멜린(bromelin), 무화과의 피신(ficin), 키위의 액티니딘(actinidin), 그리고 파파야의 파파인(papain) 등이 그 예이다. 이러한 단백질 분해효소가 들어있는 생과일을 젤라틴 혼합물에 사용하면 겔화가 일어나지 않는다. 그러나 가열이나 pH에 의해 효소가 불활성화 또는 변성된 것은 첨가해도 된다. 예를 들면 신선한 파인애플은 2분간 끓이면 브로멜린이 파괴되어 불활성화되고 통조림 한 파인애플은 높은 가공 온도로 효소들이 변성되었기 때문에 사용해도 된다.

7) 온도와 시간

액상인 졸이 단단한 젤의 구조로 바뀌는 것은 그 온도에 달려 있다. 그물 모양의 구조는 온도가 내려가면서 서서히 증가하여 형성된다. 젤화는 16℃까지의 차가운 실온에서 일어나는데 냉장하거나 얼음물에 담그면 속도가 상당히 증가한다. 따라서 빨리 응고시키고자 할 때는 냉장고나 얼음물에 담그는 것이 좋다. 그러나 졸 상태의 액체를 신속하게 식히면 약한 결합이 형성되기 때문에 약한 젤이 형성되고, 서서히 식히면 강한 결합이 형성되어 더 단단한 젤이 된다. 그러므로 젤라틴 후식을 틀에 넣어 식히기 전에 얼마간은 용기에 넣지 않은 채 방치하면 혼합물이 서서히 식게 되므로 급속히 냉각한 것보다 구조가 더 오래 유지될 수 있어 안정된 젤을 형성한다.

[4] 젤라틴의 이용

젤라틴은 아이스크림이나 바바리안 크림(bavarian cream), 과일젤리, 무스 등 후식에 널리 이용될 뿐만 아니라 샐러드, 수프, 육류, 생선요리 등에도 이용된다. 조리 시 응고제로 주로 이용되며 이외에 용적을 증가시키고 특별한 텍스처를 갖게 하며, 아이스크림이나 마시멜로와 같이 결정 형성을 방해하는 물질로도 사용된다.

젤라틴은 여러 가지 형태(분말, 판, 과립)의 제품이 있는데 이상한 맛이나 냄새가 없어야 좋은 제품이다. 향을 첨가한 것(flavored gelatin)과 향을 첨가하지 않은 것(unflavored gelatin)이 있는데 향을 첨가한 젤라틴에는 여러 가지 과일향, 설탕, 방향 물질, 색소 등이 들어 있어 그대로 용해한 뒤 응고시켜 이용하거나 과일을 첨가하기도 한다.

단, 젤라틴에 다른 재료를 넣어 줄 때는 먼저 젤라틴을 찬물에 불린 후 여기에 소량의 뜨거운 물을 부어 젤라틴을 완전히 녹인 다음 나머지 양의 찬물을 넣어 어느 정도 굳을 때 다른 재료를 넣어 주어야 한다. 또는 찬물에 불린 젤라틴을 중탕으로 용해시켜 사용해도 되는데, 이때 용해된 젤라틴 액이 너무 뜨겁지 않도록 주의한다. 우리나라의 전통 음식인 족편은 물에 쇠족을 넣고 서서히 가열하여 콜라겐을 젤라틴화 하여 굳힌 것이다.

2. 한천

[1] 구성

한천(agar-agar)은 우뭇가사리와 같은 홍조류에서 세포간 물질을 용출하여 얻는데 주로 갈락토오스와 그 유도체로 구성된 복합 다당류이다. 이를 끓여서 생성되는 즙을 분리하여 한천을 만든다. 한천은 겔화되는 힘이 강한 아가로오스(agarose)와 겔화되는 힘이 약한 아가로펙틴(agaropectin)이 7:3의 비율로 구성되어 있다. 아가로오스는 분자량이 16,000~135,000이고 아가로펙틴은 7,000~49,000으로 고분자 물질이다. 따라서 저농도에서도 보수력이 대단히 큰 겔을 형성할 수 있다.

[2] 조리 특성

한천은 건조한 상태로 판매되며 사용할 때 물에 담가 팽윤시킨 다음 가열하면 졸 상태의 콜로이드가 된다. 이를 냉각시키면 3차 그물 모양 구조가 물을 보유한 채로 형성되어 겔 상태로 굳는다. 겔을 형성할 수 있는 농도는 최저 0.2~0.3% 또는 그 이상이며 농도가 높을수록 겔화되는 힘이 증가하여 1~2%에서는 단단한 겔을 형성한다. 25~35℃에서 겔 상태로 되며 가열하여 70℃ 이상이 되면 겔이 융해되어 졸 상태로 된다.

한천을 물에 담가 물을 80% 정도 흡수하면 가열하였을 때 졸 상태가 된다. 그런데 일단 냉각하여 겔화가 되면 85℃ 이하에서도 잘 녹지 않으므로 푸딩이나 미생물 배지 등으로 이용할 수 있다.

한천의 흡수 팽창률은 불리는 시간, 온도 등과 관계가 있고 한천의 종류에 따라서도 달라진다. 응고 온도와 시간도 한천의 종류, 농도, 설탕 등의 첨가물에 따라 다르다. 분말이나 과립 형태의 한천일 경우는 물에 담근 후 5~10분이 소요되며 실 모양의 한천을 담그는 시간에 따라 팽윤 정도에 차이가 난다.

한천의 농도가 낮을수록 빨리 용해되며 농도가 2% 이상일 때에는 잘 용해되지 않는다. 그리고 설탕이나 과즙 등을 첨가한 경우에는 한천의 겔이 잘 형성되지 않으므로 한천을 2% 이상 첨가해 주어야 한다.

가열하여 잘 용해된 한천 용액을 냉각하면 점도가 크게 증가하면서 겔화 되는데 한천 농도가 높을수록 빨리 응고되며 겔의 강도가 크고 녹는점도 높아 형성된 겔이 잘 녹지 않는다.

(3) 한천의 응고에 영향을 미치는 인자

한천의 겔 형성과 겔의 강도에 영향을 미치는 인자로는 한천의 농도, 설탕, 과즙, 응고 온도, 우유, 달걀흰자 등이 있다.

시간이 경과함에 따라 한천의 겔 표면에서 물이 분리되어 빠져나오는 현상을 이수(syneresis)현상이라 한다. 이러한 현상은 한천의 그물 모양 구조 내부에 보유된 물이 빠져나와 일어나는 현상이다. 이 현상은 겔화된 내부 구조가 시간이 지날수록 안정해짐에 따라 결국 물을 보유한 공간이 축소되고 모세관 상태의 부분에서 자유수가 흘러나오는 것으로 생각된다.

이 현상을 최소화하려면 한천 농도를 1% 이상으로 높이고 설탕을 60% 이상 첨가하면 된다. 그리고 한천 용액의 가열시간을 길게 하고 저온에서 겔을 방치하면 되는데 이때는 이수(syneresis)현상이 적어지거나 전혀 일어나지 않는다.

1) 한천의 농도

첨가하는 한천의 농도가 높을수록 높은 온도에서 빨리 응고할 수 있어 겔이 더 빨리 형성되면 단단해진다.

2) 설탕

양갱처럼 한천과 설탕을 넣고 조리하는 경우 설탕은 한천을 다 녹인 뒤에 넣어 주어야 한다. 한천이 녹기 전에 설탕을 넣으면 설탕이 물을 흡수하여 한천이 잘 녹지 않는다. 대체로 설탕의 양이 많을수록 높은 온도에서 겔화되고 겔 강도가 높고 점성과 탄성이 증가하며 투명도도 증가하고 단단해진다. 이때 가루 형태의 한천을 사용하면 투명도가 더 증가한다.

3) 과즙

과즙을 넣어주면 과즙의 산성 물질인 유기산에 의해 한천 분자가 가수분해되어 분자가 짧아지고 겔의 강도가 약해진다. 과즙을 넣을 때는 산미를 잃지 않도록 한천 액의 온도를 60~80℃로 가열하여 과즙을 넣어준다.

4) 응고 온도

한천 용액을 응고시키는 온도가 높을수록 겔이 더 단단하고 투명하게 된다.

5) 우유

적은 양의 우유를 첨가할 경우에는 큰 영향이 없으나 많은 양을 첨가할 경우에는 우유의 지방과 단백질이 한천의 겔화를 방해하므로 우유를 첨가할 때는 한천을 더 많이 넣어야 한다.

6) 달걀흰자

달걀흰자의 거품은 가볍기 때문에 첨가하면 윗부분에 떠서 분리될 우려가 있다. 그러므로 거품의 안정화를 위해 설탕을 첨가하여 분리를 방지할 수 있다.

7) 팥 앙금

양갱을 만들 때 넣는 팥 앙금은 밑에 가라앉을 수 있으므로 한천 용액을 응고시킬 때 분리되지 않도록 응고 온도를 조금 높여서 40℃ 정도로 하여 응고시켜야 한다.

(4) 한천의 이용

한천은 소화가 되지 않아 영양가는 별로 없지만, 샐러드, 국수, 잡채, 우무 등 저칼로리 식품으로 이용되고 고온에서 조리하는 빵이나 과자류에는 안정제로도 쓰인다. 우유, 유제품, 탄산음료 등에서도 안정제 역할을 하며 양갱, 화과자처럼 설탕을 다량 사용하는 후식에 많이 이용된다. 한천은 형태에 따라 분말 한천, 실 한천(실 모양), 각 한천(긴 나무토막 모양) 등으로 판매되며 다양하게 이용되고 있다.

3. 젤라틴과 한천의 특성 비교

젤라틴은 한천보다 더 투명감이 있으며 입속에서 촉감도 좋으나 한천과 달리 반드시 찬 곳에서 냉각해야 하며 여름에는 실온에서도 녹을 수 있는 단점이 있다. 한천은 그렇지 않으므로 두 가지를 섞어 사용하면 중간적인 성질을 보여주어 좋은 결과를 나타낸다.

일반적으로 한천은 0.5~0.7%, 젤라틴은 2~3% 정도 혼합하여 사용하면 바람직한 결과를 얻을 수 있다. 두 가지를 섞어주면 용해 온도는 한천의 용해 온도 정도로 되면서 이수(syneresis)현상이 억제되고 중간적인 맛을 낸다. 이와 같이 젤라틴과 한천은 서로 비슷한 용도로 사용할 수 있으나, 특성은 서로 다른 것을 알 수 있다[표 11-1].

젤라틴의 응고물을 그릇에서 꺼낼 때는 미지근한 물에 그릇의 바닥을 담가

약간 녹인 후 꺼낸다. 그러나 한천은 응고된 젤리를 눌러 그릇과 젤리 사이에
공기를 넣어 빼낸다.

표 11-1 젤라틴과 한천의 특성 비교

구분		젤라틴(gelatin)	한천(agar-agar)
원료		동물의 뼈, 가죽, 힘줄 등(동물성)	홍조류인 우뭇가사리(식물성)
성분		단백질(collagen)	탄수화물(갈락탄: 아가로오스 70%와 아가로펙틴 30%)
용해 온도		35~40℃(40~60℃)	70℃ 이상(80~100℃)
응고 온도		3~10℃(냉장고) (저온일수록 빨리 응고함)	25~35℃(30℃ 전후 실온) (고온일수록 단단하고 투명함)
사용농도		1.5~2% 이상 (여름 3~4%)	0.2~0.3% 이상 (1.2% 단단한 겔 형성)
젤리의 성질		투명도와 탄력성이 높다.	투명도와 탄력성이 낮다.
첨가물의 영향	산	응고 방해(pH 4 이하)	응고 방해
	염류	강도 증가(예: 우유, 경수, 소금)	강도 증가(예: 소금 3~5%)
	설탕	강도 약화	겔화 온도 증가, 투명성 증가, 강도 증가, 점탄성 증가
	기타	단백질 분해효소(겔화 방해)	달걀흰자(겔화 방해) /우유(겔화 방해-지방, 단백질 때문)
이용 예		과일젤리, 무스, 족편, 바바리안 크림 등 /결정방해물질(아이스크림, 마시멜로)	양갱, 미생물 배지, 후식, 화과자, 양장피, 케이크의 과일장식 고정 등

Culinary
Principles

육류

육류(meats)는 식용하는 모든 동물의 고기를 일컫는다. 대표적인 육류로는 쇠고기, 돼지고기, 양고기, 염소고기 등이 있다. 국가나 민족에 따라 육류에 대한 기호도가 다르며 우리나라에서 주로 식용하는 육류는 쇠고기와 돼지고기이다.

우리가 식용하고 있는 육류 중 특히 쇠고기는 도살 후 숙성이라는 과정을 거쳐서 먹게 된다. 이 과정을 거쳐야 조리 후 부드럽고 맛이 있다.

육류는 단백질 및 지방, 무기질, 비타민의 급원이며 중요한 부식재료로 사용한다. 육류는 조리 중 많은 변화가 일어나므로 구조와 성분에 관하여 이해하는 것이 중요하다. 소는 나이와 성에 따라 거세한 수소, 황소, 송아지 등으로 구분할 수 있다. 한우는 우리나라 고유 품종의 토종소 또는 누렁소를 말하고, 젖소와 육우는 외국 품종으로 우리나라에서 태어나 키운 것 또는 산채로 수입하여 6개월 이상 기른 것을 말한다. 수입육은 냉동 상태로 수입하거나 생우로 수입해 6개월 미만 기른 것이며 젖소와 육우로 나뉜다. 젖소는 송아지를 낳은 경험이 있는 젖소 암소에서 생성된 고기이고, 육우는 교잡종, 육용종, 젖소 수소, 송아지를 낳은 경험이 없는 젖소에서 생성된 고기이다.

돼지는 4개월 이하(pig)와 4개월 이상(hog)으로 구분한다. 양은 14개월 이하의 어린 양의 고기(lamb)와 14개월 이상의 성숙한 양의 고기(mutton)로 구분한다.

1. 육류의 구조

[1] 근육 조직

근육은 75%의 물과 18%의 단백질, 약 4~10% 정도의 지방으로 이루어져 있다. 탄수화물은 대부분 글리코겐으로 포도당-6-인산염을 합해 약 1%의 정도를 차지한다. 나머지는 비타민, 무기질과 미량의 유기화합물로 이루어진다.

근육을 구성하는 가장 기본 단위인 근섬유(muscle fiber)이고 직경이 1~3μ 정도의 가느다란 근원섬유로 구성되어 있다. 근섬유의 두께, 다발의 크기, 결합조직의 양에 따라 육류의 결이 영향을 받게 되어 섬유와 다발이 적으면 육질이 부드럽다. 근육 조직은 동물 조직의 약 30~40%를 차지하며 동물의 운동을 수행한다. 그중 주요 식용부분은 근육의 수축과 이완에 관여하는 골격근이 영양적 가치가 있다.

근섬유는 근초에 싸여 있고 이 속에는 점도가 높은 액체가 들어있으며 이를 근장이라 부르는데 여기에는 무기질, 비타민류, 효소, 색소 및 단백질이 용해되어 있다. 근원섬유를 구성하는 단백질은 미오신(myosin)과 액틴(actin)을 기본으로 근육이 수축할 때는 액틴이 당겨져 근육의 길이가 짧아지고 이완 시에는 반대의 작용이 되풀이 되어 지속적인 활동(운동)이 수행되어 진다. 단백질 분자들이 화합하여 근원섬유를 만들고 약 2,000개의 근원섬유는 긴 원통모양의 근섬유를 형성하고 근섬유는 다시 근육을 만들어 힘줄에 의해 뼈에 부착된다.

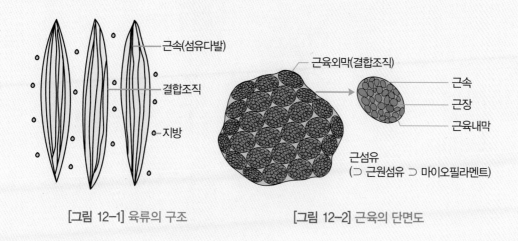

[그림 12-1] 육류의 구조   [그림 12-2] 근육의 단면도

[2] 결합 조직

결합 조직은 근육이나 지방 조직을 둘러싸고 있는 얇은 막 혹은 근육이나 내장기관 등의 위치를 고정하고 다른 조직과 결합하는 힘줄 등을 말한다. 근육과 결합하는 뼈나 가죽 부위에 많이 있고 운동량과 연령이 많을수록, 암컷보다 수컷, 돼지고기나 닭고기보다 쇠고기에 결합 조직의 함량이 높다. 결합조직은 운동을 많이 하는 동물이 주로 사용하는 근육에서 더 많이 발달하므로 육류의 질긴 부위는 연한 부위보다 더 많은 결합 조직을 갖는다. 돼지는 거의 운동을 시키지 않으므로 결합조직이 덜 발달하여 고기가 연하다.

일반적으로 결합 조직에는 세포와 세포 사이를 메우거나 구조를 형성하는 물질인 기질을 갖고 있다. 이 기질은 길고 강한 섬유들인 콜라겐과 엘라스틴(elastin)이라는 단백질을 함유한다. 콜라겐을 함유하는 결합 조직은 희게 보이고 엘라스틴을 함유한 것은 노랗게 보인다.

콜라겐은 백색이며 습열로 장시간 가열하면 수용성의 젤라틴으로 변한다.

엘라스틴은 고무와 같은 탄력이 있고 보통의 조리 온도에는 영향을 받지 않을 뿐만 아니라 대부분의 산, 알칼리에 의해서도 분해되지 않고 물을 넣고 가열하여도 젤라틴화 되지 않는다. 그러므로 덜 연한 고기를 습열조리하면 콜라겐의 분해로 부드럽게 조리할 수 있다.

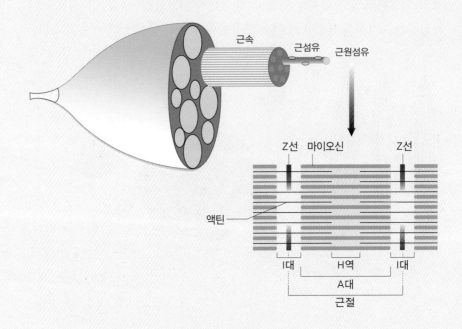

[그림 12-3] 근육의 구조

[3] 지방 조직

지방 조직은 근육 조직과 지방 저장 조직에 존재한다. 육류의 지방 조직은 피하, 복부, 장기의 주위에 많으며 근육 내에 흰색의 작은 눈이 내린 것처럼 지방이 산재하여 있는 마블링(marbling) 혹은 근내 지방이라고 한다. 마블링 속 지방이 근섬유를 짧게 하므로 식육이 연하고 맛과 풍미가 좋아 육질 등급의 가장 중요한 요소이다.

지방의 축적량은 유전, 성장도, 영양 상태, 운동, 호르몬, 성별의 영향을 받는다. 잘 먹고 운동량이 적고 빠르게 성장한 동물일수록 지방 함량이 더 높다. 돼지는 다른 동물보다 더 빠르게 지방을 축적한다. 지방 조직의 색은 동물의 나이에 따라 바뀌며 나이를 더 먹은 동물의 지방은 카로티노이드 색소가 축적되므로 더 노랗게 된다.

[4] 뼈

뼈의 상태는 동물의 나이에 따라 다르다. 어린 동물의 뼈는 연하고 분홍빛을 띠우며 성숙한 동물의 뼈는 단단하고 백색이다. 성숙된 동물의 뼈는 어린 뼈보다 맛성분이 더 많이 우러나므로 탕이나 육수를 끓이는 데 적합하다.

2. 육류의 색소

육류의 색소는 미오글로빈(myoglobin)과 헤모글로빈(hemoglobin)이며 육류의 색의 차이는 붉은 육색소의 3/4을 차지하는 미오글로빈의 농도에 따라 다르고 나머지는 혈액의 헤모글로빈에 따라 다르다. 살아있는 동물체에서는 햄 색소 중 헤모글로빈의 함량이 미오글로빈 함량에 비해 9:1 정도로 많이 포함되어 있으나 도살 후에는 피를 뽑아내므로 육류 및 육가공품의 색소의 95%가 미오글로빈에 의한 것이다.

미오글로빈의 함량은 동물의 종류, 부위, 연령 등에 따라 다르다. 미오글로빈 함량은 소나 양이 돼지보다 많고 나이든 소가 송아지보다 많다. 일반적으로 근육을 많이 사용하는 부위는 산소가 함유된 미오글로빈이 많이 필요하므로 근육이 어두운 색을 띠는 반면 잘 사용하지 않는 부위는 미오글로빈이 적게 필요하므로 색이 밝다. 이들 색소는 신진대사 과정 동안 산소를 공급하기 위하여 산소와 가역적으로 결합한다. 그러나 숨이 끊기면 조직에 산소공급이 중단되어 산소와 더 이상 결합하지 못한다. 신선한 고기는 미오글로빈에 의해서 적자색을 띠지만 식육을 절단하여 공기 중에 노출하면 산소와 결합하여 선홍색의 옥시미오글로빈(oxymyoglobin)이 된다. 더 오랫동안 방치하면 갈색으로 변하는데 이것은 옥시미오글로빈이 산화하여 메트미오글로빈이 되기 때문이다. 이때 미오글로빈의 구조 내에 존재하는 제1철이 화학반응에 의해 제2철로 산화된다.

이러한 색소의 변화는 조리 후 고기의 맛에는 크게 영향을 주지 않는다.

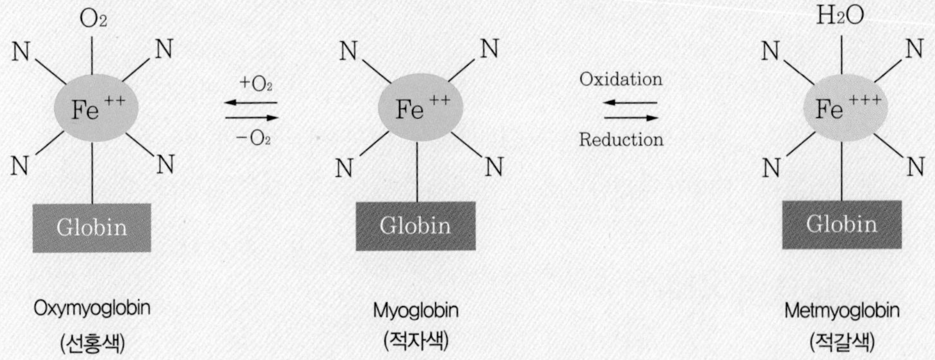

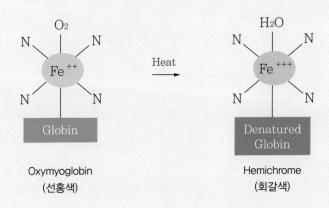

O2
N
N
Fe ++
N
N
Globin
+O2
−O2
N
N
Fe ++
N
N
Globin
Oxidation
Reduction
H2O
N
N
Fe +++
N
N
Globin
Oxymyoglobin
(선홍색)
Myoglobin
(적자색)
Metmyoglobin
(적갈색)

[그림 12-4] 가열하지 않은 고기의 색소 변화

O2
N
N
Fe ++
N
N
Globin
Heat
H2O
N
N
Fe +++
N
N
Denatured
Globin
Oxymyoglobin
(선홍색)
Hemichrome
(회갈색)

[그림 12-5] 가열한 고기의 색소 변화

3. 육류의 경직과 숙성

(1) 사후경직 rigor mortis

도살되기 직전의 동물의 근육은 부드럽고 유연하다. 도살 후 6~24시간 안에 세포 내에서의 신진대사가 중단되어 근육이 뻣뻣해지는데 이것을 사후경직이라 한다. 도살 후에는 효소의 작용, 이화학적인 요인, 미생물의 작용에 의하여 육질이 변화한다. 도살 후 1~2일 지나면 자연적으로 경직이 풀어진다. 경직의 진행속도는 동물의 품종, 연령, 도살 전의 운동량, 온도 등의 요인에 따라 달라진다. 소는 도살 후 9시간 이내에 경직이 시작되고 12~24시간 경과하면 완전히 경직된다. 돼지는 경직을 일으키는 시간이 모두 달라서 도살 직후에 일어나기도 한다. 정상적인 시간은 보통 4~6시간으로 잡고 있다. 도살 후 방혈, 박피, 내장적출, 분할 세척의 과정을 거치는데 혈액순환이 정지되어 산소 공급이 끊기면 근육조직의 글리코겐이 혐기적 해당 과정을 거쳐 젖산을 생성한다. 살아있는 조직의 pH는 7.0~7.2 범위이나, 도살 후 조직에 산소의 공급이 고갈되고 글리코겐으로 생산된 젖산이 축적되어 pH가 낮아져 pH가 약 5.5로 떨어진다. 즉, 사후경직이 일어나면 pH와 글리코겐은 감소하고 젖산은 증가하여 그 결과로 근육이 수축된다.

도살 후 경직이 일어나기 전에 조리된 고기는 부드럽지만, 조리 과정이 느리면 가열하는 동안에 경직이 일어날 수 있고 그렇게 조리된 고기는 부드럽지 않다.

[2] 숙성 aging

근육은 pH 5.5에서 최대 사후경직이 일어나며 더 이상 젖산을 생성하지 않게 된다. 만약 도살 후 고기를 1~2일간 냉장하면 사후경직이 지나 부드러워지기 시작하며, 더 오랫동안 두면 숙성되기 시삭한다. 숙성 중에는 근육 내의 단백질 분해효소인 프로테아제(protease)에 의해 근원섬유 단백질을 분해시키는 자가 소화(autolysis)가 일어나 근육의 길이가 짧아지면서 연해지고, 숙성 중에 저분자의 펩타이드 및 유리 아미노산이나 이노신산이 생겨나므로 숙성한 고기는 연하고 맛도 좋다.

고기의 보수성과 고기의 연화 정도는 서로 밀접한 관계가 있는데 고기가 숙성해서 연화되면 보수성이 커진다. 즉 최대 경직이 일어나는 시기에 해당하는 도살 후 24시간이 되면 유리액의 양이 가장 많고 보수력은 가장 낮은 수치를 나타내며 이때 pH도 가장 최저치를 나타낸다. 숙성기간 동안 낮아진 pH로 결합 조직의 콜라겐이 팽윤되어 젤라틴화가 되기 쉬운 상태가 된다.

육류 중에서는 쇠고기가 주로 숙성 과정을 거치는 고기다. 송아지 고기는 숙성해도 더 좋아지지 않고 지방이 없으므로 표면이 마르기 쉽다. 돼지고기는 부드럽기 때문에 질긴 것이 문제가 되지 않는다.

4. 육류의 변화

[1] 연화에 영향을 미치는 인자

고기의 연한 정도는 기호성에 가장 큰 영향을 주는 요인이다. 근육의 두께가

두껍고, 근육 중 결합 조직의 함량이 많을수록 질기다. 반면 근육 중에 지방의 마블링이 잘 되어 있고 동물이 어릴수록 연하다. 늙은 동물의 근육에는 결합 조직이 더 많이 들어있기 때문이다. 동물의 신체 운동량이 적은 부위(등심, 안심, 갈비 부위)의 근육은 운동량이 많은 부위(목이나 다리 부분)의 근육보다 더 연하다. 숙성 정도에 따라 연하기에 영향을 받으며 숙성이 잘 된 근육이 더 연하다.

육류는 결합 조직의 양이 많을수록 질기며 동물이 성장함에 따라 결합 조직이 더 많아지고 더 강해지기 때문에 나이가 많아질수록 질겨진다. 그러나 송아지의 경우 근육에 비해 상대적으로 높은 비율의 결합 조직이 있는데 이유는 근육 자체가 발달하기 위한 시간이 부족했기 때문이다.

육류의 지방은 육질을 부드럽게 만드는데, 특히 가열조리 시 액화된 기름이 단백질을 감싸 변성속도를 늦추고 연화를 초래한다.

(2) 육류의 연화 방법

1) 기계적인 방법

근섬유의 결을 횡으로 절단하거나(cutting, slicing), 잘게 부수거나(minching, grounding, chopping), 두들기기(pounding) 등으로 근섬유와 결합 조직을 끊어지게 하는 방법이다.

2) 효소에 의한 방법

숙성에 의해서도 연화되기 힘든 부위에 단백질 분해효소를 첨가하여 단백질을 펩타이드(peptide)나 아미노산으로 분해시키는 방법이다. 고기를 재울 때 생강즙이나 배즙을 첨가하는 이유도 이들 속의 프로테아제(protease)를 이용하는 것이다. 특히, 열대과일인 파인애플의 브로멜린(bromelin), 파파야의 파파인(papain), 무화과의 피신(ficin), 키위의 액티니딘(actinidin) 등의 효소로 만든 연육제는 고기 연화에 많이 사용된다. 효소들은 사용 방법에 따라 효과가 달라지는데 육류의 표면에 뿌렸을 때는 0.5~2.0mm 정도만 통과하기 때문에 뿌린 후 포크로 찔러주면 더 깊이 들어갈 수 있다. 이들 효소는 근육 세포 단백질뿐만 아니라 결합 조직에도 작용하기 때문에 과다하게 사용하면 다즙성이 감소하고 푸석푸석한 텍스처가 된다.

표 12-1 단백질 분해효소의 종류

분류	소재지	효소명
식물성	• 배 • 파파야 • 파인애플 • 무화과 • 키위	• 프로테아제(protease) • 파파인(papain) • 브로멜린(bromelin) • 피신(ficin) • 액티니딘(actinidin)
동물성	• 동물의 위 • 동물의 췌장	• 펩신(pepsin) • 티로신(trysin)
미생물	• 곰팡이	• rhozme p-11 • 프로테아제(protease)

3) 산에 의한 방법

레몬즙, 식초, 포도주 등에 담그는 방법(marinade)을 적용하여 pH를 약간 산성화로 하면 수분 보유율이 커져 더 연해진다. 그러나 향미가 변하고 색이 더 검게 되며 수용성 성분의 손실이 일어날 수 있다.

4) 염과 당에 의한 방법

간장이나 소금을 적당히 사용하면 단백질의 수화를 증가시켜 더 연하게 되고 가열 시 중량 손실도 적다. 그러나 염 농도가 5% 이상이면 탈수작용과 중량의 손실을 일으켜 오히려 질겨질 수 있다. 설탕이나 꿀 등을 적당량 첨가하였을 때 단백질의 보수성이 증가하여 고기가 연해지는 효과가 있으나 다량 첨가하면 질겨진다.

5) 숙성

가장 이상적인 연화법으로 냉장 온도에서 서서히 숙성시키는 것이 가장 좋은 방법이다.

6) 조리에 의한 연화

육류의 부위에 따라 습열 조리법과 건열 조리법이 있다. 결합 조직이 많은 부위인 양지, 사태 등은 습열 조리법으로 편육, 장조림, 찜, 탕, 스튜 등이 있으며 물을 사용하여 콜라겐을 젤라틴화 하는 것이 주된 조리원리이다. 결합조직의 양이 적은 연한 부위인 등심, 안심, 채끝, 우둔 등은 구이, 튀김, 전과 같은 건열 조리법에 이용된다.

7) 동결

동결 시 고기 내의 수분이 단백질보다 먼저 얼어 용적이 팽창하며 이때 조직이 파괴되므로 약간의 연화작용이 나타난다. 동결기간이 길면 냉해에 의해 질감이 저하되므로 오래 저장하지 않도록 한다.

5. 쇠고기의 부위별 명칭과 용도

(1) 쇠고기의 부위별 명칭

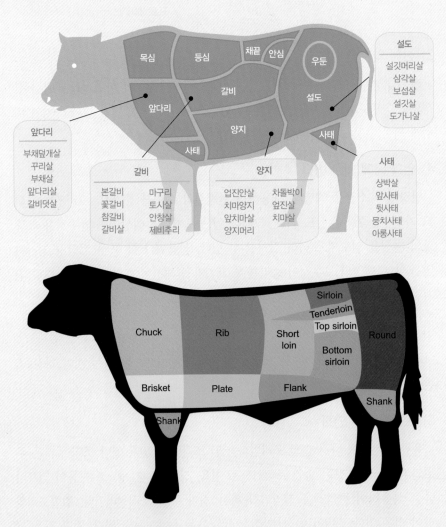

[그림 12-6] 쇠고기 부위별 명칭(한국식), 쇠고기 부위별 명칭(미국식)

표 12-2	소의 분할 방법에 따른 부위 명칭 및 용도		
대분할 부위명	소분할 부위명	특징	용도
안심	안심살	마블링이 좋으나 지방의 양은 적으며, 부위 중 가장 부드럽고 연하다.	스테이크, 로스구이
등심	윗등심살, 아래등심살, 꽃등심살, 살치살	살이 두껍고, 마블링이 있어 풍미가 좋으며 근육결은 가늘고 부드럽다.	구이, 전골, 찜, 탕, 로스트, 스테이크, 로스구이, 바비큐
채끝	채끝살	지방이 적고 육질이 부드러우며 풍미가 좋다.	스테이크, 로스구이, 구이, 전골
목심	목심살	결이 굵고 단단하며 질기지만 지방을 적당히 함유하여 풍미가 좋다. 목뼈 윗부분은 비교적 부드러워 불고기용으로, 뒷부분은 국거리용으로 사용한다.	조림, 편육, 미트볼, 햄버거, 구이, 탕, 불고기, 스튜
앞다리	꾸리살, 갈비덧살, 부채살, 앞다리살	운동량이 많아 근육들로 이루어져 있고 마블링은 적고 근막과 힘줄 같은 결체 조직이 많지만 육즙의 양이 풍부하고 고기의 향이 진하다.	육회, 탕, 장조림, 불고기
우둔	우둔살, 홍두깨살	지방과 근육막이 적고 근육의 결이 약간 굵다.	조리, 탕, 전골, 산적, 포, 바비큐, 브레이즈, 불고기
설도	보섭살, 설깃살, 도가니살	허리부분에서 가까울수록 육질이 연하고, 뒷다리 아래쪽에 위치한 근육일수록 육질이 질기다.	산적, 장조림, 육포
양지	양지머리, 업진살, 차돌박이, 치마살	지방과 근육막이 적고 근육의 결이 약간 굵다.	탕, 국, 스튜, 조림, 편육
사태	아롱사태, 뭉치사태, 앞사태, 뒷사태	앞, 뒷다리 위쪽 부위로 지방이 적고, 결합 조직이 발달하여 쫄깃한 맛이 있다.	조림, 탕, 스튜, 찜, 편육
갈비	갈비, 마구리, 토시살, 안창살, 제비추리	갈비뼈 13대를 중심으로 근육 조직, 지방 조직이 3중으로 형성되어 기름지고 풍미가 좋다.	찜, 탕, 구이

6. 육류의 조리특성

[1] 조리 중 변화

1) 단백질의 변성

육류를 가열하면 결합 조직인 콜라겐이 젤라틴으로 변하면서 연해지고 근원섬유 단백질은 변성·응고하여 단단해진다. 근육 단백질의 열에 의한 변성·응고는 온도가 상승함에 따라 단계적으로 일어난다. 그 이유는 단백질의 변성과 응고가 일어나면서 섬유의 길이가 짧아지기 때문에, 질겨져도 나중에는 결합 조직이 젤라틴으로 가수분해되어 부드러워지기 때문이다.

2) 근섬유의 변화

보통 질긴 부위의 고기에 물을 가하고 약한 불에서 장시간 끓여 주면 콜라겐이 가수분해되어 젤라틴화 함으로써 고기는 연하고 부드러운 질감을 갖게 되지만 근원섬유 단백질이 변성, 응고하면 질겨지는 경향이 있다. 각각의 근육이 가열될 때 결합 조직의 양에 의하여 영향을 받지만 근섬유 자체도 각각 다르게 영향을 받는다. 쇠고기의 부드러운 근육과 덜 부드러운 근육을 각각 다른 내부 온도로 가열한 연구에서 부드러운 근육은 익히는 정도가 증가함에 따라 부드럽기가 변하지 않았다. 고기를 60℃의 낮은 온도에서 오랫동안 서서히 익히면 근원섬유 단백질은 견고하게 변성하지 않는 반면에 결합 조직은 가수분해 되어 연화될 수 있다. 결합 조직이 많은 질긴 고기는 저온에서 장시간 조리하는 것이 좋은 방법이다.

3) 지방의 변화

동물성 지방은 융점이 높으므로 상온에서 고체로 존재하고 가열하게 되면 액상으로 변해, 풍미가 좋아지고 질감과 소화성을 높인다. 고기에 열을 가하면 지방은 녹고 근육 단백질의 보수력은 낮아져 육즙과 연화가 감소되고 고기의 무게와 부피도 감소하게 된다.

4) 색의 변화

쇠고기 구이를 할 때 덜 익은(rare) 상태에서 고기 내부의 색은 옥시미오글로빈의 선홍색이며, 조리된 고기의 색깔은 60~65℃와 75~80℃ 사이에서 변한다. 잘 익은(well done) 상태가 되면 변성글로빈 헤미크롬의 생성으로 회색 또는 갈색이 된다. 고기의 내부 온도가 증가하면 붉은색은 감소한다. 고기 색소인 미오글로빈은 60℃ 부근에서 변성되고 다른 단백질의 변성은 80℃에서 완성 되는 것으로 보인다.

5) 향미의 변화

육류의 맛성분은 유리 아미노산, 아미노화합물, 유리 지방산, 암모니아, 황 화수소, 이노신(inosine), 크레아티닌(creatinine), 당단백질 등인데 고기를 가열하 면 이들 성분이 분해되어 독특한 향미를 형성한다.

특히, 구이에 의한 경우에는 열에 의한 저급 탄소화합물, 함황화합물, 질소 화합물의 생성으로 구수한 향을 낸다.

가열로 인한 향은 자연적으로 가지고 있는 성분 이외에 단백질 응고, 지방 분해, 유기산, 질소함유 물질 등이다. 탄수화물은 조금 함유되어 있으나 단백 질과 마이야르반응을 일으켜 갈변되며, 고기에 특수한 향미를 준다. 조리한 고기를 2일 이상 냉장고에 보관하거나 남은 고기를 가열할 때 좋지 않은 냄새 (warmed-over flavor)가 나는 이유는 고기의 불포화 지방산의 산화 때문이다.

육류의 향미는 조리 방법에 의하여 영향을 받는데 조리시간이 길면 향미를 충분히 낼 수 있고 덜 부드러운 부위의 향미가 더 좋다. 당의 캐러멜반응, 지 방의 용해, 그리고 단백질의 분해와 변성을 일으킨다. 고기를 구울 때 양념을 하면 향미가 증진된다.

6) 조리 손실

고기의 내부 온도가 증가할수록 조리 손실도 증가한다. 무게의 감소는 육즙 의 유출, 수분 및 다른 휘발성 물질의 증발 때문에 일어난다. 고기가 조리된 마지막 내부 온도가 전체 무게 손실에 영향을 미친다. 고기 내부의 온도가 높 을수록 또 오래 가열할수록 수축이 심하게 나타나는데 고온으로 고기를 건열 처리할 때 40~60%가 수축하는 데 비해서 저온을 처리할 때는 15~20% 미 만이 수축한다고 한다.

조리된 고기에는 육즙이 많아야 되는데 고기의 질, 마블링의 양, 숙성과 같 은 요인에 따라 즙의 상태가 달라진다. 즉, 숙성된 고기는 숙성하지 않은 고기 보다 육즙이 많고 어린 동물의 고기일수록 육즙이 많다. 마블링이 잘 된 부위 는 그렇지 않은 부위보다 육즙의 양이 증가된다.

7) 영양소의 손실

육류의 조리 방법에 따라 비타민 B군에 영향을 받으며 특히 습열조리를 오래하면 비타민이 파괴되거나 물에 용해된다. 특히, 티아민은 열에 가장 예민하므로 낮은 온도에서 조리하여야 변화가 적다.

고기를 물이나 수증기를 이용한 습열법으로 조리하면 수용성 비타민이 국물에 많이 용출되지만 건열법인 튀김은 고온에서 단시간에 조리되므로 영양가의 손실이 비교적 적다. 조각 낸 고기를 물에 씻거나 담가 놓으면 수용성 물질의 많은 손실이 일어날 수 있다.

[2] 조리법

1) 건열조리법 dry heat method

① 구이

구이에는 직화법과 간접법이 있다. 직화법은 석쇠 등을 이용하여 불에 직접 구워 육류가 지닌 원래의 맛이 잘 보존되는 방법이다. 브로일링(broiling)은 직화조리 방법으로 내부 온도가 높을수록 조리손실이 많아져 두꺼운 돼지고지 부위들을 브로일링으로 조리하면 약 절반 정도 두께의 고기들 보다 육즙이 적어진다. 간접법은 철판이나 은박지를 가열하여 그 위에서 굽는 방법이다. 육류 단백질은 40℃를 전후하여 응고되기 시작하며 고기의 맛은 이 단백질 응고점 전후가 가장 좋다. 그러므로 너무 강한 불에 굽지 않도록 하고 익기 전에 여러 번 뒤집으면 맛이 덜해진다.

구이를 하면 표면의 단백질이 응고되어 내부의 단백질 유실을 막기 때문에 맛이 진하며 또한 마이야르반응이 일어나 맛과 향기가 독특해진다. 양념한 고기를 구울 때의 맛있는 냄새는 당과 단백질, 아미노산 등의 반응으로 생기는 물질의 냄새 때문이다.

② 로스팅

가장 간단한 육류조리 중 하나로 큰 고기를 덩어리째 오븐에서 굽는 것이다. 육류 온도계를 이용할 경우 뼈나 시방에 닿지 않도록 하며 근육의 가장 두꺼운 부분에 꽂는다. 고기의 내부 온도에 따라 익은 정도가 달라지며 고기의 내부 온도가 너무 높거나 오븐 온도가 높으면 조리 손실률이 증가한다. 로스팅의 마지막 단계에서 오븐의 온도를 잠깐만 높이면 더욱 갈색이 될 수 있다. 육류의 지방 함량은 로스팅 시간에 영향을 미쳐 지방 함량이 적은 근육의 조리시간이 더 길다.

조리된 정도를 알아보는 방법으로는 최종 내부 온도 측정, 고기 무게에 따른 조리 시간표(time/weight chart) 이용, 고기의 가운데를 눌러보아 단단한 정도를 알아보기 등이 있다.

③ 튀김

튀김은 기름을 적게 쓰는(pan-frying) 방법과 많은 양의 기름을 사용하는 방법(deep-fat frying)이 있다. 튀김은 비타민 B의 손실이 가장 적고 고기의 누린내를 없애기 때문에 널리 이용된다. 육류는 튀김옷을 입히거나 또는 가루를 묻혀 튀기는데 이러한 방법은 튀김옷을 갈색으로 만드는데 효과적이다.

④ 마이크로웨이브

다른 육류 조리방법에 비해 조리 시 손실이 많고 육즙이 적다. 이는 단백질 분자가 과도하게 단단해져서 고기의 물을 방출시키기 때문이다. 고기의 마이크로웨이브 조리는 신속한 가열로 인해 고기 내부의 지방이 녹아 밖으로 흘러나게 되므로 지방 함량이 낮아지는 효과가 있다. 마이크로웨이브에서 조리한 육류의 향미는 굽는 방법보다 좋지는 않다. 이유는 향미가 충분히 조성될 시간이 짧기 때문이다. 조리하여 냉장 혹은 냉동한 육류의 재가열 또는 해동에는 전자오븐이 아주 효과적이다.

2) 습열조리법 moist heat method

① 국, 탕

국이나 탕을 끓일 때는 양지 또는 사태와 같은 질긴 부위 또는 꼬리나 사골 많은 물을 가하여 약한 불로 장시간 끓여서 용해성 성분을 충분히 용출시켜 국물의 맛을 낸다. 국물에 용출되는 맛성분은 수용성 단백질, 지방, 무기질, 추출물, 젤라틴 등이다. 약한 불에서 장시간 끓여야 맛성분이 충분히 용출된다. 사골을 끓일 때 국물이 뽀얗게 되는 것은 뼈에서 우러나는 인지질의 유화작용 때문이다. 국물을 만들 때는 일반적으로 고기를 냉수에 넣고 끓이기 시작하는 것이 좋다. 끓는 물에서부터 시작하면 고기의 표면이 먼저 응고하므로 내부성분의 용출이 더디게 된다. 그리고 마지막 단계에서는 고기의 누린내 감소와 향미의 증가를 위해 파, 양파, 마늘 등 방향 채소와 향신료를 넣어 끓여준다. 끓이는 과정에서 생기는 거품은 맛과 외관을 상하게 하므로 건어 내면서 끓이는 것이 좋다.

② 찜

찜(steam)은 결합 조직이 많아 질긴 사태, 꼬리, 갈비 등을 소량의 물에 고기를 먼저 익힌 다음 채소와 양념을 넣어 중불에서 충분히 끓인다. 처음에는 간을 약간 싱겁게 하고 고기가 어느 정도 연해진 뒤에 양념을 한다. 고기가 연해지기 전에 양념을 하면 간장의 염분이 삼투압에 의해 고기 내부로 침투되어 고기의 즙이 많이 용출되고 부드럽지 않게 된다. 너무 오래 끓이면 콜라겐이 지나치게 분해되어 매우 연해져 고기의 씹는 맛이 없어진다.

③ 브레이징

브레이징(braising)은 질긴 부위를 조리하는 방법이다. 기름에 지지거나 구워서 고기 표면을 먼저 갈색으로 한 다음 물을 조금 넣고 브레이징 한다.

이 때 물은 콜라겐이 가수분해하는데 필요하다. 팬 뚜껑을 덮고 약한 불에서 고기가 부드러워질 때까지 조리한다. 조리에 소요되는 시간은 고기의 특성과 조각의 크기에 따라 다르다.

④ 스튜잉

브레이징과 비슷한 방법이나 물을 조금 더 많이 사용한다. 스튜잉(stewing)하기 전에 고기를 팬에 구워 향미와 색을 더 좋게 할 수 있다. 질긴 부위의 고기를 토막 내어 채소와 소량의 물이나 액체를 넣어 약한 불에서 끓인다. 채소는 고기가 어느 정도 익은 뒤에 넣어야 모양과 색깔을 유지할 수 있다. 토마토 또는 토마토 주스를 넣고 끓이면 토마토의 산이 고기의 콜라겐을 신속히 젤라틴화하여 고기를 더욱 연하게 해준다. 그러나 육류 단백질이 익기 전에 토마토를 넣으면 토마토의 색소인 라이코펜(lycopene)과 단백질이 결합하여 고기의 색이 좋지 않은 붉은색으로 변하므로 응고 후에 토마토를 넣어 준다.

⑤ 슬로우 쿠커

습열조리를 위해 제작된 전기조리기들이다.

⑥ 압력솥

압력을 가해 일반 냄비보다 더 높은 온도에서 조리하므로 육류의 신속한 습열조리에 사용할 수 있다. 일반적인 조리시간보다 짧아야 한다.

가금류

가금류는 식용하기 위해서 사육되는 모든 조류를 말한다. 이들은 가격이 저렴하면서 양질의 단백질 공급원으로, 육류와 같은 영양적 가치를 지니며 다양한 요리에 이용되고 있다. 우리 나라에서는 닭고기를 가장 선호하며, 서양에서는 칠면조, 중국에서는 오리를 많이 선호한다.

1. 가금류의 분류

식용으로 이용되는 가금류는 닭, 칠면조, 오리, 거위, 꿩, 메추리 등이 있다. 우리나라에서는 닭고기를 가장 많이 사용하며, 중국에서는 오리고기를 미국에서는 칠면조 고기를 많이 이용한다.

철분 함량은 쇠고기, 돼지고지, 양고기보다 적게 들어있는데 이는 근육색소인 미오글로빈의 함량이 더 적기 때문이다. 그리고 다른 육류에 비하여 근육섬유가 가늘고 연하여 소화흡수가 빠르며 특히, 가슴살은 더 부드럽고 섬유의 길이가 짧다. 가금류에 있어서 결합 조직의 양은 성장 정도에 따라 차이가 많이 있는데, 특히 성장이 많이 된 수컷 가금류일수록 조직이 질기다.

2. 가금류의 저장

가금류는 살모넬라에 감염되기 쉽기 때문에 손질하는 과정에서 주의를 기울여야한다. 가금류 조리 시 이용한 칼이나 도마는 다른 식품을 다루기 전에 깨끗이 닦고 살균하여 사용해야 한다. 특히 샐러드와 같이 가열하지 않는 음식일 경우에는 더욱 주의해야 한다.

가금류는 잘 포장해서 냉장 또는 냉동 보관해야 한다. 냉장고에서 단기간 저장할 때에도 포장을 뜯었다가 다시 포장하여 보관한 경우에는 반복해서 만지는 과정에서 세균이 증가할 수 있다.

신선한 가금류는 구입한 후 가능한 한 곧 조리하도록 하며 냉장고에 저장할 때에는 1~2일간 저장할 수 있으며 −18℃나 그 이하로 냉동 저장할 경우에는 더 오래두고 먹을 수 있다. 그러나 조리한 가금류는 완전히 익혔다 해도 조리하는 동안에 감염될 수 있는 여러 미생물에 의해 독소를 생성할 수 있기 때문에 되도록 조리한 직후 먹어야 하며 냉장고에서도 1~2일 안에 항상 신속하게 먹어야 하고 더 오래 두었다 먹을 때에는 반드시 냉동해야 한다. 조리한 가금류는 냉동을 하면 생닭을 냉동했을 때보다 향미와 조직이 더 나빠진다.

닭에 여러 가지 재료를 채워 넣어 조리할 경우 채우는 즉시 조리해야 하며, 그대로 두면 냉장 또는 냉동할 때 걸리는 시간이 너무 길어지고 속을 채운 닭고기는 세균의 온상이 되므로 좋지 않다.

가금류를 냉동할 때에는 내장 부분을 제거해야 내장에 들어있는 효소의 작용으로 품질이 나빠지는 것을 막을 수 있다.

냉동한 가금류는 냉장고로 옮겨 서서히 해동시켜 반 정도 녹았을 때 조리하는 것이 좋다. 미지근한 물에서 해동하면 품질이 나빠지고 상할 수 있으나 급히 해동해야 할 때에는 비닐봉지에 잘 넣어서 찬물에 담가 해동하는 것이 좋다. 일단 해동한 것은 다시 냉동시키지 말아야 한다.

3. 가금류의 조리 특성

[1] 부위별 특징

가금류는 다리(leg, drumstick), 넓적다리(thigh), 날개(wing), 가슴살(breast)로 크게 나눠 부위별로 판매하고 있다.

고기는 부위에 따라 맛과 색깔이 다르며, 가슴살이 색깔이 희고 지방이 적으며 담백하여 냉채나 샐러드에 적당하다. 가슴살은 소나 돼지의 안심에 해당되는 연한 부분으로 지방이 매우 적어 향미가 약하며 조리 시 퍽퍽한 상태가 된다. 특히 지방질 섭취를 제한해야 하는 사람에게 좋으며, 윤기 있고 노란색이 감도는 핑크색 고기가 신선하다.

다리는 색이 붉고 독특한 향미가 있는데, 가장 운동을 많이 하는 부분으로 탄력이 있고 단단하다.

표 13-1 닭고기의 부위별 특징과 조리 용도

부위명	특징	조리용도
가슴살	지방이 적어 맛이 담백하다	구이, 커틀릿, 샐러드
안심	지방이 적어 담백하고 부드럽다	구이, 커틀릿, 스테이크
다리살	탄력 있고 색과 맛이 진하다	구이, 튀김, 닭갈비, 조림
날개살	지방, 콜라겐 함량이 높고 부드럽다	구이, 튀김, 조림
근위	모래주머니로 두꺼운 근육층과 점막이 있어 쫄깃하다	구이

(2) 조리법

가금류의 조리는 다른 육류와 크게 다르지 않다. 주로 건열법(굽기, 튀기기, 로스팅)은 어리고 연한 가금류의 조리에 적합하며 습열법(끓이기, 삶기, 찌기, 졸이기)은 성장이 많이 되어 질긴 고기를 연하게 만들고자 할 때 적합하다. 지방이나 콜레스테롤의 섭취를 줄이기 위해서는 기름을 제거하고 껍질을 벗긴다. 껍질은 조리하기 전이나 후에 벗겨낼 수 있다.

가금류는 강한 불에 조리하면 단백질이 질겨지고 크게 수축하며 육즙이 손실된다. 따라서 적당히 낮은 불로 조리하는 것이 더 연하고 육즙의 손실을 줄일 수 있다.

육류와 달리 가금류는 완전히 익혀서 먹어야 하는데 이는 가금류가 살모넬라(Salmonella), 연쇄상구균(Streptococci) 그리고 포도상구균(Staphylococcus)의 세 가지 위험한 미생물에 감염되기 쉽기 때문이다. 완전히 익혀서 먹을 경우 미생물은 죽게 된다. 그러나 조리 전후에 포도상구균이 감염되어 유해한 독소를 생성할 수 있기 때문에 가금류는 항상 가능한 한 조리한 직후에 먹어야 한다. 지나치게 많이 만지거나 오랜 시간 그대로 두었다가 먹을 경우 매우 위험할 수 있다.

냉동되었던 어린 가금류를 조리하면 흔히 뼈가 매우 어두운 색깔로 변하는 것을 볼 수 있다. 이것은 냉동과 해동을 하는 과정에서 골수의 적혈구가 파괴되어 암적색으로 나타나기 때문인데, 조리하는 동안 적색은 갈색으로 바뀌게 된다. 그러나 이러한 색 변화가 향미에 영향을 주지는 않는다. 이러한 변화를 방지하기 위해 해동하지 않고 냉동된 가금류를 직접 조리하면 해동해서 조리한 것보다 훨씬 변색이 적게 일어날 수 있다.

Chapter
14

어패류

어패류의 일반성분은 종류, 부위, 연령, 암수, 계절 등에 따라 현저하게 변화한다. 특히, 어패류의 단백질은 그 질이 우수하며 결합조직량이 적고 근섬유가 짧아서 소화하기 좋다. 반면에 불포화 지방산의 함량이 많아 산패되기 쉽고 미생물의 번식 등에 의한 품질저하가 많으므로 저장, 운반, 가공, 조리 과정 시간을 단축하고 위생적으로 취급해야 한다.

1. 어패류의 분류

어패류는 어류(finfish)와 패류(shellfish)로 분류할 수 있다. 어류는 지느러미가 있으며 뼈로 구성된 골격을 가지고 있는 것을 말하고 패류는 조개류로서 연체류와 갑각류를 포함한다.

[1] 어류

어류는 서식하는 장소에 따라 해수어와 담수어로 분류된다. 수온 등 물의 상태, 어획과 취급 방법, 성장 정도, 성별 그리고 계절에 따라 화학적 조성 특히, 지방의 함량이 달라져 어육의 맛에 영향을 미친다.

1) 서식장소에 따른 분류

① 담수어 fresh water fish

수온이 높고 물이 얕은 곳에 사는 담수어에는 잉어, 은어, 황어, 메기, 미꾸라지, 붕어, 뱀장어 등이 있다. 같은 담수어라도 서식하는 장소는 서로 다르다. 잉어나 붕어는 강 하류나 연못에 살고 뱀장어는 깊은 바다에서 산란 후 다시 강으로 올라오며 은어는 어릴 때 바다에서 살다가 강으로 올라온다.

② 해수어 seawater fish

수온이 낮고 물이 맑으며 깊은 바다에 서식하는 해수어 중 운동을 그다지 하지 않은 어종은 흰 살이 많고, 바다 표면 가까운 곳에서 서식하며 활동량이 많은 어종은 붉은 살이 많다. 이들 생선은 서식장소가 조금씩 달라 농어와 숭어는 연안에서 자라지만 일시적으로 강으로 올라가고, 연어, 송어, 철갑상어 등은 바다에 살지만 산란 시 강으로 올라온다. 또한 서식장소에 따라 몸의 색도 변하는데 비교적 수면 가까이에 사는 어류는 등 쪽이 푸른빛이 나며 배 쪽은 백색에 가까워 보호색인 것으로 생각된다. 반면에 깊은 바다에 사는 어류는 황색, 적색, 갈색인 것이 많으나 수심이 깊어짐에 따라 선홍색, 흑자색 등으로 바뀐다.

2) 지방 함량에 따른 분류

① 저지방 어류

지방 함량이 5% 미만인 것으로 농어, 도미, 대구, 넙치, 동태, 조기, 가자미 등이 있다.

② 중지방 어류

지방 함량이 5~15%인 것으로 고등어, 연어, 빙어 등이 여기에 속한다.

③ 고지방 어류

지방 함량이 15~20%인 것으로 은대구, 정어리 등이 있다.

우리나라에서는 지방 함량이 5% 이하인 흰 살 생선과 지방 함량이 5~20%인 붉은 살 생선으로 구분하기도 하는데 대부분 향미성분이 유지에 녹기 때문에 흰 살 생선보다는 붉은 살 생선이 독특한 향미를 더 많이 가지고 있다.

3) 어패류의 산란기와 맛

어패류가 가장 맛있는 시기는 계절과 지방 함량에 따라 영향을 받는다. 지방이 증가하면 향미성분도 증가하고 맛이 좋아지기 때문이다. 일반적으로 산란기 전에 먹이를 많이 먹기 때문에 살이 찌고 지방이 증가하여 맛이 좋아진다.

방어, 삼치, 전어, 메기, 병어, 조기, 넙치, 가자미, 오징어, 문어, 정어리 등은 늦은 가을 또는 한겨울부터 이른 봄에 걸쳐 맛이 좋다. 날치, 서대 등은 봄에 맛이 좋고 민어, 준치, 은어, 농어, 돔 등은 여름에 맛이 좋다.

대부분의 패류는 겨울부터 초봄까지 맛이 가장 좋고, 전복은 산란기가 11월에서 12월이므로 여름 것이 맛이 있다. 이들 대부분은 산란기가 되면 급속히 맛이 떨어진다. 그러나 미꾸라지, 갯장어, 가다랑어 등은 여름이 산란기인데 다른 생선과 달리 이때에 맛이 좋아진다.

[2] 패류

1) 조개류

조개류는 생선보다 세균의 부착률이 높으므로 생식하면 식중독의 위험이 있으므로 가열하여 먹는다. 조개류에는 독특한 맛을 내는 호박산이 들어 있어 국물을 이용하는 찌개나 젓갈을 만드는 데 이용된다. 조개는 가열하면 탈수되면서 수축하고 단단해진다. 굴, 바지락, 백합, 홍합, 우렁이, 꼬막, 맛살, 모시조개, 피조개, 전복, 소라, 가리비 등이 있다.

2) 연체류

연체류는 몸이 부드럽고 마디가 없는 것으로 종류가 매우 많으나 식품으로서 중요한 것은 문어, 꼴뚜기, 오징어, 갑오징어, 낙지, 해파리, 해삼 등이다.

3) 갑각류

갑각류는 절족동물의 일종으로 딱딱한 껍질이 여러 조각으로 마디마디 구획지어 나뉘어져 있으며 외피 속에 부드러운 근육이 들어있다. 바닷가재, 새우, 왕게, 꽃게, 곤쟁이 등이 있다.

2. 어패류의 구조

어류의 가식부위는 주로 등뼈 양쪽에 붙어서 분포되어 있는 근육 부분이며 대략 전체의 50%를 차지하고 있고 나머지는 내장과 기타 조직이다. 등 쪽의 고기는 두껍고 배 쪽은 얇으며 내장을 싸고 있다. 등 쪽 고기와 배 쪽 고기의 경계 부위에 있는 어두운 적색을 나타내는 부분을 Dark meat(bloody)라 한다.

Dark meat(bloody)는 정어리, 꽁치, 고등어, 참치, 전갱이 등 운동성이 많은 붉은 살 생선에 많이 들어있으며 대구, 민어, 광어, 명태 등 흰 살 생선에는 적게 들어있다. 붉은색은 헤모글로빈이나 미오글로빈에서 기인하며 그 함량이 많다.

3. 어패류의 특징

[1] 색소

연어의 살, 가재, 게, 새우의 껍질에서 볼 수 있는 붉은 색소는 카로티노이드 색소인 아스타잔틴(astaxanthin)이다. 가열했을 때 붉은 색으로 되는 이유는 아스타잔틴이 가열에 의해 산화되어 붉은색 아스타신(astacin)을 형성하는데 이 색소는 안정성이 크기 때문이다. 그 외 살아있는 가재의 어두운 껍질색인 녹색과 갈색의 색소는 가열하면 파괴된다.

(2) 냄새

어류는 트리메틸아민 옥사이드(trimethylamine oxide, TMAO)라는 물질을 함유하고 있으며, 이는 단맛이 있고 신선한 생선의 냄새성분이다. 시간이 경과함에 따라 세균의 번식이나 효소의 작용으로 아미노산 또는 여러 가지 성분들이 분해되어 비린내를 생성한다.

비린내의 주된 물질은 트리메틸아민(trimethylamine, TMA)이며 선도가 떨어져 오래된 생선은 좋지 못한 비린내가 난다. 이 외에 아미노산이 분해되면 아민류, 탄산가스, 유기산, 지방산, 암모니아 등을 생성하는데 이들은 자극적이고 매운맛과 부패취의 원인이 되며 유독성 아민류를 생성한다.

(3) 기타

등 푸른 생선의 살에는 단백질 합성과 유전자 발현에 관계되는 DNA, RNA와 같은 핵산구성 성분이 들어있다. 연체류, 굴, 피조개 같은 조개류에는 콜레스테롤 합성과 분해를 적절히 조절해 주고 혈당상승 억제작용을 하는 타우린이라는 성분이 들어있고 암, 심장질환, 간장병 등의 예방과 치료에 효과가 있는 셀레늄이라는 성분이 함유되어 있다.

4. 어패류의 사후강직과 자가소화

어패류는 육류와 마찬가지로 죽은 뒤 일정시간이 지나면 근육이 굳어지는 사후경직이 일어나게 된다. 사후경직이 일어나는 시간은 어종, 어획법, 온도, 보관방법 등에 따라 달라지지만, 일반적으로 사후 1~4시간에 최대 경직 상태를 유지하며 이때 신선도가 가장 좋고 품질이 뛰어나 맛이 좋은 것으로 알려져 있다. 사후경직 상태가 풀리면 근육이 연화되기 시작한다. 이는 근육 중에 들어있는 단백질 분해효소의 작용으로 단백질이 분해되는 자가 소화 현상이며 신선도가 저하되고 부패할 수 있다.

5. 어패류의 신선도 판정법

[1] 관능적

1) 어류

① 아카미

색이 선명하고 적색이고 단단하여야 한다. 선도가 떨어지면 점차 회색을 띠게 된다.

② 근육

탄력성이 강하며 색이 투명하고 살이 뼈에서 쉽게 떨어지지 않는 것이 신선하다.

③ 안구

안구가 외부로 돌출되어 있고 투명한 생선은 신선하다. 선도가 떨어짐에 따라 색이 탁해지고 각막이 눈 속으로 내려앉게 된다.

④ 표면

광택이 있고 특유한 색채를 가지며 투명한 비늘이 단단하게 붙어 있다. 그러나 오래된 것은 광택이 점점 감소하고 비늘이 황갈색이 되며 점액질의 물질이 분비되어 미끈거리면서 생선 특유의 불쾌한 냄새가 심하게 난다.

⑤ 복부 부분

탄탄한 탄력이 있는 것이 신선한 생선이라 할 수 있다. 선도가 저하되면 복부가 연화되면서 손가락으로 누르면 손가락 자국이 나타나 다시 돌아오지 않는 등 탄력을 잃게 되고 내장의 내용물이 밀려나온다.

⑥ 냄새

비린내가 강한 것은 신선하지 못한 것이다. 이들 냄새는 트리메틸아민, 암모니아, 아민류, 지방산화물 등에 의한 것이다. 냉동한 생선은 되도록 단단히 얼어있는 상태의 것을 구입하고 냄새를 느낄 수 없으므로 녹여서 냄새를 맡아보면 알 수 있다.

2) 패류

랍스터, 게, 굴, 조개 등의 패류는 항상 살아있는 상태로 구입해야 한다. 살아있는 것은 껍질이 꽉 닫혀있거나 또는 가볍게 탁탁 치거나 얼음으로 차게 하면 닫힌다. 조개류를 먹을 때 가장 주의해야 할 것은 바이러스와 세균에 의한

감염이다. 그러나 이들은 가열하면 사멸하므로 날것으로 먹지 않는 한 큰 위험
은 없다.

[2] 화학적

① 핵산계 물질의 변화

어육 중 ATP는 여러 효소작용으로 ATP→ADP→AMP→IMP→이노신산→
이노신→하이포잔틴 등으로 분해된다.

② pH 증가

염기성 물질의 생성으로 pH가 증가하고 이에 따라 수화성이 증가하여 부패
하기 쉽다.

③ 휘발성 물질 생성

세균의 번식으로 트리메틸아민이나 암모니아 등 저분자 휘발성 염기 물질이
생성되며 인돌(indole), 휘발성 유기산과 환원 물질, 히스타민(histamine) 등의 양
도 증가한다. 히스타민은 아미노산 히스티딘이 알레르기성 식중독균인 *Proteus
morganii*에 의해 환원된 것으로 냄새를 나쁘게 하는 휘발성 물질인 동시에 식
중독 원인 물질이다.

④ 세균 수

세균 수가 105 cell/g 이하이면 신선, 105~106 cell/g은 초기 부패, 1.5×
106 cell/g 이상이면 부패한 것으로 판정한다.

[3] 물리적

경도 측정법, 전기저항 측정법, 어체 압착즙의 점도 측정법 등이 있다.

6. 어패류의 조리특성

[1] 조리 중 어육의 변화

1) 어취의 제거

수세, 조미료 및 향신료 첨가, 부재료 특히 향미채소와 향신료 첨가 등으로
어패류 특유의 어취를 제거할 수 있다.

2) 식염에 의한 변화

어육에 2~6%의 소금을 첨가하면 어육의 투명도와 점도가 증가하며 탄력성이 커진다. 이는 어육 단백질인 미오신(myosin)과 액틴(actin)이 염용성이므로 염에 녹아 나와 서로 결합하여 망상구조인 액토미오신(actomyosin)을 만들기 때문이다. 그러나 소금양이 15% 이상 증가하면 어육은 탈수·응고되므로 조직의 보수성과 탄력성이 줄어들게 된다. 탈수의 예는 자반 생선이나 젓갈 제조이며, 응고의 예는 어묵 제조이다. 생선의 신선도가 떨어지면 같은 양의 소금을 뿌려도 겔화가 일어나지 않는데, 이는 근육의 pH가 알칼리화 되므로 단백질의 팽윤성이 높아지기 때문이다. 이때는 소금의 농도를 늘려야 한다.

3) 산에 의한 변화

산에 의한 어육의 변화는 단백질의 변성에 의해 근육이 응고하여 단단해지는 것으로 생선회, 해삼 등이 초고추장에 의해 살의 탄력성이 커지는 경우이다. 또한 어취는 대부분 염기성 물질이 많으므로 산과 중화하여 어취를 제거할 수 있다. 생선조리에 술, 레몬즙, 식초 등을 넣는 것은 이 때문이다.

(2) 어패류의 비린내 제거 방법

1) 수세법

생선의 비린내 성분인 트리메틸아민은 주로 생선의 표면 점액 물질 중에 존재하고, 아가미 주위, 내장이 있던 복강 등에서 나지만 수용성이기에 물에 여러 번 씻어주면 쉽게 용해된다.

2) 중화법

염기성 물질인 어취성분을 산성 물질로 중화시켜 제거하는 방법으로 식초, 레몬즙, 맛술, 술, 버터밀크 등을 첨가하거나 산 용액에 담갔다가 조리하는 것이다. 레몬즙에 있는 구연산(citric acid)과 맛술의 호박산(succinic acid), 버터밀크의 유산(lactic acid)에 의해 어취가 중화된다. 산성 물질은 단백질을 응고시켜 살을 단단하게 하고 잘 부서지지 않게 만들며 준치와 같이 가시가 많은 경우 가시를 연하게 해 준다. 또한 식초에 절이면 어육의 보존성을 향상시키고 독특한 텍스처를 주어 기호도를 향상시킨다.

3) 흡착법

어취의 휘발성 물질을 고분자 물질인 단백질 등이 흡착하는 성질을 이용해 냄새를 약화시키는 방법이다. 서양에서는 생선을 조리하기 전에 우유에 담갔다가 조리하는데, 이렇게 하면 생선 비린내가 약해진다. 이는 우유 중에 콜로이드 상태로 분산되어 있는 단백질인 카제인과 인산칼슘이 비린내 성분인 트리메틸아민을 흡수하여 비휘발성으로 만들기 때문이다.

우리나라의 조미료 중 간장의 염분은 단백질 응고를 촉진하여 텍스처를 좋게 하며 비린내를 제거할 수 있고, 된장이나 고추장 또한 독특한 향미와 맛을 가지고 있어서 비린내 억제 효과가 크다.

4) 향신료 첨가

향신료와 방향채소를 이용하면 음식물에 향미를 부여하여 냄새를 억제하거나 바꾸며 또는 식욕을 촉진하는 작용을 한다. 향신료는 비린내 성분과 결합하여 냄새가 없는 물질로 변하게 되므로 이를 억제할 수 있다

후추, 생강, 산초, 고추, 겨자, 파, 마늘, 양파 등이 효과적이며 생선을 조릴 때 무를 넣거나 양념장에 무즙을 갈아 넣으면 무의 매운 맛이 비린내를 약화시켜준다. 향이 좋은 쑥갓, 미나리, 깻잎 등은 먹기 직전에 넣어야 효과적이다.

[3] 조리법

1) 건열조리

① 구이

구이에는 직화법과 간접법이 있다. 직화법은 생선을 직접 불에 굽는 방법이나 열을 쉽게 전달시키기 위해 석쇠를 사용하는 방법 또는 열원과 재료와의 거리를 적당하게 유지하기 위하여 쇠꼬치에 꿰어 굽는 방법이 있다. 생선을 석쇠에 얹거나 꼬챙이에 꿰어 가열하면 식품이 지닌 본래의 맛을 가장 잘 보존할 수 있다. 간접법은 철판 또는 은박지(알루미늄)를 가열하여 그 위에서 굽는 방법이다. 오븐이나 전자레인지에서 굽기도 한다.

단백질은 금속과 접촉된 채로 가열하면 금속에 달라붙는 성질이 있으므로 생선을 석쇠에 구우면 달라붙어 살이 부서지기 쉽다. 이를 방지하기 위해서는 석쇠에 기름을 발라 뜨겁게 한 후에 생선을 올린다. 기름이 석쇠와 식품 사이에 막을 형성하므로 달라붙지 않게 되기 때문이다.

생선을 구우면 맛있는 냄새가 나는 이유는 당, 단백질, 아미노산 등이 분해되고 서로 반응하여 생기는 물질 때문이다. 특히 양념한 생선을 구울 때 나는 냄새는 양념장에 아미노산이나 당분이 함유되어 있기 때문이다. 생선을 구울 때 소금을 뿌려주면 단백질의 응고를 촉진하여 표면이 먼저 응고되어 구워지므로 내부의 맛있는 성분이 밖으로 흘러나오는 것이 방지된다. 생선에 뿌리는 소금의 적당한 양은 재료 무게의 2~3%이다. 그러나 소금을 뿌려 오래 두면 식품 속의 수분이 빠져 나오면서 맛있는 성분도 빠진다. 따라서 소금을 뿌린 뒤 너무 오래 두지 말고 빨리 굽는 것이 좋다.

생선의 단백질은 40℃ 전후에서 응고하며 이때가 가장 맛이 좋다. 그러므로 너무 센 불에 성급하게 굽는 것은 바람직하지 않다. 또한 익기 전에 뒤집거나 어느 정도 익었다고 여러 번 자주 건드리거나 뒤집으면 살이 부서지고 지저분해진다.

생선구이법에는 기호에 따라 네 가지 방법이 있다. 첫 번째, 양념을 하지 않고 생선을 통째 또는 토막으로 굽는 방법 두 번째, 통째로 또는 토막으로 내어 소금을 뿌려 굽는 소금구이 방법 세 번째, 생선에 칼집을 넣고 양념 간장을 바르면서 뜨거운 석쇠에 얹어 굽는 양념구이 방법 네 번째, 생선에 양념장을 발라서 말렸다가 굽는 마른구이 방법이 있다. 신선도가 덜한 생선은 양념구이가 좋다.

② 전

전에는 주로 지방 함량이 적고 담백한 흰 살 생선이 많이 사용된다. 지지는 과정에서 어취의 증발로 비린내가 줄어들고 달걀이 응고되면서 생선의 형태를 유지시켜준다.

③ 튀김

튀김은 조리 시간이 짧고 물을 사용하지 않으므로 수용성 영양소와 같은 영양소의 손실을 최소한으로 하며 식품의 특유한 맛, 색 그리고 형태를 유지할 수 있는 조리 방법이다. 새우나 지방이 적은 담백한 생선은 튀김을 많이 하는데 이는 튀김옷이 튀김기름을 흡수하고 생선의 지방 맛을 더해주어 맛있게 튀겨지기 때문이다.

2) 습열조리

① 조림

살이 희고 담백한 생선을 조릴 때는 간장, 설탕, 파, 마늘, 생강 등을 넣어 조리고 붉은 살 생선은 고추장이나 고춧가루를 넣어 조리면 좋다. 조림을 할 때는 반드시 양념장을 끓이다가 생선토막을 넣어서 겉이 먼저 응고되어야 살이 부서지지 않는다. 생선을 간장으로만 조리면 수분이 부족하여 간이 고루 배지 않으므로 간장에 같은 양의 물을 합하여 양념장을 만들어 조린다.

북어와 같은 마른 생선은 충분히 미리 불려서 토막 내어 조리도록 한다. 또한 약한 불에 오랫동안 조릴 경우 살이 부드러워 부서지거나 공기와의 접촉으로 표면이 마르면서 주름이 생길 수 있으므로 반드시 뚜껑을 덮고 조리하여야 한다.

② 찌개

흔히 생선찌개의 간은 고추장, 된장, 간장으로 한다. 이는 된장이나 고추장이 특유의 향기와 콜로이드성의 강한 흡착력으로 어취를 제거하는 효과가 있기 때문이다. 이때 된장이나 고추장은 다른 조미료를 먼저 첨가한 후에 가하여야 한다. 왜냐하면 함께 사용하면 흡착력과 점성이 강하여 다른 조미료의 침투를 방해하기 때문이다.

찌개의 재료는 가능한 한 신선한 재료를 사용하며 건더기는 국물의 2/3 정도가 좋다. 된장찌개에는 조갯살과 같은 패류가 잘 어울리고, 고추장찌개에는 명태, 민어, 대구 등이 좋으며, 새우젓으로 간을 맞추는 젓국찌개에는 대구, 조기, 굴, 새우, 명란젓 등이 잘 어울린다.

생선의 양이 많을 때에는 한꺼번에 넣으면 찌개 국물의 온도가 내려가 비린내가 나므로 여러 번에 나누어 국물이 끓을 때 넣도록 한다.

3) 생선회

생선회는 신선한 생선을 얇게 편으로 떠서 날로 먹는 생회와 끓는 물에 살짝 데치거나 끓는 물을 생선에 끼얹어서 먹는 숙회가 있다. 굴이나 일부 조개류, 오징어, 새우 등도 생회 또는 숙회로 초고추장이나 고추냉이 등과 함께 먹는다. 생선회는 가능하면 먹기 직전에 손질해야 하는데 미리 썰어두면 칼과 접촉한 부분이 변질될 수 있기 때문이다. 위생적으로 취급하지 않으면 병원균에 감염될 위험이 있다.

Culinary
Principles

달걀

난류(eggs)는 달걀, 메추리알, 오리알, 칠면조알 등 모든 조류의 알을 말하며 모두 식용으로 이용 가능하지만 달걀이 가장 많이 이용되고 있다. 달걀은 '생명의 시작'이라는 상징적인 의미를 갖기도 하며 거의 완전식품으로서의 가치도 높이 평가되고 있다.

달걀은 다양한 기능성 때문에 식품조리에서 여러 가지 중요한 역할을 한다. 유화액을 만들 때 유화제(emulsifying agent)로서, 엔젤 케이크나 머랭을 만들 때 거품제(foaming agent)로서, 음식을 응고시키는 응고제(coagulation agent)로서, 만두 속이나 튀김옷에서와 같이 결착제(binding agent)로서, 육수를 깨끗하게 하거나 커피를 끓일 때 불순물을 제거하는 청정제(clarifying agent)로서 작용한다.

1. 달걀의 구조

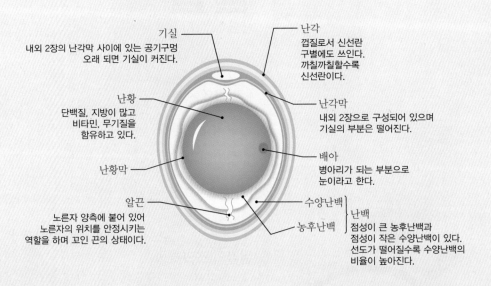

[그림 15-1] 달걀의 구조

[1] 난각 egg shell

난각의 색은 닭의 품종에 따라 백색 또는 갈색인데 이 색과 영양은 관련이 없다. 껍질은 달걀 무게의 12%를 차지하며 내부를 보호하는 역할을 한다. 수천 개의 기공을 가지고 있어 공기의 유통과 탄산가스와 수분 증발을 조절하고 있다. 산란 직후의 껍질표면에는 점액 물질이 덮여 있는데 이것은 바로 건조되어 깔깔한 촉감을 주는 껍질 외피(cuticle)가 된다. 외피는 수분 증발과 달걀 내부로의 잡균의 오염을 방지해 주는 역할을 한다. 달걀을 보관할 때 물로 씻으면 표피층이 벗겨져 미생물이 내부로 침투할 수 있다. 상품화된 달걀은 물에 한번 씻기 때문에 식용유로 얇은 막을 만들어 주기도 한다.

껍질의 조성분을 보면 탄산칼슘이 94% 정도이며 이외에 탄산마그네슘과 인산칼슘이 각각 1% 정도씩 조성되어 있다. 이러한 성분 때문에 달걀껍질은 김장김치를 담글 때나 오이지를 담글 때 사용하면 이들의 텍스처를 오랫동안 유지시켜 준다는 실험보고도 있다. 사료에 칼슘이 부족하면 껍질을 얇고 약하게 만든다.

(2) 난각막 egg shell membrane

난각막은 껍질의 바로 안쪽에 강하게 부착되어 있는 것으로 두 층의 막으로 이루어져 있다. 난각막은 박테리아가 달걀 내부로 침부하는 것을 방지해 준다. 이들 막은 뮤신(mucin)과 케라틴(keratin)이라는 성분으로 주로 구성되어 있다.

(3) 기실 air cell

달걀 둥그런 쪽의 두개의 껍질막 사이에 있는 공기주머니를 기실이라 한다. 산란 후 시일이 경과하면 두 층의 껍질막이 떨어져 공간을 만들게 된다.

(4) 난백 egg white

달걀흰자(난백)는 점도가 높고 불투명하여 달걀 전체 무게의 60% 정도를 차지한다. 흰자가 약간의 푸르스름한 색을 띠는 것은 리보플라빈(riboflavin) 색소 때문이다. 달걀흰자는 외부층 흰자(outer thick white)와 내부층 흰자(inner thick white)가 있으며 각각의 층마다 점도가 높고 진한 것과 점도가 낮고 묽은 것으로 이루어져 있다. 노른자를 둘러싸고 있는 것은 주로 점도가 묽은 외부층 흰자이며 그 주위를 점도가 진한 흰자가 둘러싸고 있다.

알끈이 있는 부위를 제외하고는 점도가 묽은 바깥쪽 흰자가 껍질막과 접하고 있다. 이와 같이 흰자는 껍질막과 노른자의 중간에 있으며 특수한 망상구조로 되어있는 점도가 진한 흰자는 미생물의 침입을 막는다. 흰자의 점도는 산란 후 시일이 오래 지날수록, 그리고 탄산가스의 손실이 많을수록 점점 묽어진다.

(5) 난황 egg yolk

달걀노른자(난황)는 알끈에 의하여 달걀의 중심 부분에 위치하며 진하고 옅은 색이 서로 교차하여 층을 이루고 있고 인단백질인 비텔린(vitelline)막으로 둘러싸여 있다. 산란 후 시간이 경과함에 따라 이 노른자막은 약하게 되어 터지기 쉽다. 유정란은 노른자 표면의 중간에 직경 2~3mm의 백색의 원반 모양의 배반(germinal disc)이 있고 무정란은 난자가 있던 곳에 백색 반점만 보인다.

배반으로부터 노른자의 중심부위로 보이는 백색의 긴 부분을 라테브라(latebra)라 하며 이것을 함유한 노른자는 옅은 색이다. 이 부분은 열에 잘 응고되지 않는다.

(6) 알끈 chalaza

알끈은 나선상의 구조를 하고 있는 달걀흰자의 변성물이며 노른자를 중간에 고정시키는 역할을 한다. 알끈이 단단한 것은 신선한 달걀의 지표가 된다.

2. 달걀의 영양성분

(1) 단백질

달걀흰자의 성분으로는 수분이 많고 그 외 주성분은 단백질이다. 오브알부민(ovalbumin)은 달걀흰자의 가장 중요한 단백질로 전체 고형물의 54%를 차지한다. 이것은 쉽게 변성되고 조리를 할 때 음식의 구조를 형성해 준다.

오보트랜스페린(ovotransferrin 또는 conalbumin)은 회분과 결합되어 있는 단백질로 박테리아의 성장을 방해한다. 이 단백질은 달걀흰자 고형물의 12%를 차지하며 물리적인 조작에 의하여 쉽게 변성되지 않지만 철분과 결합되어 있지 않을 때에는 열에 의하여 쉽게 변성된다. 오보뮤코이드(ovomucoid)는 달걀흰자 고형물의 11%를 차지하고 있으며 열변성에 적합하고 단백질 분해효소인 트립신의 활성을 방해한다. 오보뮤신은 다른 단백질보다 함량이 적지만(3.5%) 거품을 안정시키고 오래된 달걀의 변성과 흰자가 묽어지는 데 관여한다.

아비딘은 달걀흰자에 적은 양이 함유되어 있는(0.5%) 단백질로 영양적으로 볼 때 중요한 의미를 준다. 즉, 달걀흰자를 가열하지 않았을 때 아비딘은 비타민 B인 비오틴(biotin)과 결착하여 비오틴이 인체에서 흡수되지 못하게 한다. 달걀흰자를 날것으로 계속 많이 섭취할 때 이러한 현상이 일어날 수 있다. 그러나 익힐 경우에는 아비딘이 불활성화 되어 문제가 되지 않는다.

달걀노른자에도 여러 종류의 단백질이 함유되어 있는데 그 특성은 많이 알려져 있지 않다. 가장 중요한 노른자 단백질은 고밀도의 지단백질(lipovitellin과 lipovitellinin)이다. 이 외에 인단백질(phosphoprotein)인 포스비틴(phosvitin)과 수용성이며 유황을 함유한 리비틴(livitin)이 있다.

(2) 탄수화물

탄수화물은 포도당, 만노오스, 갈락토오스의 형태로 적은 양이 들어있으나 중요한 성분이다. 왜냐하면 포도당과 갈락토오스는 단백질과 작용하여 마이야르반응을 일으켜 갈변의 원인이 되게 하기 때문이다. 건조한 달걀흰자나 완숙과 같이 조리한 달걀흰자의 색이 변하는 것은 이러한 이유 때문으로 이것은 바람직하지 않은 반응이다.

(3) 지방

달걀의 지방은 노른자에 농축되어 있다. 노른자의 1/3 정도는 지방인데 트리글리세라이드(65.5%), 인지질(28.3%), 콜레스테롤(5.2%)이다. 인지질은 레시틴(lecithin)과 세팔린(cephalin)으로 구성되어 있으며 레시틴은 자연적인 유화제이다. 콜레스테롤에 대한 우려 때문에 노른자 중 콜레스테롤의 함량을 줄이려는 시도가 많이 이루어지고 있다. 사료는 노른자 지방의 지방산 조성에 영향을 미치며 특히 리놀레산과 올레산의 양에 영향을 미친다. 사료의 조절로 우리나라에서도 여러 종류의 달걀을 시판하고 있다.

(4) 무기질

노른자는 무기질 중 인, 아이오딘, 아연, 철을 함유한다. 그러나 노른자의 철은 철 흡수를 방해하는 노른자 단백질인 포스비틴(phosvitin) 때문에 잘 흡수되지 않는다. 달걀흰자에는 유황성분이 함유되어 있어 달걀을 은제품에 담았을 때 검은색으로 변하게 하는 원인이 된다.

(5) 비타민

달걀흰자에는 비타민 B_2가 함유되어 있는데 이것은 사료에 따라 어느 정도 영향을 받는다. 달걀노른자는 지용성 비타민인 비타민 A를 함유하고 있다. 달걀은 이 외에도 비타민 D, 엽산, 판토텐산, 비타민 B_{12}의 좋은 급원이다.

3. 달걀의 색소

달걀노른자의 색소는 카로티노이드이다. 달걀노른자의 색은 사료의 종류에 따라 차이가 나는데 노란 옥수수나 파란 풀을 많이 먹으면 색이 짙어지고 보리나 밀과 같은 것을 많이 먹으면 색이 연해진다. 색이 짙다고 해서 비타민 A 함량이 꼭 높다고는 할 수 없다. β-카로틴이 많이 함유된 사료를 먹었을 때에는 비타민 A로 전환될 수 있다.

4. 달걀의 품질 평가와 등급

(1) 달걀의 품질 평가

1) 외관검사

달걀의 품질은 여러 가지 요소로 평가된다. 품질 판정 요소로는 외부적 품질 판정 요소와 내부적 품질 판정 요소가 있다. 껍질의 모양, 품질, 단단하기, 청결도, 색깔 등으로 검사한다. 이 중 껍질의 색깔은 색깔별로 분류하는데 쓰일 뿐이고 실제 품질과 등급 기준에서는 고려되지 않는다. 검사를 통과 한 후 등급과 품질이 결정된다.

2) 투시 검란법

어두운 방에서 투광 검란계 앞에 달걀을 놓고 회전시키며 달걀의 상태를 판정한다. 껍질의 상태, 기실의 크기, 달걀노른자의 크기와 뚜렷함, 색깔, 이동성 등을 보며 이상란 즉 혈반과 불규칙한 무늬 등이 있는지 보며 기실의 크기나 달걀흰자의 묽어진 정도 등을 보아 등급을 나눈다.

3) 호우단위 haugh unit

달걀흰자의 질을 측정하기 위하여 가장 보편적으로 이용되는 평가법이다. 이것은 달걀 무게에 대한 진한 흰자의 높이를 측정하는 것으로서 달걀흰자의 질이 떨어질수록 H.U는 줄어들게 된다. Haugh unit 72 이상이면 grade AA, 60~71이면 grade A, 31~59 이면 grade B이다. 신선란의 Haugh unit은 85~90이다.

$$H.U = 100\log(H+7.75-1.7W0.37)$$

$$H = \text{농후 단백질의 높이(mm)}$$

$$W = \text{달걀의 무게(g)}$$

4) 달걀의 비중

　신선란의 비중은 1.078~1.094인데 노화란은 수분의 증발로 비중이 점차 가벼워져 1.02 이하가 된다. 10%의 식염수로 달걀의 부침 상태, 경사각도로서 신선도를 측정한다.

[2] 등급

　우리나라에서는 품질등급을 1+, 1, 2, 3으로 나누고 중량규격으로 왕란, 특란, 대란, 중란, 소란으로 나눈다. 미국에서는 등급이 무게와 크기, 신선한 정도에 따라 AA, A, B로 나뉘어져 있다.

중량규격	왕란	특란	대란	중란	소란
중량	68g 이상	68g 미만 ~60g 이상	60g 미만 ~52g 이상	52g 미만 ~44g 이상	44g 미만

(a) 우리나라

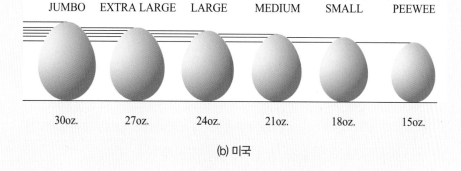

JUMBO	EXTRA LARGE	LARGE	MEDIUM	SMALL	PEEWEE
30oz.	27oz.	24oz.	21oz.	18oz.	15oz.

(b) 미국

[그림 15-2] 우리나라(a)와 미국(b)의 달걀 무게와 크기

표 15-1 달걀의 중량규격

달걀	왕란	특란	대란	중란	소란
중량	68g 이상	68~60g	60~52g	52~44g	44g 이하

5. 달걀의 기능

(1) 결착제

만두소, 크로켓 또는 전을 부칠 때 달걀을 사용하면 재료들이 잘 결착된다. 가열하면 단백질이 응고되어 식품을 원하는 형태로 결착시킬 수 있다. 크로켓을 만들 때와 같이 밀가루 위에 씌워 주어 빵가루를 잘 묻도록 해주기도 하며 반죽에 달걀을 넣어 튀김옷으로 사용하기도 한다.

(2) 팽창제

달걀흰자의 거품을 내어 케이크나 오믈렛과 같은 혼합물에 섞으면 팽창제로서의 역할을 하여 부피를 증가시키며 부드럽게 만들어 준다.

(3) 유화제

마요네즈, 케이크, 아이스크림을 만들 때 유화제로서 작용한다. 달걀노른자에 있는 지방에는 레시틴이 함유되어 있어 흰자보다 네 배나 더 효과적이며 전체 달걀보다 두 배나 더 효과적이다.

(4) 농후제

달걀은 응고되면 음식을 걸쭉하게 하므로 이러한 성질을 이용하여 알찜, 소스, 커스터드, 푸딩 등을 만든다.

(5) 청정제

육수가 끓을 때 달걀 푼 것을 넣으면 달걀 단백질이 응고될 때 국물 내의 불순 물질을 같이 응고·침전시키므로 육수를 깨끗하게 만들 수 있다.

6. 달걀의 조리특성

(1) 달걀의 조리원리

1) 응고성

달걀을 가열하면 응고되므로 농후제 또는 겔 형성을 위하여 사용된다. 가열함에 따라 달걀 단백질은 변성되고 점차 집합되어 그물 모양을 형성한다. 그물 모양은 유황과 수소결합으로 교차 결합함으로써 안정화된다.

달걀을 가열하면 달걀흰자는 60℃ 근처에서 반투명하게 되며 유백색이 된다. 온도가 상승하여 65℃ 정도가 되면 유동성을 잃고 응고하게 된다. 달걀노른자의 응고 온도는 흰자보다 약간 높은 65℃에서 시작되며 70℃에서 유동성을 상실하고 응고하게 된다.

응고는 순간적으로 이루어지는 것이 아니고 서서히 진행되며 가열 온도가 높을수록 빨리 응고된다. 만약 높은 온도에서 계속 가열하면 달걀은 질겨지고 단단해 진다.

달걀 자체를 먹기 위하여 조리한 것에는 완숙란, 반숙란, 수란, 프라이드 에그, 스크램블드 에그, 오믈렛 등이 있다. 어떤 종류의 조리방법이든 낮은 온도에서 서서히 가열하는 것이 부드러운 텍스처를 만들며 고온에서 가열할수록 가열시간은 단축되나 단단하고 질긴 텍스처를 만들 수 있고 또한 수축이 심하게 일어난다.

응고성은 첨가물에 의하여도 영향을 받는다. 설탕을 달걀 혼합물에 넣으면 응고 온도를 높여주며 응고되었을 때 부드럽게 해준다. 소금과 산의 첨가는 응고 온도를 낮춰준다. 달걀 혼합물에 레몬주스를 넣고 오래 가열하면 단백질의 큰 집합체가 작게 파괴되어 묽게 된다. 전분은 달걀 혼합물을 농후하게 만들어 준다. 달걀의 응고 온도와 전분의 호화 온도가 다르기 때문에 전분을 먼저 호화시킨 후 달걀 혼합물에 섞는다. 달걀흰자의 단백질인 오브알부민의 등전점은 pH 4.8이다. 물에 소금이나 식초를 가하여 달걀흰자의 pH를 등전점으로 접근시키면 응고가 쉽게 된다. 그러나 pH 4 이하 또는 강알칼리로 하여도 응고는 일어나지 않는다.

수란은 끓는 물에 달걀을 깨어 넣어 익힌 것으로 달걀흰자가 묽게 된 것은 모양이 좋지 않다. 물에 소금이나 산을 첨가하면 빨리 응고되나 표면의 광택을 상실할 수 있다.

프라이드 에그도 달걀흰자의 묽은 정도와 팬의 가열 온도에 따라 모양이 좌우된다. 팬의 온도가 너무 낮으면 달걀이 과다하게 퍼지고 너무 높으면 달걀흰자의 질감이 딱딱해지므로 팬의 온도는 126~137℃가 적당하다.

2) 유화성

달걀은 주로 달걀노른자가 달걀흰자에 비하여 4배 정도의 큰 유화력을 가지고 있는데 그것은 달걀노른자에 있는 지단백(lipoprotein)인 레시틴(lecithin)과 단백질이 결합한 레시토프로테인(lecithoprotein)에 의해 형성된다. 마요네즈 제조 시 유화제로서 달걀노른자를 사용하는 이유는 달걀노른자 중의 레시틴이나 단백질이 분자 중에 소수기와 친수기를 함께 가지고 있기 때문이다.

유화제에는 달걀노른자, 전란, 젤라틴, 펙틴, 전분, 카제인, 알부민, 연유 등이 있다.

3) 가열에 의한 변색

달걀을 높은 온도에서 긴 시간 가열하면 달걀노른자와 흰자 사이의 표면이 푸른색으로 변하여 보기 좋지 않으며 향미가 나빠진다. 이 현상은 달걀흰자의 황화수소(H_2S)가 노른자에 있는 철(Fe)과 결합하여 황화철(FeS)을 만들기 때문이다. 이러한 현상은 오래된 달걀일수록 더 잘 발생한다. 오래된 달걀은 탄산가스의 손실로 pH가 높아져 알칼리로 되는데 이러한 상태에서 황화철이 더 빨리 형성된다. 이것을 방지하기 위해서는 가열하고 완숙된 것은 바로 찬물에 담근다. 이렇게 함으로써 노른자로의 열의 전도를 줄일 수 있어서 황화철의 형성을 감소시킬 수 있다. 그러므로 완숙란을 할 때는 가열시간을 알맞게 하여 익은 후 바로 찬물에 담그는 것이 좋다. 찬물에 담그면 껍질도 더 잘 벗겨진다.

4) 거품성

달걀흰자를 잘 저어 주면 거품이 형성되며 이 거품성(foaming)은 식품조리에 다양하게 이용된다. 즉, 음식의 텍스처를 부드럽게 하고, 부피를 증가시키며, 큰 결정의 형성을 방해한다. 달걀흰자의 거품은 흰자를 저어줌으로써 흰자에 의해 거품의 주위가 포위되면서 형성된 콜로이드상의 현탁액이다. 이것은 달걀흰자의 물리적 변성이다. 쉽게 거품이 형성될 수 있는 것은 달걀흰자의 표면장력이 낮고 흰자를 저을 때 건조와 팽창으로 변성이 일어나 흰자를 불용성으로 만들어 거품막을 두껍게 만들고 안정화시키기 때문이다.

(2) 달걀의 조리

1) 완숙란 hard boiled egg

완숙란을 위해서는 품질이 좋은 신선한 달걀을 이용하여야 한다. 물의 온도는 끓는점 이하로 유지되는 것이 좋으며 조리시간은 달걀흰자와 노른자가 응고되는데 필요한 시간보다 더 길게 하지 않는다. 다 익으면 빨리 찬물에 넣어 식힌다. 이렇게 함으로써 황화철의 형성을 방지하며 팽창되었던 난각 내의 막이 수축되어 껍질을 쉽게 벗길 수 있다. 완숙시키는 방법의 예로는 찬물에 달걀을 넣어 용기의 뚜껑을 덮은 후 물을 끓인다. 끓기 시작하면 불을 끄고 25분 정도 익힌다.

또 다른 방법으로는 끓는 물에 달걀을 조심스럽게 넣고 85℃ 정도에서 약 18분 동안 유지시킨다. 달걀을 익히는 물에는 소금을 조금 넣어주는 것이 좋다. 달걀껍질에 금이 생겨 흘러나온다 하더라도 소금으로 인하여 빨리 응고될 수 있다. 잘된 완숙란은 노른자까지 완전히 응고된 상태이며 응고된 달걀흰자가 연하고 하늘하늘해야 된다.

2) 반숙란 soft boiled egg

반숙란은 흰자가 부드럽게 응고되고 노른자가 반고체로 익은 것이다. 이렇게 만들기 위해서는 물을 끓여 달걀을 넣기 직전에 불을 끄고 달걀을 넣은 후 4~6분간 둔다. 반숙이 다 되면 완숙 때와 같은 방법으로 곧 냉수에 담근다.

3) 수란 poached egg

수란은 뜨거운 물이나 액체에 껍질 벗긴 달걀을 통째 넣어 익힌 것이다. 신선한 달걀이라야 좋은 모양이 될 수 있다. 끓는 물에 달걀을 넣은 다음 85℃ 정도로 유지하여 완숙 또는 반숙의 원하는 상태로 익히면 된다. 이때 물에 소금이나 식초를 조금 넣어주면 흰자의 응고를 돕는다.

4) 프라이드 에그 fried egg

팬의 온도를 조절하기가 어렵기 때문에 프라이드 에그는 자칫 질기게 되기 쉽다. 팬에 넣는 기름의 양은 달걀이 달라붙지 않을 정도로만 넣으며 팬의 온도는 흰자가 서서히 응고될 정도여야 한다. 팬이 너무 뜨거우면 흰자가 질겨지게 되고 기름이 분해된다. 원하는 상태(완숙 또는 반숙)로 되었을 때, 약간의 물을 팬에 넣고 뚜껑을 덮으면 수증기에 의해 가장자리가 딱딱해지는 것을 방지할 수 있다. 익히는 정도에 따라 여러 명칭이 있다.

서니 사이드 업(sunny side up)은 흰자는 익고 노른자는 익지 않은 상태로, 뒤집지 않는다. 오버 이지(over easy)는 흰자가 75% 정도 익었을 때 뒤집는다. 흰자가 완전히 익을 때까지 가열하지만 노른자는 익지 않은 상태이다. 오버 미디움(over medium)은 오버 이지와 같은 방법으로 하나 노른자가 조금 익은 상태이다. 오버 하드(over hard)는 오버 이지와 같은 방법으로 하되 노른자가 완전히 익은 상태이다.

5) 커스터드 custard

커스터드는 달걀에 우유와 설탕을 넣어 중탕으로 찌거나(stirred custard), 180℃ 정도의 오븐에서 구워낸 것(baked custard)으로 달걀찜과 같은 원리로 만들어야 한다.

6) 달걀찜 steamed egg

달걀찜은 달걀을 잘 풀어 중탕하여 쪄낸 것으로 크림색을 나타내며 표면에 기공이 없이 매끈하고 먹었을 때 부드러워야 한다. 중탕하는 물의 온도는 85~90℃가 좋으며 달걀을 풀 때 가능한 한 거품을 일으키지 않도록 하고 기호에 따라 소금 또는 새우젓국을 넣는다. 염의 첨가는 맛을 좋게 할 뿐만 아니라 달걀 단백질의 응고를 촉진한다. 첨가하는 물의 양은 원하는 텍스처에 따라 다른데, 달걀과 물의 양을 같은 양으로 하면 찜이 잘 부서지지 않는 상태로 되며 달걀의 2배의 물을 넣으면 연해서 좋으나 다른 그릇에 옮기기가 어렵다.

7) 스크램블드 에그 scrambled egg

스크램블드 에그는 달걀을 잘 풀어 달걀 한 개당 우유 한 큰술 정도와 소금과 후춧가루를 조금 넣어 기름 바른 팬에서 저으며 익혀낸 것이다. 잘된 스크램블드 에그는 촉촉하고 부드러워야 한다. 이러한 상태로 익히려면 팬의 온도를 너무 뜨겁지 않도록 한다. 잘게 썬 베이컨이나 셀러리, 당근, 양파와 같은 채소 또는 사과를 넣어주면 향미가 더 좋아 진다.

8) 오믈렛 omelet

오믈렛은 달걀에 우유, 크림 또는 과즙을 넣어 만드는데 거품을 일으키지 않는 것(plain 또는 french)과 거품을 많이 일으켜 만드는 것(foamy 또는 puffy)이 있다. 어느 경우에나 다른 달걀 음식과 단백질 응고 원리는 같다. 치즈나 채소류를 속에 넣어도 좋다.

9) 머랭 meringue

달걀흰자를 부드러운 거품이 생기도록 저은 후 설탕을 조금씩 넣으면서 계속 저어 적당히 굳은 거품이 되도록 한 것을 머랭이라 한다. 이렇게 만든 것을 그대로 또는 레몬파이와 같은 음식 위에 올려 오븐에서 구워낸다.

Culinary
Principles

우유와 유제품

유즙(milk)은 포유동물의 유선에서 생합성하여 분비하는 분비물을 말하며 생명을 유지해주고 정상적인 발육과 성장에 필요한 성분을 균형 있게 함유하고 있다. 우리 인간은 모유를 가장 많이 이용하며 우유와 산양 젖, 면양 젖, 낙타 젖, 말 젖 등을 식량의 일부로 지혜롭게 이용하여 왔다.

1. 우유의 분류 및 종류

[1] 분류

1) 생유 raw milk

생유는 소에서 짜낸 가공하지 않은 상태의 우유를 말한다.

2) 시유 market milk, city milk

시유는 유제품 중에서 가장 기본이 되는 제품으로 백색의 마시는 우유이며 포장용기에 넣어 시판되는 것을 말한다. 즉, 목장에서 수유한 원유를 규정에 따라 여과·균질·살균·포장 등의 공정을 거쳐서 제조된 것으로 다른 성분이 전혀 함유되지 않은 것을 말한다.

① 우유의 살균처리 pasteurization

목장에 있는 젖소로부터 착유된 우유는 10여 가지의 검사를 거친 후 살균한다. 살균이란 우유에 존재하는 병원성 세균을 비롯한 일반 세균을 제거하는 과정을 말한다. 이렇게 제조된 우유를 시유라 하며 우리나라의 소비자들은 목장우유라는 말이 익숙하다.

현재 국내에서 공인된 우유의 살균방법은 저온 장시간 살균법(LTLT, 63~65℃에서 30분간), 고온 단시간 살균법(HTST, 72~75℃에서 15~20초간), 초고온 순간 처리법(UHT, 130~150℃에서 0.5~5초간) 등 세 가지가 있다.

초고온 가열법으로 처리된 우유는 높은 온도로 인하여 더 많은 박테리아가 죽게 되고 냉장 온도에 보관하지 않고도 장시간(3~6개월) 저장할 수 있는 장점이 있다. 우유의 살균 정도는 우유에서 발견되는 자연적인 효소인 인산화효소(phosphatase)의 활성에 의하여 측정될 수 있다. 만약 이 효소가 불활성화 되면 우유는 적당하게 가열되었고 질병을 일으키는 미생물이 파괴되었다는 지표가 된다.

② 우유의 균질처리 homogenization

대부분의 시판유는 살균된 후 균질처리된 것이다. 즉, 우유의 지방을 잘게 쪼갬으로써 큰 지방구의 크림층 형성을 방지하며 우유의 맛을 균일하게 하고 소화가 잘 되도록 한다.

③ 우유의 강화처리 fortification

강화라는 것은 우유에 어떤 종류의 영양소를 첨가하여 영양가를 증가시키는 것을 말한다. 시판되고 있는 우유 중에는 생체리듬 활성과 두뇌 피로에 효과가 있다는 트립토판과 타우린을 첨가한 우유, 칼슘과 철분을 첨가한 우유, 비타민 A와 D를 강화한 우유, 뇌세포 성분인 DHA를 첨가한 우유 등이 있다.

[2] 종류

1) 전지유

제조법은 원유를 그대로 건조하여 분말화한 것으로, 균질화(3000psi)하여 90℃에서 3분간 살균한 뒤 농축, 71℃에서 예열, 고압 펌프(2500psi)를 거쳐 분무·건조시켜 32℃에서 수분을 2~4%로 만들어 냉각하여 입자를 골라 밀봉한다. 지방 함량이 많기 때문에 산화가 쉬워 상온에서 3~7개월 정도 보존된다. 제과, 제빵, 아이스크림의 원료로 쓰인다.

2) 탈지유

우유에서 지방을 분리, 제거하고 건조한 것으로 탈지유는 지방분을 거의 함유하지 않아 지방의 산화가 일어나기 어렵기 때문에 전지유에 비하여 보존성이 좋다. 제과, 제빵, 가공유, 사료용 원재료로서 널리 사용되고 있다.

3) 저지방 우유

원유의 유지방분을 부분 제거한 것, 이에 비타민이나 무기질을 강화한 것을 살균 또는 멸균 처리한 것, 살균 또는 멸균 후 유산균·비타민·무기질을 무균적으로 첨가한 것 또는 유가공품을 저지방 상태로 환원하여 각각 살균 또는 멸균 처리한 것을 말한다.

4) 농축 우유

50~55℃의 진공 상태에서 우유의 수분을 60% 정도 증발시킨 것을 무당연유(evaporated milk)라 하며 전유 또는 탈지유에 15% 정도의 설탕을 첨가하여 원

액 용량의 1/3 정도 되도록 농축시킨 것을 가당연유(sweetened condensed milk)라 한다. 온도가 높은 곳이나 또는 오랫동안 저장하면 마이야르반응에 의한 갈변 현상이 일어난다.

5) 유음료

우유 및 유제품을 주요 원료로 하여 과일즙, 기타 식품류, 색소 또는 향료 등을 첨가하여 음용하기 좋도록 맛을 개선시킨 제품으로 무지유고형분 4% 이상의 다양한 종류의 제품이 생산되고 있다. 과즙 유음료, 커피 유음료, 초콜릿 유음료 등이 있다.

6) 멸균 우유

우유를 UHT 처리 후 무균 충전 및 포장하는데 포장지 내부에 알루미늄 층이 있어서 광선 및 햇빛의 투과를 막아 주는 역할을 한다. 이 제품은 주로 열대지방에 수출을 목적으로 생산되고 저장기간은 6개월 정도이다.

7) 환원 우유

우유를 분유로 제조하여 저장하였다가 필요에 따라 액상 우유로 만드는 것을 말한다. 탈지유를 용해하고 조절한 후 지방성분을 혼합하고 균질하여 액상으로 만든 다음 살균·포장 한 것을 recombined milk라 하고, 전지유를 용해하여 액상으로 만든 것을 reconstitues milk라 하는데 이들을 통틀어 환원 우유라 한다.

8) 기타 우유

전유를 이온교환 수지를 통과하여 약 90%의 나트륨을 칼륨과 교환한 것을 저염유라 하며 락토오스 불내증(lactose intolerance)이 있는 사람을 위하여 젖당을 분해한 우유도 있다.

2. 우유의 영양성분

우유는 일반적으로 수분 85~89%, 단백질 2.7~4.4%, 지방 2.8~5.2%, 탄수화물 4.0~4.9%, 회분 0.5~1.1%를 함유한다. 우유의 조정은 품종, 개체, 비유기, 계절, 사료, 연령, 영양 상태 및 질병 유무에 따라 차이가 있지만 우리나라에서 많이 사육되고 있는 홀스타인(holstein)종인 경우 평균적으로 약 87%의 수분과 약 13%의 고형분으로 되어 있고, 전고형분 중에서 유당 함량4.8%가 제일 많으며, 다음으로 유지방 3.7%, 유단백 3.4%, 무기질 0.7% 순으로 들어 있다. 또한 젖의 조성은 그 동물의 발육 속도와 밀접한 관계가 있고 발육이 빠를수록 전고형분의 비율이 높은데, 특히 단백질과 무기질의 함량이 많은 것을 볼 수 있다.

[1] 수분

우유의 수분은 다른 물질을 용해하거나 분산시키는 용매 역할을 한다. 수분 함량은 87.6%로 우유성분의 대부분을 차지하고 수분활성도(Aw)는 0.993 이다.

[2] 단백질

우유의 단백질은 카제인(casein)과 유청(whey) 단백질로 나뉘는데 우유 단백질의 82% 정도가 카제인이며 나머지는 유청 단백질로 락트알부민(lactalbumin)과 락토글로불린(lactoglobulin)을 비롯하여 여러 가지 단백질이 발견된다.

카제인에는 네 가지 형태가 있는데 α(alpha)−·β(beta)−·κ(kappa)−·γ(gamma)−카제인이며, 이 중 α−와 β−형은 칼슘에 예민하여 κ−카제인의 방어 역할이 없으면 콜로이드 분산을 유지하기 어렵다. 신선한 우유의 정상적인 산도는 pH 6.6이며 산을 첨가하여 pH 4.6 정도로 낮추면 카제인은 응고된다. 열에는 비교적 안정하여 일반적인 가열방법으로는 잘 응고되지 않는다. 알칼리에 의해서 카제인 나트륨(sodium caseinates), 카제인 칼슘(calcium caseinates)을 형성한다.

레닌(소 위장에 있는 소화효소 중 하나)은 κ−카제인의 방어역할을 파괴하는 효소이며 카제인 미립자를 응집하게 해 준다. 이러한 작용으로 우유는 덩어리(카제인)와 유청으로 분리된다. 이 성질을 이용하여 만든 것이 치즈이며 치즈를 만들고 남은 유청에는 레닌과 반응하지 않는 유청 단백질 즉, 락토글로불린과 락트알부민 같은 단백질이 남는다. 유청 단백질은 60℃ 정도에서 변성되어 우유를 가열할 때 용기 바닥이나 옆에 눌어붙는 원인이 된다.

우유의 카제인에는 트립토판이 많이 함유되어 있고 이것은 뇌 속의 신경전달 물질인 세로토닌(serotonin)을 만들어주므로 저녁에 우유를 마시면 수면에 도움을 줄 수 있다고 한다.

(3) 지방

우유의 지방은 유지방 또는 버터 지방이라고도 하며 복합적인 지방으로서 지용성 비타민을 함유하고 있다. 우유의 지방은 직경이 0.5~10㎛인 작은 지방구로서 인지질(phospholipids)과 지단백(lipoprotein)의 존재로 지방구의 피막을 형성하며 수용액에 잘 분산되므로 안전한 유화액을 형성하게 된다. 생우유를 놓아두면 지방구가 위로 떠오르며 수분층과 분리되는데 이것을 크림이라 하고 지방구를 잘게 쪼개어 균질화하면 크림이 분리되지 않는다. 우유의 지방은 98~99%가 중성 지방이고 그밖에 미량의 인지질, 스테로이드 등이 함유되어 있다.

주요 지방산은 탄소수가 적은 포화 지방산으로 주로 부티르산(butyric acid)과 카프로산(caproic acid)이며 우유가 산패될 때 나타나는 독특한 불쾌취의 주원인이기도 하다.

인지질은 주로 레시틴과 세팔린이며 지방구의 표면에 쌓여서 지방구 피막을 형성한다. 인지질에는 불포화도가 높은 지방산이 들어있어서 우유를 가공할 때 산화변패를 일으켜 품질을 떨어뜨리는 원인이 되는 경우가 많다. 유지방에는 미량의 콜레스테롤도 함유되어 있다.

색소로는 카로티노이드 색소를 가지고 있으며 이것은 크림과 버터색의 원인 물질이다. 모유의 지방과 비교해 보면 모유의 지방은 필수 지방산을 더 많이 함유하고 있고 우유지방은 포화 지방산을 더 많이 함유하고 있다.

(4) 탄수화물

우유의 주된 탄수화물은 젖당으로 포도당과 갈락토오스가 결합된 이당류이다. 젖당은 일반적인 당류 중 감미도가 가장 낮고 물에 가장 적게 용해된다. 용해도가 낮은 성질 때문에 아이스크림과 같은 가공 식품에 많이 사용하면 결정체를 만들어 텍스처를 나쁘게 한다. 그러므로 식품 가공에서는 젖당을 제거한 우유를 많이 사용한다.

인체의 소장에서 정상적으로 생성되는 효소인 락타아제(lactase)는 젖당을 단당으로 분해한다. 그러나 어떤 사람들은 이 효소가 적게 분비되거나 생성되지 못하여 우유를 마시면 설사를 하거나 복통을 일으키기도 한다. 이러한 현상을 유당 불내증(lactose intolerance) 또는 젖당 소화 장애증이라 한다. 이러한 증세가 있는 사람은 적은 양의 우유를 마시거나 요구르트와 같은 발효유 제품 또는 숙성 치즈를 먹으면 된다. 이러한 발효유 제품에는 젖당 함량을 감소시킨 것도 있다.

젖당은 인체에서 중요한 당으로 에너지의 급원이 될 뿐 아니라 우유 중의 칼슘 흡수에 좋은 조건을 제공해 주며 장내에 있는 유산균의 발육을 왕성하게 하여 다른 잡균의 번식을 억제하는 효과가 있다.

[5] 무기질

우유에 함유되어 있는 주요 무기질은 칼슘, 인, 마그네슘, 칼륨, 나트륨, 염소, 유황 등이며 철분과 구리를 제외한 대부분의 필요한 무기질을 골고루 함유하고 있다. 우유 중의 총 무기질 함량은 모유의 세배 정도가 많고 칼슘과 인의 비율은 2:1로 적절하게 분포되어 있다.

우유에 함유되어 있는 무기질 중 어떤 것은 진용액으로 존재하고 또 어떤 것은 우유 단백질에 유기적으로 결합되어 있다. 우유에 들어있는 염은 우유로 만드는 가공식품의 응고를 위하여 필요하다.

[6] 비타민

우유에는 각종 비타민이 비교적 풍부하게 함유되어 있으나 비타민 C는 소량 함유되어 있고 간단한 열처리에도 쉽게 파괴된다. 비타민 B_2와 같은 수용성 비타민은 유청이 녹색을 띤 황색을 나타내게 해주며 카로틴과 같은 지용성 비타민은 전지우유에 노란색을 띠게 해 준다. 특히 지용성 비타민은 젖소의 사료에 따라 함유량이 달라지며 비타민 A는 녹색 풀을 먹고 자란 젖소의 우유가 건초를 먹고 자란 젖소의 우유보다 더 풍부하게 가지고 있다. 비타민 B_2는 다른 비타민들보다 더 많은데 열처리에도 비교적 안정하여 좋은 급원이 된다. 우유에는 트립토판이 풍부하여 나이아신으로 전환되기 때문에 이 비타민의 급원이 된다. 비타민 D는 필요량에 비해 대단히 적게 들어있으므로 비타민 D가 강화된 우유가 시판되고 있다.

[7] 향미성분

우유는 젖당 때문에 단맛이 난다. 향미성분으로는 휘발성 유기산으로 알데하이드와 케톤이 있다. 그러나 우유를 가공, 발효, 저장하는 동안 화학적인 변화가 일어나 향미성분을 바꾼다. 가열처리하면 익은 냄새가 나는데 이것은 젖당의 분해와 단백질의 상호작용 때문이다. 미생물에 의한 발효는 젖당으로부터 산을 형성하게 하는 것으로 우유의 향미와 텍스처가 바뀌게 된다.

[8] 색소

우유의 색은 우유에 분산되어 있는 지방구와 카제인 입자의 크기와 함량에 의해 나타나는 것이며 카로틴(carotene)과 리보플라빈(riboflavin)이 함유되어 있어 유백색 또는 담황색을 약하게 지닌 형광 백색에 가까운 색을 띤다.

[9] 산도

신선한 우유의 산도는 pH 6.6으로서 pH 7에 가깝다. 우유를 공기 중에 두면 탄산가스의 손실로 산소가 감소한다. 살균하지 않은 우유를 저장할 때 신맛이 나는 것은 젖산을 생성하는 박테리아의 작용 때문이다. 그러나 살균한 우유는 이 박테리아가 살균하는 동안 열에 의하여 파괴되기 때문에 이러한 현상이 일어나지 않는다.

3. 우유의 조리특성

[1] 가열에 의한 변화

1) 피막형성

우유를 약 40℃ 이상으로 가열하면 엷은 유동성의 피막을 형성하는데, 이것은 유청 단백질, 염, 지방구가 서로 혼합되어 응고된 것이다. 이런 현상을 람스덴(ramsden)이라 하고, 이는 우유를 교반하면서 가열하면 방지할 수 있다.

이 막의 70% 이상은 지방이고 20~30%가 알부민이며 소량의 유당, 무기질도 포함되어 있다. 60~65℃ 이상이 되면 이러한 피막이 생기므로 우유를 따뜻하게 할 때는 온도에 주의하고 소스나 수프를 만들 때는 가볍게 저어 주거나 완성된 것에 버터를 넣어 피막을 방지한다.

2) 단백질의 변화

우유를 가열하면 유청 단백질 중 β-락토글로불린과 임뮤노글로불린이 열변성을 받기 쉽다. β-락토글로불린은 치즈 제조 시 레닛(rennet)에 의한 응고 시간을 연장시키므로 치즈원료유는 너무 높은 온도에서 살균해서는 안 된다. 또 카제인은 100℃ 이하의 보통의 조리 온도에서는 화학적 변화가 거의 없지만 물리적 성질은 달라진다.

3) 지방구의 응집

지방구를 둘러싸고 있는 단백질의 피막이 열에 의해 파열되어 지방구가 재결합하여 응집한다.

4) 갈변 현상

우유를 고온에서 장시간 가열하면 단백질과 유당에 의해 갈변 현상이 일어난다. 즉, 카제인의 아미노기와 유당의 카르보닐기가 공존하여 120℃에서 75분간 가열하면 멜라노이딘이라는 갈색 물질이 생성되는 아미노카보닐반응이 일어난다. 이 반응을 마아야르 반응이라고도 하는데 이런 현상은 좋지 않은 현상이며 영양가 저하를 초래한다.

5) 냄새 현상

우유를 74℃ 이상으로 가열하면 유청 단백질 중 β-락토글로불린의 열변성에 의해 분자량이 작은 휘발성 황화물이나 황화수소가 휘발하여 익은 냄새가 난다.

(2) 첨가물에 의한 변화

1) 산에 의한 응고

우유에 산을 첨가하거나 젖산 발효에 의하여 산이 생성되면 카제인이 응고한다. 카제인의 등전점이 pH 4.6~4.7이므로 우유에 산을 넣어 등전점에 가깝게 하면 카제인이 침전한다. 치즈 제조 시 또는 과일을 우유와 함께 조리할 때 이 현상을 볼 수 있다. 치즈 제조 시에는 바람직하나 음식을 만들 때는 바람직하지 않는 경우가 많으므로 주의해야 한다. 우유의 응고를 방지하기 위해서는 카제인의 등전점인 pH의 범위를 벗어나야 한다. 토마토 페이스트와 우유를 함께 조리할 경우, 토마토 페이스트를 먼저 가열하여 산을 휘발시킨 후 우유와 혼합해야 pH가 낮아져 응고되지 않는다. 우유에 과일을 첨가하여 음료를 만들 경우에는 먹기 직전에 첨가하는 것이 바람직하다.

2) 알코올에 의한 응고

알코올의 탈수작용에 의해 카제인인 미셀이 Ca^{++}, Mg^{++}존재 하에서 응집을 일으킨다. 채소나 과일에 함유된 페놀화합물인 탄닌은 카제인을 응고시키므로 채소에 우유를 첨가하면 응고물이 생기기도 한다.

3) 가열에 의한 응고

우유 중의 알부민은 열에 불안정하여 63℃ 이상이 되면 약간의 온도 상승에 의해서 응고가 잘되고 글로불린도 열응고성 단백질로 가열에 의해 응고·침전한다. 한편 카제인은 칼슘이나 마그네슘과 결합하여 극히 안정된 상태가 되어 100℃에서 12시간 가열해서 응고가 일어나므로 조리 시 카제인이 응고되는 경우는 거의 없다.

4) 효소에 의한 응고

레닛에 의해 κ-카제인이 분해되면 카제인은 칼슘과 결합하여 침전된다. 이는 치즈 제조 시 이용된다. 레닌의 최적작용 온도는 40~42℃이며 온도에 따라 반응 속도가 차이가 나서 낮은 온도에서는 서서히 반응하여 응고물이 매우 부드러운데, 높은 온도에서는 급속히 반응하여 단단한 응고물을 만든다. 레닌이 작용하기 적당한 상태는 약산성이며 알칼리에서나 우유에 응고물이 생길 정도의 산성에서는 작용하지 않는다. 카제인이 레닌에 의해 응고되는 경우에는 칼슘이 유청으로 분리되지 않고 카제인에 그대로 붙어 있어 레닌으로 만든 치즈(cheddar cheese)가 산 침전으로 만든 치즈(cottage cheese)보다 우수한 칼슘 급원식품이 된다. 식물성(papain, ficin 등), 동물성(pepsin, trypsin 등) 응유 효소제 및 각종 미생물에서 생산되는 단백질 분해효소가 레닛 대용으로 사용되고 있다.

4. 유제품의 종류

[1] 발효유

발효유는 원유 또는 우유 가공품을 락트산 세균이나 효모로 발효시킨 우유이다. 발효유 제품은 액체유를 저장하는 방법으로 생산된 것으로 발효기간 동안 우유성분의 화학적 변화가 발생한다.

젖당은 20~30% 감소하여 젖산으로 되고 아세테이트와 같은 다른 산들이 우유에 들어있는 다른 당으로부터 적은 양이 생산된다. 생성된 젖산은 제품의 보존성을 증진하고, 신맛과 청량감을 주며, 해로운 미생물을 억제하고 단백질, 지방, 무기질의 이용을 증진하며 소화액 분비를 촉진한다. 발효에 이용되는 스타터(starter)는 단백질을 분해하는 데 사용된다. 이러한 단백질 가수분해는 카제인이 부드러운 응고물이 되어 쉽게 소화효소의 작용을 받도록 한다. 그러므로 요구르트의 단백질은 우유 본래의 단백질보다 더 바람직하게 된다.

비타민 B_6와 B_{12}는 약 50% 감소하나 엽산이 증가하여 그 기능을 약간 보충한다. 또한 요구르트는 소장과 대장내의 균총 재생에 유용한 효과를 준다.

1) 요구르트 yogurt

요구르트를 만들 때에는 전유, 저지방유, 탈지유가 이용된다. 랄트산 세균(*Lactobacillus bulgaricus*)과 스트렙토코쿠스 테르모필루스(*Streptococcus thermophilus*)의 혼합물이 첨가되어 42~46℃에서 원하는 향미가 형성될 때까지 발효시킨다. 호상과 액상의 두 형태가 시판되고 있다.

2) 버터밀크 butter milk

원래 버터밀크란 버터를 만든 후에 남은 액체를 말하나 오늘날은 발효유의 일종으로 일반적으로 살균된 저지방유나 탈지유로 드는 것이 일반적이다. *Streptococcus thermophilus*를 첨가하여 20~22℃에서 pH 4.6 정도 될 때까지 발효시킨다.

[2] 크림 cream

우유의 지방층을 원심 분리기로 분리하여 얻은 제품으로 진한 휘핑크림은 지방 함량이 36% 이상이며 조금 덜 진한 휘핑크림은 유지방이 30~36%이고 커피크림은 18~20%의 유지방을 함유한다.

신맛 크림은 젖산에 의하여 신맛을 내는 것이며 최소 18%의 유지방이 요구된다. Half-and-half는 살균된 우유와 10.5~18% 지방을 함유한 크림의 혼합물이다. 이러한 크림 종류는 단독 식품으로 섭취하기보다는 조리의 부재료로 사용되어 다른 음식의 영양가와 맛을 증가시킨다. 크림의 거품은 여러 요인에 의하여 영향을 받는다. 즉, 지방의 농축 정도, 지방구의 분산, 온도, 젓는 정도, 설탕 첨가 시기, 거품의 양 등이다. 30% 정도의 지방을 함유한 것이 좋으며 2~4℃의 온도에서 거품을 내는 것이 좋다. 설탕은 거품이 일어난 후에 넣는 것이 좋다. 근래에는 크림 대체물을 많이 이용하는데 이들은 유제품이 아니다. 옥수수시럽 고형물, 식물성 기름, 카제인 나트륨, 완충제, 유화제 그리고 인공 향미료와 색소를 이용하여 만든다.

[3] 치즈 cheese

치즈는 우유의 단백질을 응고하여 만든 식품으로 영양가가 풍부하다. 열
량과 콜레스테롤 양은 치즈의 지방과 수분 함량에 따라 다르다. 탈지유의 응
고물로 만든 코티지치즈(cottage cheese)의 콜레스테롤 함량은 낮으나 크림치즈
(cream cheese)는 반대로 콜레스테롤 함량이 높다. 레닌으로 응고된 치즈는 칼슘
과 아연의 좋은 급원이 된다. 반면 산에 의해서 응고된 치즈는 우유가 가지고
있는 칼슘의 25~50% 정도만 남아 있다. 대부분의 젖당과 수용성 단백질, 무
기질, 비타민은 유청으로 빠져나가 상실되기 때문에 유청을 이용한 치즈 제조
개발과 유청을 식품에 이용하고자 하는 연구가 이루어지고 있다.

치즈는 비타민 A와 비타민 B_2의 좋은 급원이다. 그러나 치즈를 만들 때 미
생물의 성장을 조절하고 맛을 돋우기 위하여 소금 및 향료를 첨가하므로 치즈
는 나트륨이 높은 식품이다. 근래에는 나트륨의 양을 줄인 치즈를 만들어 시
판한다.

[4] 아이스크림 icecream

우유에 설탕, 달걀, 색소, 향료, 안정제 등을 첨가하여 적당량의 유지방, 무
지 고형분, 감미료 등을 혼합하여 휘핑(whipping)하면서 냉동시킨 냉동과자로
유지방 6% 이상의 제품이다.

두류

대두 단백질은 아미노산 조성이 동물성 단백질과 비슷하며 리신 함량이 높고 복합당류와 식이섬유 및 지방함량이 낮아 쌀을 주식으로 하는 우리나라에서는 중요 식물성 단백질 급원식품이다.

1. 두류의 분류 및 종류

두류(legumes)는 식물학상 콩과(leguminosae)에 속하고 열매를 식용하는 작물이다. 일반적으로는 재배 기간이 짧고 저장성이 길어 현재 전 세계에서 재배되고 있다. 영양적으로 그 중요성이 인식되어 최근에는 서양에서도 이용도가 높아지고 있다. 쌀을 주식으로 하는 우리나라에서는 두류가 식물성 단백질의 급원으로 중요한 위치를 차지하고 있으며 예부터 두류의 조리법이 발달하여 여러 가지 형태의 음식을 만들어 이용하여 왔다.

[1] 분류

지방질과 단백질이 많고 탄수화물이 적은 것으로는 대두, 땅콩 등이 있고 지방질이 적고 탄수화물이 많은 것으로는 팥, 녹두, 완두, 강낭콩 등이며 풋 완두콩은 비타민 C 함량이 많으므로 채소로 취급된다.

[2] 종류

1) 대두

대두는 동부 아시아 중국 북부가 원산지로 기원전 2,000년부터 단백질과 지방급원으로 이용되어 왔다. 우리나라에서는 쌀과 보리와 함께 중요한 식량으로서 특히 단백질의 중요한 공급원으로 이용되었으나 서양에서는 기름을 목적으로 재배하였다. 기름을 추출한 나머지는 단백질의 대체용으로 이용되고 있다.

대두의 영양성분은 단백질 20~45%, 지방 18~22%, 탄수화물 22~20%, 회분 4.5~5%이다. 대두 단백질은 밭의 고기라고 할 정도로 육류와 동등한 것으로 취급되고 있다.

① 단백질

두류에는 20~40%의 비교적 높은 단백질이 함유되어 있으며 주단백질은 글로불린(globulin)인 글리시닌(glycinin, 84%)이 대부분이고 알부민이 5% 정도 함유되어 있다. 글리시닌은 영양적으로 보았을 때 완전 단백질이므로 양질의 단백질이다.

대두 단백질을 구성하는 아미노산에는 함황 아미노산인 메티오닌(methionine)과 시스틴(cystine), 페닐알라닌(phenylalanine), 트레오닌(threonine) 그리고 발린(valine)이 풍부하며, 특히 곡류의 제1제한 아미노산인 리신의 함량이 높아서 두류가 혼합된 식사를 하면 단백가를 보완하는 데 효과적이다.

대두 단백질의 글로불린이나 알부민은 수용성으로서 물에 담그면 90% 가까이 용출된다. 그러나 pH 4~5에서는 대부분 불용성으로 되고 칼슘염이나 마그네슘염의 묽은 용액에서 응고된다. 이 성질을 이용하여 만든 것이 두부이다.

② 지방

약 18%의 지방을 함유하고 있어 식용유의 원료로 이용된다. 지방산은 포화지방산으로는 팔미트산과 스테아르산이 많고 불포화 지방산으로는 올레산과 리놀레산이 많으며 이 외에 레시틴과 세팔린 등의 인지질이 있는데 이것을 분리하여 유화제로 이용한다. 대두유는 반건성유로 공기의 접촉이 많으면 굳기 쉽다.

③ 탄수화물

대두는 올리고당인 라피노오스(raffinose)와 스타키오스(stachyose)를 상당량 함유하고 있는데 이것은 장내에서 효소에 의하여 소화되지 않고 가스를 발생한다. 대부분의 탄수화물은 20% 정도이나 대부분 소화가 잘 안 되는 다당류이고 전분은 0.1~0.2% 정도이다. 덜 익은 콩에는 전분이 약간 많으며 발아 시에는 더 많아진다.

④ 무기질

대두에 함유되어 있는 무기질은 칼륨이 가장 많고 인, 나트륨, 칼슘, 마그네슘 순으로 함유하고 있다. 인은 그 대부분이 피틴(phytin) 상태로 존재하며 또 칼륨, 칼슘, 마그네슘도 피틴과 결합한 상태로 존재한다.

⑤ 비타민

비타민으로는 비타민 B군이 많고 비타민 C는 거의 없다. 비타민 $B_1 \cdot B_2$, 나이아신이 다량 함유되어 있어 비타민 B군의 급원이며, 비타민 E와 K도 다량 함유되어 있다.

⑥ 색소

노란색 대두에는 플라본(flavon) 배당체가 함유되어 있으며, 검은색 대두의 색소는 안토시아닌(anthocyanin) 배당체의 일종인 크리산테민(chrysanthemine)이다.

⑦ 독성 물질

콩에는 트립신 저해제와 칼슘, 마그네슘, 철, 아연 등의 무기질의 흡수를 방해하는 피트산(phytate)이 있고 적혈구를 응집시키는 적혈구 응집소(hemagglutinin)와 적혈구 세포를 용해시키는 사포닌 등이 함유되어 있다. 영양저해 인자로서 피트산만이 문제가 되고 다른 것은 열에 불안정하므로 문제가 되지 않는다.

2) 팥

팥은 적색으로 알갱이가 큰 품종이 좋다. 탄수화물이 56.6% 정도로 많이 함유되어 있으며 비타민 B_1이 다른 두류에 비하여 특히 많다. 팥을 삶을 때 생기는 거품은 사포닌 때문인데, 사포닌 배당체는 거품과 함께 떫은맛이 나고 소화가 어려우므로 팥을 삶을 때는 한 번 끓인 후 첫물을 버리고 다시 물을 붓고 한 번 더 끓여야 한다. 혼식용으로 이용되거나 과자, 떡의 고물과 소, 양갱, 팥빙수, 단팥죽 등에 이용된다.

3) 녹두

주성분은 탄수화물 60% 정도이며, 탄수화물의 대부분은 전분이지만 단백질도 25% 정도 함유되어 있으며 향미가 좋다. 빈대떡, 떡의 고물과 소, 녹두죽, 숙주나물 등으로 이용된다. 녹두전분은 특히 점성이 강하므로 녹말을 만들어서 녹두묵인 청포묵을 만들기도 한다.

4) 강낭콩

주성분이 전분이며 단백질도 많은 편이다. 익지 않은 푸른 꼬투리에는 비타민 A, B_1, B_2, C가 풍부하여 채소로도 많이 이용된다.

5) 완두콩

탄수화물 함량이 높으며 성숙하기 전의 푸른 것은 통조림을 만들어 사용한다. 성분은 당질 56%, 단백질 22%를 함유하고 레시틴(lecithin)이 많아서 조지방의 27%를 차지한다. 단백질의 반 이상은 글로불린으로 레규민(legumin)이라 하며 아미노산 조성도 좋다. 무기질로는 칼슘과 인이 많다. 그 밖에 카로틴(carotene), 비타민 B_1, B_2, 비오틴, 콜린, 엽록소 등이 풍부하다.

어린 꼬투리는 채소용으로 이용되는데 그냥 먹거나 통조림을 만든다. 혼식용 이외에 떡이나 과자에 이용된다.

6) 동부

동부는 백색, 갈색, 흑색 등 다양한 색을 나타내며 팥 정도의 크기를 가진다. 주로 밥에 넣어 먹기도 하고 떡고물을 만들어 사용하며, 삶아서 송편의 속으로 사용하거나 전분을 내어 묵을 만들기도 한다.

7) 땅콩

세계 주요 작물 중 하나이며 두류 중 유일하게 열매가 땅속에 들어 있기 때문에 땅콩이라는 이름이 붙여졌다. 유지용으로는 입자가 작은 것이 좋고 그대로 먹을 경우에는 입자가 큰 것이 좋다. 지방이 45% 이상이며 올레산이 50%, 리놀레산이 20% 함유되어 있다. 또한 단백질과 비타민 B_1이 많다. 땅콩기름은 불건성유이나 아라키돈산(arachidonic acid)과 콘아리킨(conarachin)이며 당질로는 녹말 외에 갈락토오스가 들어 있다.

2. 두류의 영양성분

지방질과 단백질이 많고 탄수화물이 적은 것으로는 대두, 땅콩 등이 있고 지방질이 적고 탄수화물이 많은 것으로는 팥, 녹두, 완두, 강낭콩 등이며 풋 완두콩은 비타민 C 함량이 많으므로 채소로 취급된다.

[1] 단백질

콩은 품종에 따라서 화학성분의 조성이 상당히 다르다. 콩 단백질의 주요성분은 글로불린(globulin)의 일종인 글리시닌(glycinin)과 알부민(albumin)의 일종인 레구멜린(legumelin)으로 되어 있으며 이중 글리시닌이 대부분이다. 일반적으로 두류는 다른 곡류보다 단백질을 많이 함유하고 있다.

[2] 지방

대두와 땅콩은 지방 함량이 높아 기름을 채취하여 식용유로 널리 이용한다. 이들 기름에는 불포화 지방산인 올레산과 리놀레산이 많이 함유되어 있다. 특히 필수 지방산인 리놀레산의 좋은 급원이 된다.

(3) 탄수화물

팥, 녹두, 완두, 강낭콩 등에 많이 함유되어 있는 전분은 가공식품 제조의 원료로 이용되고 있다. 즉, 떡이나 과자류의 소로 쓰이거나 묵 또는 양갱을 만드는 데 쓰인다.

(4) 무기질, 비타민

두류는 곡류와 비교하여 칼슘, 인, 철분이 더 많이 함유되어 있다. 비타민 B군이 풍부하고 비타민 C는 없으나 콩나물에서는 비타민 C가 합성된다.

(5) 기타 성분

사포닌, 탄닌, 레시틴 등 각각 특유의 성분을 함유하고 트립신 저해제 (trypsine inhibitor)가 들어있는 것도 있다.

3. 두류를 이용한 식품

(1) 두유

두유는 콩국이라 하여 우리나라에서 오래전부터 애용되어 온 것이다. 특히 여름철 단백질 보충음식으로 각광을 받아 왔다. 콩을 충분히 불린 후 삶아서 갈은 후 체로 걸러 얻는다. 우유에 비하여 칼슘, 비타민 A, 그리고 메티오닌이 부족하므로 이러한 영양소를 보충할 수 있는 식품과 함께 섭취하면 좋은 영양 급원이 될 수 있다. 우리나라 음식 중 콩죽이나 콩국수는 메티오닌을 보완할 수 있는 좋은 음식이다.

(2) 두부

콩에 들어있는 주요 단백질인 글리시닌은 마그네슘 이온이나 칼슘 이온 등의 염류와 산에 불안정하여 응고되므로 이러한 성질을 이용하여 만든 것이 두부이다.

두유를 만들어 80~90℃일 때 응고제를 조금씩 넣으면서 천천히 저어주면 단백질이 응고된다. 응고된 것을 틀에 넣어 눌러주면 두부의 형이 형성된다. 응고제로는 식초도 이용 가능하며 간수(MgC_{l2}, $CaCO_3$) 또는 응고제(MgC_{l2}, $CaSO_4$,

$CaCl_2$)를 사용한다. 예전에는 염화마그네슘을 주로 사용하였으나 요즘은 황산칼슘을 많이 사용한다. 응고제에 따라 두부의 텍스처가 달라진다. 응고제의 양이 많거나 지나치게 누르거나 가열시간이 길면 두부의 텍스처가 단단해진다. 응고제의 양이 부족하면 추출된 단백질이 모두 응고되지 못한다. 시판되고 있는 두부의 종류도 단단한 것부터 연한 것까지 점점 다양화되고 있다. 두부의 저장성을 높이기 위하여 만든 튀김두부는 유부라고도 한다.

두부는 수분이 83~90%, 단백질이 4~8.6%, 지방이 3~5.5%로 이루어져 있으나 만드는 방법에 따라 영양가가 달라진다. 두부를 조리할 때 가열 온도가 높을수록 그리고 가열 시간이 길수록 단백질이 더 응고되고 수분이 추출되어 단단해지며 두부 속에 구멍도 많이 생긴다.

그러므로 두부를 조리할 때에는 단시간 내에 가열하거나 다른 재료가 익은 후 가열의 마지막 단계에 넣어야 한다. 가열하는 물에 식염을 조금 넣으면 나트륨 이온이 두부 중의 칼슘 이온의 응고작용을 방해하여 더 단단해지는 것을 방지한다. 두부는 세균이 번식하기 쉬우므로 한번 가열하여 먹는 것이 좋다.

[3] 콩나물, 숙주나물

콩나물과 숙주나물은 우리나라 사람들이 가장 즐겨먹는 식품 중의 하나이다. 성장하는 동안 비타민 C가 합성되고 콩나물에는 특히 유리 아미노산인 아스파트산이 풍부하여 숙취해소에 효과가 있다. 가열할 때에는 비타민 C의 파괴를 방지하기 위하여 약간의 소금을 넣는 것이 좋다. 콩나물을 삶을 때에는 찬물로부터 시작하며 삶기 시작한 초기에 뚜껑을 열면 콩에 함유된 리폭시게나아제(lipoxy genase)의 작용으로 콩 비린내가 나게 된다. 콩나물은 뿌리에 영양성분이 더 많으므로 영양을 위해서라면 뿌리를 떼어내지 않는 것이 좋다.

[4] 된장

된장은 콩과 소금 또는 곡류를 첨가하여 발효 숙성시켜 제조한 것으로 제조방법에 따라 재래식 된장과 개량식 된장이 있다. 재래식 된장은 메주를 소금물에 담가 발효가 끝나면 메주덩어리를 걸러내어 액체부분은 간장을 만들고 찌꺼기는 소금을 더 넣어 항아리에 담아둔다. 개량식 된장은 쌀이나 보리쌀에 종국을 넣어 배양하여 고지를 만들고 여기에 삶은 콩과 소금을 넣어 숙성시킨 다음 만든 것이다.

[5] 청국장

청국장은 장류 중에서 숙성기간이 짧은 것이 특징이다. 삶은 콩을 볏짚이나 멍석으로 싸서 따뜻한 방에서 약 2일간 발효시켜 소금을 가하고 조미하여 만든 것이다. 볏짚에 부착되어 있는 고초균(protease)의 활성이 강할수록 청국장 맛이 좋고 그렇지 않을 경우 맛이 나쁘고 변질되기도 한다.

[6] 간장

간장은 콩과 밀을 원료로 사용하여 발효시킨 것으로 음식을 조리하는 데 맛과 향을 돋우기 위하여 첨가한다. 아미노산에 의한 구수한 맛, 당분에 의한 단맛, 소금에 의한 짠맛, 그리고 여러 가지 유기성분에 의한 향기와 아미노카보닐(aminocarbonyl) 반응으로 검은 색이 생겨 맛과 색깔이 조화된 조미료이다. 이때 관여하는 미생물은 곰팡이, 효모, 박테리아 등이다.

[7] 묵

우리나라에서는 녹두의 재배 역사가 길어 이미 오래 전부터 녹두전분을 만들어 묵이나 국수를 만드는 데 이용하였으나 근래에는 경제성이 좋은 동부의 전분을 추출하여 묵을 만들어 시판하고 있다.

[8] 콩 단백 제품

탈지 대두에서 단백질을 분리하여 육류와 유사한 조직으로 만들어 육류 대용품으로 쓰고 있으며 조직 콩 단백(textured soy protein, TSP)이라 한다.

농축 콩 단백은 70% 정도의 단백질을 함유하며 이것에서 비단백 물질을 더 제거한 것을 분리 콩 단백이라 하여 90% 이상의 단백질을 함유한다. 이러한 콩 단백 제품은 보수성, 결착성, 유화성, 거품성 등의 기능적 특성이 높아 식품 가공에서 여러 용도로 이용되고 있다. 이러한 기능적 특성 이외에 가격이 비싼 동물성 단백질을 콩 단백질로 대체하여 가격을 저렴하게 할 수 있다. 햄버거 패티(patty)나 쇠고기 완자전을 만들 때 갈은 쇠고기와 섞어서 만들 수 있으며 다량 조리 시 쇠고기 대용으로 사용하면 영양적으로나 경제적으로 바람직하다. 이 제품을 사용할 때에는 물에 담가 불린 다음 그 자체로 이용하거나 다른 재료와 섞어서 이용한다.

4. 두류의 조리특성

(1) 흡수

대부분의 두류는 수분 함량이 10~17%로 건조하여 저장하므로 조리 전에 물에 담가 흡수·팽윤시킨 후 가열한다. 흡수량은 콩의 종류에 따라 다르나 초기의 초기 5~6시간이 흡수량이 가장 많다. 하지만 팥은 배에서 소량씩의 물을 흡수하므로 단단한 종피보다 내부가 먼저 팽창하여 침지 5시간 안에 팥 종피가 터진다. 종피가 터지면 전분과 단백질 등의 성분이 용출되어 최대 흡수량에 도달하기 전에 부패될 수도 있다. 따라서 팥은 물에 담그지 않고 바로 가열하는 경우도 많다.

(2) 연화방법

1) 물에 담근다.

연화되는 소요 시간을 단축하며 균일한 상태로 연화한다. 침지에 의한 흡수·팽윤은 수온에 따라 차이가 있으며, 온도가 높을수록 효과적이다.

2) 1% 정도의 식염수에 침지한다.

대두 단백질인 글리시닌(glycinin)이 염용액에 가용성이므로 연화가 촉진된다.

3) 쇼크수를 가한다.

가열 중 찬물을 첨가하여 표피를 수축시킴으로써 내부의 팽윤을 촉진시켜 주름을 펴는 효과가 있다.

4) 알칼리 용액을 사용한다.

식소다와 같은 알칼리를 사용하면 두류 단백질의 용해성이 증가하고 섬유소가 분해되어 콩의 연화가 빠르다. 그러나 비타민 B_1의 손실이 크다.

5) 연수로 조리한다.

경수로 콩을 조리하면 칼슘과 마그네슘이 펙틴과 결합하여 연화를 지연시킨다.

[3] 가열

1) 물을 흡수한 대두를 가열하면 연화하여 소화성이 좋아진다.

가열에 의하여 단백질의 펩타이드(peptide) 사슬이 풀려서 조직이 연해지고 단백질 분해효소가 분자의 내부구조까지 들어가기 쉬워져 소화성이 높아진다.

2) 독성 물질이 분해된다.

가열에 의해 트립신 저해 물질(trypsin inhibitor)이 불활성화 되고, 헤마글루티닌(hemmaglutinin)도 변성되어 효력을 잃는다.

3) 색상의 변화

검은콩의 껍질의 색소는 안토시아닌계의 크리산테민(chrysanthemine)인데 철·납 이온과 결합하면 아름다운 흑색이 되므로 철 냄비에 검은콩을 넣고 끓인다. 알칼리성에서는 적자색으로 변색한다.

18

식용 유지류

유지는 높은 열량을 내며 식품의 주성분은 아니지만 맛과 품질이 중요하다. 주로 식품의 지방조직이나 식물체의 종자 등에 들어있으며 식품에 함유된 성분 그대로 또는 그 유지를 추출, 정제하여 조리 및 가공에 이용하고 있다. 따라서 유지는 식품을 조리할 때 다양한 기능성을 줄 뿐만 아니라 맛을 개선하기도 한다.

1. 유지의 종류 및 특성

유지류(fat and oils)는 그 자체가 음식의 주재료가 되지는 않으나 여러 가지 용도로 사용되는데 상온에서 액체 상태인 것을 기름(oil), 고체나 반고체인 것을 지방(fat)이라 한다.

식용유지류는 음식의 향미와 맛을 증진시키고 만복감을 주며, 1g이 9kcal의 열량을 내므로 탄수화물 또는 단백질의 2.25배나 되는 농축된 에너지 급원이다. 또한 필수 지방산인 리놀레산을 공급해주고 지용성 비타민의 매개체로 작용한다. 밀가루 제품에서는 글루텐의 형성을 방해하고 공기를 함유하게 하여 부드럽게 만들어 주며 튀김이나 볶음 등을 할 때는 열전도체로 작용하고 마요네즈 소스와 같은 유화액을 만들 때도 이용된다. 지방은 거의 모든 식품에 자연적으로 함유되어 있다. 육안으로 볼 수 없는 지방의 급원 식품으로는 육류, 가금류, 생선, 유제품, 달걀, 견과류, 씨앗 등이 있고, 육안으로 볼 수 있는 지방 식품은 쇼트닝, 라드, 식용유, 마가린, 버터 등이 있다.

[1] 유지의 종류

유지는 동식물로부터 얻어지는 것으로 동물성 지방은 포화 지방산 함량이 높고 식물성 기름은 불포화 지방산 함량이 높으나 코코넛유와 팜유는 식물성 기름이지만 포화 지방산이 많이 함유되어 있다. 동물성 지방만 콜레스테롤을 함유하며 식물성 기름에는 콜레스테롤이 없는데 올리브유는 이중결합이 하나인 올레산(oleic acid)을 많이 함유하고 있어 콜레스테롤을 낮추는 데 중요한 역할을 한다.

1) 버터

우유에서 분리시킨 크림의 지방이 버터이며, 80%의 지방과 18%의 물을 함유하고 있다. 기계적으로 휘저어 주면 수중유적형인 크림의 유화가 깨져서 유중수적형인 버터를 형성한다. 즉, 18%의 물이 80%의 지방에 분산되고 적은 양의 단백질이 유화제로서 작용한다. 버터밀크는 버터가 크림으로부터 휘저어진 후에 남는 것이다.

버터는 30~50%의 지방을 함유하고 있는 신맛 크림이나 단맛 크림으로부터 만드는데 크림의 산도를 알칼리로 조절한 후 병원균을 파괴하기 위해 살균하며 젖산균으로 숙성시킨다. 크림은 4~10℃에서 6~16시간 동안 차갑게 한 후 휘저어 준다. 기계적으로 휘저으면 지방구를 둘러싸고 있는 인지질막이 파괴되어 버터 지방이 흘러나와 덩어리를 형성한다. 그런 다음 버터를 씻어주고 여분의 버터밀크를 제거하기 위하여 압착한다. 이 단계에서 소금을 첨가하기도 하고 첨가하지 않기도 하는데 소금의 첨가는 지방의 산패를 지연시켜 준다. 만약 색소를 첨가하고자 할 때는 휘젓기 전에 크림에 넣어 주어야 하며 일반적으로 카로틴이 사용된다. 우유 19L로 500g의 버터를 만들 수 있고, 만들어진 버터는 저장하는 동안 냄새의 흡수를 막기 위하여 포장을 잘 해야 한다.

버터의 향미는 여러 가지 향미성분으로 인하여 복합적이다. 버터에 함유된 포화 지방산은 팔미트산, 스테아르산, 부티르산, 라우르산, 카프르산 등이며 이중 부티르산이 가장 많이 함유되어 있고 불포화 지방산으로는 올레산과 리놀레산이 많다.

버터에는 소금을 넣은 가염 버터와 소금을 넣지 않은 무염 버터가 있다. 무염 버터는 보존성이 짧고 식용으로는 맛이 부족하므로 제과 원료나 조리용으로 이용되며, 신장병 환자를 위한 특수용도에 적합하다. 버터는 냄새를 빨리 흡수하므로 밀폐하여 저장하여야 한다.

2) 마가린

마가린은 버터의 대용품으로 80%의 지방을 함유한 유중수적형 유화 형태이다. 대부분 식물성 기름에 적당히 수소를 첨가하여 부분적으로 경화시킨 것이며 대두유가 가장 많이 이용되고, 경화된 면실유를 대두유와 섞기도 한다. 옥수수유와 같은 단일 기름으로 만들거나 여러 기름을 섞어서 만들기도 한다. 경화의 정도가 클수록 마가린이 더 단단하다. 보존제로 벤조산(benzoic acid), 향미를 위해 디아세틸(diacetyl), 유화제로서 모노글리세라이드와 디글리세라이드 또는 레시틴을 첨가하고, 노란 색소와 비타민 A, D를 첨가한다. 이와 같이 버터와 유사하게 만든 마가린을 스틱 마가린(stick margarine)이라 하며, 스틱 마가린 보다 고도 불포화 지방산의 함량이 더 많아 융점이 낮은 것을 소프트 마가린(soft margarine)이라 한다. 스틱 마가린을 휘저어 부피를 증가시켜 부피당 열량을 낮게 만든 휘핑 마가린(wipped margarine)도 있다.

3) 라드

라드는 100% 지방으로 돼지의 지방 조직에서 분해해 낸 가장 오래된 지방 중의 하나이다. 라드의 질은 지방을 얻은 조직의 부위, 사료의 종류, 정제 과정에 따라 다르다. 돼지의 복부에서 얻는 지방은 질 좋은 라드를 만드는 데 사용된다.

라드는 일정 기준과 향, 냄새, 텍스처 같은 물리적 특성의 기준이 없고 크리밍하는 힘이 약하여 케이크류에 사용하는 것이 적합하지 않다. 라드는 변질이 잘 되기 때문에 가공 과정 중에 항산화제를 첨가하여 저장성을 증가시킨다. 라드는 비교적 발연점이 낮아 튀김요리에 적당하지 않지만 가소성과 연화성이 좋아 제과용으로 이용하면 좋다. 페이스트리를 만들 때 라드를 사용하면 보다 바삭거리고, 빈대떡을 부칠 때 사용하면 다른 기름보다 더 부드럽다.

4) 쇼트닝

쇼트닝은 라드의 대용품으로 정제된 식물성 기름에 수소를 첨가하고 니켈을 촉매로 하여 가소성이 있는 고체 기름으로 만든 것이다. 경화가 부분적으로 이루어지는데 그렇지 않으면 너무 단단해서 가소성을 잃어버린다. 부드럽고 일관성 있는 쇼트닝을 만들기 위해서는 가장 좋은 결정구조를 형성하여야 한다.

쇼트닝은 100% 지방으로 향미가 없고 튀김을 할 수 있을 정도의 발연점을 가지고 있어 튀김용으로도 많이 사용하는데, 트랜스 지방(trans fat)이 형성되므로 주의해야 한다. 또한 연화성과 크리밍성이 좋아 제과 제빵에 다양하게 이용된다. 쇼트닝에는 모노글리세라이드와 디글리세라이드 같은 유화제를 첨가하는 경우가 많은데, 이러한 쇼트닝은 케이크나 과자류의 품질을 좋게 해 주지만 발연점을 낮게 하므로 튀김용으로는 적당하지 않다.

5) 대두유

대두유는 세계에서 가장 많이 생산되고 있는 기름이며 콩은 주로 미국, 브라질, 중국에서 재배되고 있다. 튀김 기름으로 사용될 때 리놀렌산이 산화되어 이취(off flavor)가 생기기 때문에 부분적으로 수소를 첨가하여 정화한 후 융점을 22~28℃ 또는 35~43℃의 범위가 되도록 하거나, 육종학적으로 리놀렌산의 함량이 낮은 품종을 개량하여 재배하고 있다. 부분적으로 수소 첨가된 대두유는 마가린과 쇼트닝의 재료로 이용되기도 한다.

6) 옥수수유

옥수수유는 옥수수의 배아를 분리하여 압착하고 용매로 추출하여 조유를 얻은 다음, 정제, 동유처리 하여 왁스성분을 제거한다. 옥수수유는 마가린과 쇼트닝의 재료로 사용되며 샐러드유와 튀김유로 많이 이용되고 있다.

7) 면실유

면실유는 미국에서 많이 생산되며 면실(cotton seed)로부터 얻어지는 식용유로서 우수한 향미를 갖고 있다. 성분 조성은 원료나 산지에 따라 다소 차이가 있으나 필수 지방산인 리놀렌산이 52~59%로 가장 많다. 샐러드유를 만들기 위해서는 동유처리를 하여야 한다. 마요네즈나 샐러드드레싱을 만들 때, 튀김이나 볶음요리에 많이 이용되며 마가린이나 쇼트닝의 원료로 이용되기도 한다.

8) 샐러드유

식물성 기름을 동유처리 한 기름으로서 샐러드드레싱을 만들 때 사용하면 좋다.

9) 올리브유

올리브유는 지중해에서 조리용으로 많이 이용하고 있는 기름으로 단일 불포화 지방산이 80% 정도 함유되어 심장병 예방효과가 있다. 산화 정도는 포화 지방산과 다가 불포화 지방산의 중간 정도로 모든 종류의 조리에 사용할 수 있다. 품질 등급과 산의 함량에 따라 올리브유를 분류할 수 있다. 이탈리아법에 의하면 산 함량이 낮을수록 등급이 더 좋은 것이다. 올리브유는 제조법과 품질 등급에 따라 크게 세 가지로 분류하는데 정제하지 않고 압착한 버진(virgin) 등급, 화학적으로 정제한 리파인드 버진(refined virgin) 등급, 정제한 올리브유와 버진 등급을 혼합한 퓨어(pure) 등급이 있다. 정제하지 않을수록 우수한 등급으로 본다.

① 버진 등급

버진 등급 올리브유들은 냉각 압착으로 생산되기 때문에 강한 올리브 향미를 갖고 엽록소가 함유되어 있어 푸른색을 띤다. 일반적으로 버진 등급은 품질에 따라 우수한 등급부터 나열하면 엑스트라 버진(extra virgin olive oil), 파인버전

올리브유(pine virgin olive oil), 버진 올리브유(virgin olive oil)로 분류한다. 가볍게 압착하여 처음에 추출한 등급을 엑스트라 버진이라고 하는데 총 생산량의 10% 미만이며 품질이 가장 좋다(산 함량 1% 이하). 파인 버진은 엑스트라 버진과 마찬가지로 최상품 올리브를 처음 추출한 오일이지만 산도가 엑스트라 버진보다는 약간 높다. 두 번째로 추출한 버진 올리브유는 산 함량이 1~3.3%이다.

② 리파인드 버진 등급

버진 올리브유 중 산 함량이 3.3% 이상인 낮은 등급의 기름을 정제한 올리브유를 말하며, 정제 과정에서 맛과 향, 색깔이 거의 제거되기 때문에 일반적으로 버진 올리브유와 혼합하여 사용한다.

③ 퓨어 등급

혼합 올리브유인 퓨어 올리브유는 정제한 리파인드 버진 올리브유에 버진 올리브유를 혼합한 것으로 향미와 색이 덜 강해 연하고 부드러우며, 값이 저렴하다. 일반적으로 정제한 올리브유와 버진 올리브유를 80:20으로 혼합하여 생산한다. 산도는 자연 산도가 아닌 가공 산성도로 pH 1.5 이하이다.

올리브유를 선택할 때 무조건 높은 등급을 선택할 필요는 없다. 등급에 따라 가격이 차이도 크며, 등급별 특성이 다르므로 조리 용도에 따라 선택하는 것이 바람직하다. 흔히 시판되는 올리브유는 엑스트라 버진과 퓨어 등급이다. 엑스트라 버진 올리브유는 맛과 향이 뛰어나지만 발연점이 낮으므로 튀김보다는 직접 찍어 먹거나 차가운 샐러드드레싱에 이용하는 것이 좋으며, 가열조리를 할 때는 향이 휘발되므로 마지막에 넣는 것이 좋다. 볶음에는 향이 더 부드러운 올리브유를 이용하는 것이 좋다. 퓨어 올리브유는 직접 먹기는 부적합하지만 발연점이 높아 튀김 등 고온으로 가열조리에 적합하여 식용유 대체용으로 이용할 수 있다.

10) 채종유

유채과에 속하는 1년생 초본인 채종(rape seed)에서 짜낸 것으로 유채기름 또는 카놀라유라고도 한다. 세계적으로 볼 때 식물성 기름 중 대두, 팜, 해바라기씨 다음으로 생산량이 많다. 1980년대 카놀라(canola)라는 이름으로 세계적인 보급이 시작되었으며 주요 생산국은 중국, 인도, 캐나다, 프랑스 등이다. 필수 지방산인 리놀렌산을 9~15% 함유하며 샐러드유와 튀김유 또는 마가린이나 쇼트닝의 가공용 유지로 이용된다. 국내에서는 제주도에서 재배되나 그 양이 적어 대부분 외국에서 수입한다.

11) 미강유

쌀겨로 짜낸 기름으로 맛이 좋지 않으나 정제하면 튀김용으로 사용할 수 있다.

12) 참기름

참깨를 볶아 압착하여 기름을 짠 것으로서 피라딘(pyradines)류가 고소한 향을 나타낸다. 참기름은 저장성이 좋으며 항산화성이 있는 다량의 세사몰(sessamol)을 함유하고 있다.

13) 들기름

들깨에서 짠 기름들은 고도 불포화 지방산의 함량이 높으므로 산화 안정성이 낮으나, 오메가-3 계열인 리놀렌산을 많이 함유하고 있어 우수한 기능성이 있다. 산패가 빨리 일어나므로 시원한 곳이나 냉장고에 보관한다.

[2] 유지의 특성

1) 결정구조

상온에서 고체 지방은 액체 기름에 지방 결정체가 혼합된 현탁액이다. 온도가 증가하면 결정체는 녹고 액체기름으로 바뀐다. 물과 달리 지방 분자는 결정화되면 더 조밀해지기 때문에 지방이 녹으면 부피가 증가한다.

지방의 고체화에 영향을 주는 요인은 결정체의 형태인데 지방 결정에는 알파(α)형, 베타프라임(β')형, 중간(intermediate)형, 베타(β)형의 네가지 형태가 있다.

α형 결정은 매우 미세하고 극히 불안정하여 아주 빠르게 녹아 더 큰 결정구조인 β'형으로 재결정화한다. β'형 결정의 지방 표면은 매우 부드러우며 이러한 상태는 품질이 대단히 좋은 쇼트닝의 새 깡통을 열었을 때 볼 수 있다. β'형 결정은 α형 결정보다 안정하므로 유통기간 중 상당히 높은 온도에서도 결정이 유지되며 제과 제빵에 이용하면 텍스처에 도움이 된다. 중간형 결정은 β'형 결정이 따뜻한 온도에서 보관될 때 녹아서 더 크고 거친 중간형으로 결정화된 것으로 외관이 약간 거칠며 조리 시에는 적합하지 않다. β형 결정은 가장 안정적이나 가장 거친 텍스처의 결정형이다.

지방 결정의 크기는 소비자들이 외관을 보고 품질을 판정하는 데 매우 중요한 요인이 된다. β'형 결정이 가장 안정적이면서 부드러운 텍스처를 가지는 좋은 결정형이므로 유통기간 중 냉장 보관하는 것이 좋으며, 만일 유통기간 중에 보관 온도가 높으면 β'형 결정은 녹아 중간형 또는 β형으로 재결정화 되어 바람직하지 않다.

2) 융점 melting point

융점은 녹는점이라고도 부르며, 고체 지방이 액체 기름으로 되는 온도를 말한다. 지방은 순수한 물질이 아닌 트리글리세라이드의 혼합물이기 때문에 서로 다른 융점범위를 갖는다. 일반적으로 융점은 구성 지방산의 불포화도, 사슬 길이(탄소 수), 이중결합의 위치 등에 의하여 영향을 받는다.

① 구성 지방산의 불포화도

팔미트산이나 스테아르산과 같은 포화 지방산을 높은 비율로 함유하면 융점이 비교적 높아 실온에서 고체 상태가 된다. 반면 올레산이나 리놀레산과 같은 불포화 지방산을 높은 비율로 함유하여 불포화도가 높아지면 비교적 융점이 낮아 실온에서 액체 상태가 된다.

② 사슬 길이 (탄소 수)

지방산의 탄소수가 증가함에 따라서도 융점이 높아진다. 탄소 원자수가 4개인 부티르산은 18개인 스테아르산보다 낮은 온도에서 녹는다. 버터는 비교적 짧은 사슬의 지방산들을 다량 함유하여 대부분 포화 지방산으로 이루어져 있는데, 그보다 긴 사슬의 지방산을 함유하는 소기름이나 경화된 쇼트닝보다 낮은 온도에서 녹는다.

③ 이중결합의 위치

불포화 지방산 중 시스(cis) 형태에서 이중결합의 위치만 바꾼 트랜스(trans) 지방은 이중결합의 위치가 달라짐에 따라 융점이 높아지게 된다. 일반적으로 동물성 유지는 탄소의 사슬이 긴 포화 지방산의 함량이 많아 융점이 높아서 상온에서 고체이며, 식물성 유지는 불포화 지방산의 함량이 많기 때문에 융점이 낮아서 액체로 존재한다. 그러나 팜유, 코코넛유 등은 식물성 유지이지만 불포화 지방산 함량이 낮아 상온에서 고체 상태이다.

3) 용해성 solubility

지방은 물에 불용성이고 클로로폼(chloroform), 에테르(ether), 벤젠(benzene) 등의 유기 용매에는 용해된다. 지방은 물에 대한 친화력이 낮기 때문에 물과 쉽게 결합하지 않는다.

4) 비중 specific

대부분의 유지류의 비중은 0.92~0.94로 물보다 가벼워 물과 섞으면 물 위에 뜬다. 비중은 지방산의 탄소 수가 증가할수록, 불포화 지방산이 많을수록 커진다.

5) 가소성 plasticity

가소성이란 고체가 외부에서 힘을 받았을 때 형체가 변한 뒤 그 힘을 없애도 원래의 상태로 돌아가지 않는 성질을 말한다. 실온에서 고체상으로 보이는 대부분의 지방은 실제로는 고체 지방 결정과 액체 기름을 함께 함유하고 있는 것인데, 이러한 독특한 구성 때문에 지방은 가소성을 가지며 여러 모양으로 성형할 수 있다. 가소성이 있는 지방에서 결정의 형태와 크기는 제과 제빵 시 지방의 역할에 영향을 주며, 저어주면 공기를 함유할 수 있다. 버터, 마가린, 라드, 쇼트닝 등이 일정 온도 범위에서 가소성을 가지는 대표적인 지방으로 제과 제빵 시 다양하게 이용된다.

6) 발연점 smoking point

기름을 가열할 때 온도가 상승하면 기름의 표면에서 자극성 있는 푸른색의 연기가 나기 시작하는데 이 온도를 발연점이라 하며, 이것은 지방의 종류에 따라 다르다. 이때 연기성분은 알데하이드, 케톤, 알코올, 아크롤레인 등이다. 아크롤레인은 글리세롤의 탈수로 인하여 생성된 물질로**[그림 18-1]**, 눈과 목을 자극하며 인체에 해로우므로 조리를 할 때는 발연점 이하의 온도에서 해야 한다.

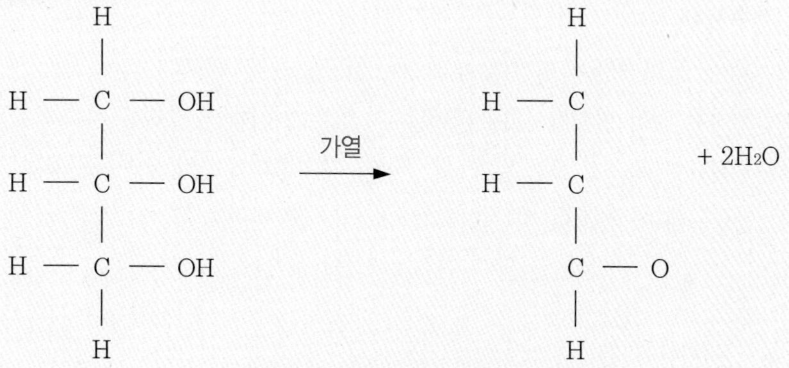

Glycerol   Acrolein

[그림 18-1] 아크롤레인의 형성

발연점은 지방의 종류와 그 외의 여러 조건에 따라 영향을 받으며 기름의 발연점에 영향을 주는 조건은 다음과 같다.

① 지방의 종류

지방의 종류에 따라 발연점의 차이가 있으므로 발연점이 높은 기름을 이용한다. 몇 가지 기름의 발연점을 보면 올리브유는 등급에 따라 160~200℃로 차이가 있으며, 참기름과 들기름은 160℃ 이하, 대두유는 200℃ 이상, 채종유와 옥수수유는 240℃, 270℃로 발연점이 높아 튀김 요리를 하면 바삭바삭하다.

② 가열횟수

동일한 기름에서도 가열횟수가 많으면 발연점이 낮아지므로 한 번 사용한 기름을 여러 번 재사용하는 것은 바람직하지 않다.

③ 유리 지방산 함량

유리 지방산 함량이 높은 기름일수록 발연점이 낮다. 가열횟수가 증가하면 열에 의해 지방산이 분해되므로 유리 지방산 함량이 높아진다.

④ 기름의 표면적

기름의 표면적이 넓을수록 발연점이 낮아진다. 그러므로 튀김용으로는 좁고 깊은 용기를 사용하는 것이 좋으며, 보관 시에도 입구가 좁은 것이 좋다.

⑤ 정제도 및 이물질의 존재

정제도가 낮거나 이물질이 존재하면 발연점이 낮아진다. 한 번 사용한 기름은 식힌 후 찌꺼기를 걸러내고 사용해야 하며, 튀김을 할 때도 찌꺼기를 제거하면서 조리하지 않으면 발연점이 낮아져 빨리 타게 된다.

7) 가수분해

유지류는 물과 작용하면 가수분해되어 지방산과 글리세롤로 된다. 고온으로 하면 촉매제 없이 단시간 내에 일어날 수 있는데 이때 알칼리를 촉매제로 사용하면 적당한 속도로 진행된다. 알칼리가 가성소다인 지방산과 작용하여 비누를 만드는데 이 과정을 비누화(saponification)라고 한다.

2. 유지의 산패

　산패란 지방과 지방 식품에서 좋지 않은 맛과 냄새가 나는 현상으로, 유지의 저장 중 일어나며 특히 불포화도가 높거나 주위 환경이 지방의 화학적 변화를 유도하는 조건일 때 잘 일어난다. 이러한 유지의 산패는 가수분해와 산화의 두 가지 형태에 의하여 주로 일어난다.

[1] 가수분해에 의한 산패

　가수분해는 물 분자가 첨가되어 화학적결합이 깨지는 반응 현상이다. 중성 지방이 가수분해되면 유리 지방산과 글리세롤로 분해된다. 이 반응은 식품에 자연적으로 존재하는 효소인 리파아제(lipase)에 의해 촉진될 수 있다.

　부티르산, 카프로산과 같이 탄소 길이가 짧은 저급 지방산은 버터에 많이 들어있는데 실온에서 휘발성이며 산패한 버터의 불쾌한 냄새와 맛의 원인이 된다. 팔미트산, 스테아르산, 올레산과 같이 탄소길이가 긴 고급 지방산은 실온에서 휘발성이 아니기 때문에 산화와 같은 변화가 있지 않는 한 나쁜 냄새를 내지 않는다.

[2] 산화에 의한 산패

　산화적 산패는 일부 식품에 존재하는 효소인 리폭시다아제에 의해 유발될 수도 있으나, 대개는 계속되는 연쇄반응(chain reaction)에 의해 일어난다. 즉, 공기의 존재 하에서 지방이 산소를 취하고 지방산의 이중결합 다음의 탄소 원자에서 수소 원자를 잃어버릴 때 발생한다. 이때 하이드로퍼옥사이드(hydroperoxide)를 형성하게 되는데 이것은 쉽게 파괴되어 나쁜 냄새가 나는 원인이 된다.

　산화적 산패가 일어나기 쉬운 것은 주로 불포화 지방산이며, 고도로 수소가 첨가된 지방이나 대부분이 포화 지방산들로 구성된 천연 지방은 이런 화학반응에 대해 저항력이 있다. 즉, 이 반응은 지방이 산소, 빛, 열에 노출되었을 때, 식품 부스러기와 금속에 의하여 불포화도가 높을 때, 그리고 이중결합에 결합한 같은 기가 서로 같은 쪽에 있는 시스(cis)형일 때 촉진된다. 이러한 유형의 산패는 유지류와 지방질 식품을 변질시키는 주된 원인이 되며, 곡류 가공품 같이 소량의 지방을 함유한 건조식품에서도 문제가 될 수 있다. 지방질 식품에서 산패가 진행되면 그 안에 들어있는 지용성 비타민 A와 E도 산화된다.

(3) 항산화제와 산패의 방지

지방은 저장 조건의 조절로 산패의 진행을 방지할 수 있다. 빛, 습기, 공기를 차단하고 냉장 온도에서 저장하면 산패 방지에 도움이 된다. 지방의 산패는 초기에는 서서히 일어나나 한번 산패되면 매우 빨리 반응이 진행된다. 철, 구리, 니켈과 같은 금속이 존재하면 이 반응이 더 빨리 일어난다. 예를 들어 육류에 함유된 철분은 육류를 저장하는 동안 발생하는 지방 산패의 원인이 될 수 있다. 이 반응은 육류를 냉동하는 동안에도 계속된다. 지방 산패는 고온, 빛, 염화나트륨(식탁염)의 존재 하에서도 촉진된다. 지방을 갈색 병이나 밀폐된 병에 보관하여 공기와 빛에 덜 노출시키고 시원한 곳에 보관하거나 항산화제를 첨가하면 산화적 산패를 줄일 수 있고 저장기간을 연장할 수 있다.

항산화제는 스스로가 산화될 수 있고, 항산화제가 가지고 있는 수소를 지방에 줄 수 있다. 또한 미량 금속과 같은 촉매요인을 격리시킬 수 있는데 이는 초기반응을 멈추게 할 수 있다. 그러나 일단 산화가 일어나면 항산화제는 지방을 처음의 품질로 돌아가게 할 수는 없다. 유지류에는 자연적으로 많은 항산화제가 존재하는데 가장 많이 알려진 것이 토코페롤이다.

그러나 토코페롤은 열에 예민하여 정제 과정 중 파괴될 수도 있다. 이외에 레시틴과 참기름에 함유된 세사몰(sesamol)도 항산화제이다. 허용된 항산화제에는 여러 종류가 있으며 구연산, 아스코르브산, 인산과 같은 물질은 항산화제와 함께 사용하면 상승작용을 한다.

(4) 향미의 전환

향미 전환(flavor reversion)은 지방에서 실제적인 산패 발생 전에 일어나는 산화적 변패로, 지방이 좋지 않은 냄새를 내기 시작하는 것이다. 대두유의 경우 초기에는 콩 비린내가 나고 시간이 지나면 생선 비린내로 변한다. 특히 대두유는 리놀렌산, 철, 그리고 구리를 상대적으로 많이 함유하기 때문에 이런 현상이 더 잘 일어난다. 미량 금속은 리놀렌산과 더 잘 반응하며 산화되면 좋지 않은 냄새 물질(2-pentenylfuran)을 생성한다.

3. 유지의 정제와 가공

유지는 여러 급원에서 채유하여 기본적인 처리를 한 후 식용으로 사용한다.

[1] 채유와 정제

동물과 식물 조직에서 유지를 채유할 때는 증기처리법(steam rendering), 건열처리법(dry rendering), 압착법(pressing method), 추출법(extracting method)으로 채유하여 알칼리로 불순물을 제거하고 탈색, 탈취하여 정제한다.

[2] 동유처리 winterizing, winterization

식용유를 냉장 보관할 때 뿌옇게 되는 경우가 있다. 이는 기름에 있는 트리글리세라이드 분자의 일부가 다른 분자보다 융점이 높기 때문에 낮은 냉장 온도에서 결정화되거나 응고물을 만들기 때문이다. 액체기름을 7℃까지 냉장시켜 결정체를 여과 처리하여 제거하면 여과된 기름은 융점이 낮아 냉장 온도에서 결정화되지 않게 된다. 이것을 동유처리라 한다. 샐러드유를 제조할 때 이용되며 옥수수유, 대두유, 면실유 등은 동유처리하나 올리브유는 향을 보존하기 위하여 동유처리를 하지 않는다.

[3] 경화처리 hydrogenation

액체 기름과 부드러운 지방은 경화처리에 의하여 고체가 되는데 수소원자가 불포화 지방산에 있는 이중결합에 첨가되고, 열과 금속(니켈, 구리)이 촉매제 역할을 한다. 경화처리는 식물성 기름 또는 동물성 기름으로부터 마가린이나 쇼트닝을 만들 때 적용된다. 액체 기름에 수소 이온을 첨가하면 가소성을 가진 고체 지방으로 변하고 융점이 높아져 산화에 안정성을 보여 저장성이 높아진다. 또한 고소하고 바삭바삭한 맛을 낼 뿐만 아니라 적당한 정도의 가소성을 나타내므로 다른 재료와 잘 혼합될 수 있다.

경화처리는 어느 시점에서나 쉽게 멈출 수 있으므로 용도에 따라 부드러운 정도를 조절할 수 있다. 완전히 수소 첨가된 지방은 매우 단단하며 부서지기 쉽게 된다. 이런 처리를 거쳐 마가린과 쇼트닝을 생산한다.

4. 조리 시 유지의 기능

유지류는 식품을 조리할 때 여러 가지 용도로 사용한다. 영양적으로는 많은 열량과 필수 지방산을 공급해 주며, 밀가루 제품의 글루텐을 연화하고, 크리밍 하면 공기를 포함하여 음식의 부피를 증가시키며, 튀김 같은 경우 열전도체로 작용하고, 유화액을 형성하며 음식의 맛을 증진시킨다.

[1] 연화작용

음식을 볶거나, 양념해서 굽거나, 튀기거나, 나물을 무칠 때, 약과 반죽을 할 때 기름을 넣으면 부드러워진다. 밀가루 제품에서 지방은 글루텐의 길이를 짧게 만들어 부드럽게 해 주는데, 이러한 성질을 글루텐의 길이를 짧게 해준다는 의미로 쇼트닝성(shortening power)이라 한다. 즉 글루텐을 물리적으로 분리시켜 결합하지 못하도록 방해하는 층을 형성함으로써 연화작용이 일어난다.

지방은 반죽의 종류에 따라 다른 형태로 분산되어 있다. 케이크나 도넛 반죽에서는 비교적 작은 입자로 존재하며, 파이나 크래커 반죽에서는 큰 덩어리로 존재하다가 반죽을 밀대로 밀어 늘려서 얇은 막이 되어 막의 윗부분과 아랫부분이 완전히 분리되므로 구웠을 때 켜가 생긴다. 케이크, 도넛, 쿠키 같은 반죽에는 기름을 비교적 적게 넣어 연하게 하고, 파이나 크래커 같은 것에는 반고체 상태의 유지를 많이 넣고 물을 적게 넣음으로써 켜가 많이 생기고 바삭바삭해진다. 우리나라의 약과는 밀가루에 참기름을 넣고 고르게 섞어 기름에 지져낸 것으로 기름의 쇼트닝 성질이 크게 나타나는 음식이다.

참고 연화작용에 영향을 미치는 인자

기름이 물 위를 덮는 면적이 곧 기름의 쇼트닝성이다. 유지류의 쇼트닝성은 유지 자체의 본성 즉 유지의 종류, 첨가하는 지방의 양, 지방의 온도, 반죽의 정도 및 방법, 밀가루 반죽에 넣는 다른 물질의 종류와 양에 따라 달라진다.

• **유지의 종류**(가소성)

지방 내에 모노글리세라이드와 디글리세라이드가 존재하게 되면 지방의 유화를 증가시켜 반죽 내에서 작은 지방구들이 분산되도록 도와 더욱 부드럽게 한다.

지방의 가소성과 쇼트닝성은 밀접한 관계가 있다. 즉, 가소성이 큰 지방일수록 더 잘 퍼지므로 밀가루의 표면에 더 잘 분산되어 쇼트닝성이 커진다. 쇼트닝성은 라드 〉쇼트닝 〉버터 〉마가린 순이다. 가소성이 있는 지방에서 트리글리세라이드 분자의 일부는 액체 형태로 존재하고 일부는 고체 형태로 결정화되어 있다. 지방 내에 고체와 액체상이 공존함으로써 지방에 힘이 가해졌을 때 부서지거나 쪼개지지 않고 성형이 잘 될 수 있다.

상온에서 부드러운 상태의 지방은 쇼트닝성이 좋으나 흘러내릴 정도의 지방은 최대한의 쇼트닝성을 나타낼 수 없다. 이는 기름이 반죽에서 흘러내리기 때문이다. 또한 지나치게 단단한 지방도 반죽 속에서 지방이 고루 분산되지 못하기 때문에 연화작용이 약하다.

• **지방의 양**

첨가하는 지방의 양이 증가하면 쇼트닝성이 커진다. 그러나 약과 반죽 등에 참기름을 너무 많이 첨가하면 글루텐 형성을 방해해 기름에 지질 때 풀어질 수 있다.

• **지방의 온도**

지방의 온도는 가소성에 영향을 준다. 고체 지방이나 액체유 모두 온도에 의해 유동성이 달라진다. 버터는 22~28℃에서 가장 가소성이 크고 18℃에서는 가소성이 낮아지며, 고온에서는 버터가 매우 부드러워지거나 완전히 녹게 된다.

• **반죽의 정도 및 방법**

반죽의 정도 또한 쇼트닝성에 영향을 준다. 고체 지방에 설탕을 넣고 저어서 크리밍을 하거나 밀가루에서 잘라 작은 덩어리로 만들거나, 고체 지방만을 휘저어 물리적 힘을 가해주면 지방이 더 물러지고 그 결과 밀가루 반죽 내에서 더 잘 퍼진다. 그러나 반죽을 지나치게 오래 하면 유지가 있어도 글루텐이 많이 형성되어 쇼트닝성이 낮아지고 질겨진다.

• **다른 물질**

밀가루로 굽는 제품에는 일반적으로 밀가루 외에 지방, 설탕, 우유, 달걀, 소금, 베이킹파우더 등을 넣는다. 이 중에 다른 재료는 지방의 연화력에 영향을 주지 않으나 달걀만은 영향을 주는데, 달걀노른자는 묽은 반죽에서 지방과 섞여 수중유적형의 유화액을 형성한다. 이와 같이 지방의 일부가 유화액을 형성하면 연화작용할 양이 감소하므로 기름의 쇼트닝성은 감소한다.

(2) 크리밍성 creaming

버터, 마가린 또는 쇼트닝 등의 가소성이 있는 고체 지방에 공기를 넣어 매끄럽게 하는 일을 크리밍이라 한다. 교반해주면 공기가 내포되면서 부드러운 크림 상태가 되는데 이러한 성질은 버터가 많이 들어가는 케이크를 만들 때 이용된다.

먼저 버터를 설탕과 함께 크리밍 한 다음, 달걀을 넣고 밀가루를 넣어주는 방법을 사용한다. 크리밍의 정도는 크리밍가로 나타내는데, 이것은 100g의 유지를 거품 낼 때 혼입되는 공기의 mL 수로서 케이크의 품질과 매우 관계가 깊다. 유지의 크리밍성은 쇼트닝 〉 마가린 〉 버터의 순이다.

케이크를 만들 때 크리밍 상태가 좋을수록 부피가 크고 매우 부드럽다. 크리밍 해 주는 시간이 부족하거나 지나치면 케이크의 부피는 적고 경도가 높으므로 적당한 시간 동안 크리밍 해 주는 것이 중요하다. 크리밍가는 유지의 온도에 따라 변하므로 유지별로 적절한 온도에서 크리밍 해주어야 한다. 대체로 쇼트닝은 25℃, 버터는 20℃에서 가장 좋은 크리밍가를 보인다.

(3) 열전달 매체

유지류는 비열이 작아 온도가 쉽게 상승하므로 식품에 열을 빨리 전달한다. 그러므로 조리를 할 때 지방은 열을 전도하는 좋은 매개체로 작용하여 튀김, 볶음, 지지기 등에 이용된다.

(4) 유화작용

기름은 유화액의 한 성분으로 이용된다. 유화는 chapter 3 조리와 물에서 자세히 설명하였다.

5. 유지를 이용한 조리

(1) 튀김

튀김이란 기름을 사용하여 식품을 가열하는 조리법으로 고온의 기름 속에서 단시간 처리되므로 다른 조리법에 비하여 영양소나 맛의 손실이 가장 적다. 튀김 온도는 재료에 따라 다르지만 일반적으로 170~180℃가 가장 적당하며,

기름의 대류에 의하여 열전도가 일어난다.

튀김 기름을 고온에서 사용하거나 상온에서 장시간 저장할 경우 여러 가지 물리·화학적 변화가 일어나게 되며, 이로 인하여 기름의 산패가 진행되어 산가의 증가, 이중결합의 증가, 점도 증가, 굴절률 증가, 발연점의 감소 등 여러 가지 변화가 일어난다. 이외에도 튀김시간이 길어짐에 따라 사용한 기름에서 필수 지방산의 감소, 거품의 형성, 점도의 증가, 변색 및 독성 물질의 생성들의 현상이 유발된다.

1) 튀김 중 기름으로 생성되는 주요한 화합물

① 유리 지방산의 생성

트리글리세라이드는 수분과 가열에 의하여 에스테결합이 분해되어 유리 지방산을 생성하게 되어 발연점이 점점 낮아진다.

② 휘발성 향미성분의 생성

하이드로퍼옥사이드(hydroperoxide)의 형성과 분해를 동반하는 기름의 산화반응으로부터 알데하이드, 케톤, 탄화수소, 락톤, 알코올, 산, 에스테 등이 생성된다. 가열된 기름 중에 생성되는 휘발성 물질의 양은 기름과 식품의 종류, 가열 온도와 방법 등에 따라 다르다.

③ 중합체의 생성

기름의 가열 및 산화 과정에서 일어나는 중요 반응 중의 하나는 중합체가 생성되는 것이다. 중합체가 생성되면 기름의 아이오딘 값은 감소되고 분자량, 점도, 굴절률은 증가된다.

2) 튀김 중 식품의 변화

튀김 중 식품의 수분이 계속적으로 유출되어 뜨거운 기름으로 나오게 된다. 이로 인하여 기름에 생성된 각종 휘발성 산화 생성물을 밀어내게 된다.

식품에서 유출된 수분은 기름의 가수분해를 촉진시키며 이로 인해 유리 지방산의 함량이 증가된다. 식품이 기름 위로 떠오르는 것은 식품 속의 수분이 빠지기 때문이며, 식품을 그냥 튀기면 대게 40%의 수분이 감소하고 튀김옷을 입히고 튀기면 20%의 수분이 감소한다.

튀김 과정 중 기름을 흡수하며 흡수량은 여러 가지 조건에 따라 다르다. 기름의 흡착률은 튀김옷을 입힌 것이 5~10%, 그냥 튀긴 것이 3% 정도이다. 재료에 설탕이 많이 들어간 것, 물이 많이 들어간 반죽, 식빵처럼 공간이 많이 있는 것은 적당한 온도에서도 기름을 많이 흡수한다. 그러나 반죽이 되거나 많이 치댄 것은 기름을 훨씬 적게 흡수한다. 튀김 과정 중 식품 자체의 지방질 성분이 튀김 기름으로 유출되는 경우가 있는데 이러한 현상으로 다양한 이화학적 변화가 초래되어 튀김이 바람직하지 못한 방향으로 진행되기도 한다. 즉, 기름의 과도한 분해로 튀김 제품의 관능 특성이 좋지 못하게 될 뿐만 아니라 영양가의 손실도 일어날 수 있다.

3) 튀김유와 튀김 온도

발연점이 낮은 기름은 낮은 온도에서도 연기와 자극적인 냄새가 나므로 튀김용으로는 적당하지 않다. 튀김유로 좋은 것은 발연점이 높은 것으로 대두유, 면실유, 옥수수유 등이다.

반복하여 사용한 기름은 지방의 일부가 분해되어 발연점이 낮아진다. 한 번 사용할 때마다 10~15℃ 정도 발연점이 낮아진다.

튀김은 재료의 종류에 따라 튀기는 온도가 달라지는데 표면만 가열해도 되는 음식은 고온에서 단시간 튀겨야하고, 속까지 충분히 익혀야 하는 음식은 낮은 온도에서 장시간 가열하여야 한다[표 18-1].

표 18-1 식품의 튀김 온도

튀김 온도(℃)	식품
140~150	약과
170~180	도넛, 닭, 돈가스(일반적인 튀김 온도)
190~200	크로켓, 프렌치 프라이드 포테이토

튀김할 때의 적온을 알기 위해서는 온도계를 사용하는 것이 가장 정확하나 온도계가 없을 경우에는 끓는 기름에 튀김옷을 조금 넣어 떠오르는 상태로 온도를 판단할 수 있다[그림 18-2]. 튀김옷이 팬 밑바닥에 닿은 후 떠오르면 140~150℃이며 튀김옷이 일단 기름의 1/3 정도의 깊이에 가라앉았다가 올라오면 170~180℃이다. 이것이 보통 튀김을 하는 온도이다.

튀김옷이 기름의 표면에 분산되면 190~200℃ 정도로 크로켓과 같이 표면만을 익힐 때 적당한 온도이다. 다른 방법으로는 나무젓가락을 팬 바닥에 닿게 하여 기름 분자의 움직임을 보고 가늠할 수 있다.

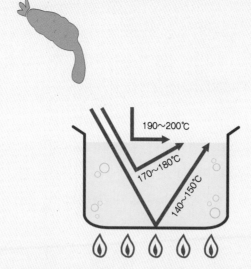

190~200℃

170~180℃

140~150℃

[그림 18-2] 튀김옷을 이용한 튀김 온도 측정법

4) 튀김옷의 재료와 만들기

① 밀가루

글루텐이 많이 생기지 않는 박력분이 가장 적합하다. 중력분을 사용할 경우 밀가루의 10~15%의 전분을 섞어 사용하면 밀가루가 전분으로 대치되어 박력분과 비슷해진다.

② 달걀

튀김옷을 만들 때 약간의 달걀을 섞어주면 달걀에 함유되어 있는 단백질과 지방이 반죽의 글루텐 형성을 방해하므로 맛이 좋아질 뿐만 아니라 튀김옷이 연하고 바삭해진다. 그러나 많은 양을 넣으면 튀김옷이 단단해질 수 있다.

③ 베이킹 소다

튀김옷을 만들 때 밀가루 무게의 0.2% 정도의 베이킹 소다를 넣으면 가열 중 탄산가스를 방출하고 동시에 수분도 다량 증발하므로 튀김옷의 수분함량이 적어져서 가볍게 튀겨지며, 비교적 오랫동안 바삭한 질감을 유지할 수 있으나, 비타민 B_1, C 등이 파괴된다.

④ 설탕

튀김옷을 만들 때 약간의 설탕을 첨가하면 튀김옷의 색이 적당히 갈변되고, 글루텐의 그물 모양 구조를 방해하므로 튀김옷이 연하고 바삭바삭해진다.

⑤ 물

밀가루 반죽에 사용하는 물의 온도는 글루텐 형성에 영향을 주게 되는데, 물의 온도가 높으면 튀김옷의 점도가 높아져 튀긴 후 튀김옷이 두꺼워지므로 물에 얼음을 띄우거나 찬물을 사용하는 것이 좋다.

5) 튀김 시 유의점

잘 된 튀김은 튀김옷이 질기지 않고 두껍지 않아야 하며 기름이 가능한 한 적게 흡수되어야 한다. 이러한 튀김을 만들기 위해서는 튀김옷의 재료, 밀가루와 물의 비율, 튀김옷의 반죽법, 기름의 종류, 튀기는 기름의 온도와 튀기는 시간 등이 중요하다.

튀김옷을 만들 때는 지나치게 섞지 않으며 즉시 만들어 사용하고 남기지 않도록 한다. 튀김재료는 신선한 것을 사용하며 재료에 따라 튀김 기름의 온도를 조절하여야 한다. 온도가 낮고 시간이 길수록 흡유량이 많아져 입안에서의 느낌이 나빠지므로 튀기는 동안 계속 같은 온도를 유지해야 한다.

한꺼번에 재료를 많이 넣으면 기름의 온도가 빨리 낮아지며 튀기는 과정에서 온도가 내려가면 다시 적정 온도가 된 후에 튀기기 시작해야 한다. 한꺼번에 많은 양의 기름을 넣는 것보다는 튀김 중간에 첨가해 주는 것이 좋다. 또한 튀김을 기름에서 건져 바로 겹쳐놓으면 습기가 생겨 튀김옷이 벗겨지고 눅눅해지므로 기름을 흡수할 수 있는 종이를 깔고 그 위에 펴 놓는다.

튀기는 음식의 표면적이 클수록 흡유량이 많아지므로 재료의 크기는 큰 것보다 작은 것이 맛있는 튀김이 된다. 이와는 반대로 우리나라의 약과류는 기름 흡수를 많이 요구하는 음식이므로 낮은 온도에서 서서히 익혀서 최대한 기름을 많이 흡수시켜야 부드럽고 바삭거리는 약과가 된다.

탕수육 등을 만들 때는 170~180℃에서 한 번 튀긴 후 탁탁 쳐서 공기를 빼준 후 190℃로 온도를 높여 한 번 더 튀겨 주는데, 이렇게 두 번 튀기는 이유는 이 과정에서 튀김 속의 남은 수분이 빠져나와 더 바삭바삭한 튀김이 되기 때문이다.

오징어와 같은 생선류는 껍질을 벗긴 후 적당한 두께로 썰어 살의 중간 중간에 칼집을 넣어 주면 좋다. 생선은 크기에 따라 작은 것을 통째로 튀기고 큰 것은 토막을 내어 튀긴다. 생선냄새를 없애기 위해 청주, 생강즙, 레몬 등을 사용하기도 하며 통째로 튀길 때는 기름의 온도를 약간 낮게(160~170℃)하고 속까지 완전히 익힌다.

육류를 튀길 때는 가능한 한 힘줄과 기름기가 없는 살코기가 적당하며, 얇게 저며 칼집을 낸 다음 알맞은 양념을 하여 튀긴다.

채소류는 깨끗이 씻어 물기를 제거한 다음 튀김옷을 입혀 튀기면 바삭하게 튀겨진다. 식품 중의 수분뿐만 아니라 튀김 시 발생하는 찌꺼기는 이물질로 작용해 튀김유의 발연점을 낮추므로 튀김하는 동안 찌꺼기를 제거하면서 튀기는 것이 좋다.

6) 튀김유의 보관

튀김을 끝낸 기름은 고운 체나 면보에 밭쳐서 불순물을 제거하고 갈색 병에 넣어 밀봉하여 직사광선이 없는 서늘한 곳에 보관한다. 튀김에 사용한 재료에 따라 튀김 기름의 상태가 다르므로 재사용 횟수에도 차이가 있다. 육류를 튀긴 기름은 다른 기름보다 먼저 사용하여 없애는 것이 좋다.

(2) 유화액

1) 프렌치드레싱 french dressing

프렌치드레싱의 주재료는 기름과 식초이다. 기름과 식초를 힘차게 흔들면 일시적으로 유화 상태를 형성하고 동작이 정지되면 기름방울은 즉시 결합된다. 이것은 유화제로서의 보호막이 분산상을 보호할 수 없기 때문이다. 시판되고 있는 프렌치드레싱은 껌류나 젤라틴을 첨가하기 때문에 유화 상태를 유지하고 있다.

2) 마요네즈 mayonnaise

마요네즈는 수중유적형 유화 상태이며, 식물성 기름, 달걀노른자, 식초나 레몬즙, 구연산, 소금, 겨자 등이 섞인 유화액이다.

노른자의 지방 단백질인 레시틴은 유화제로 작용하여 표면장력이 낮아지는 것을 방지해 주고 기름방울 주위를 피막으로 둘러싸서 기름방울들을 분산된 상태로 유지시킨다. 노른자 한 개에는 약 2g 정도의 레시틴이 들어있는데 약 3.5L의 마요네즈를 만들 수 있는 양이다.

노른자를 59~65℃에서 6분 정도 조리하거나, 62℃의 물에서 15분 정도 잘 저으면서 중탕하면 살모넬라를 걱정할 필요가 없는 마요네즈를 만들 수 있다.

참고 마요네즈 제조 및 분리·재생

• 마요네즈의 재료 및 제조법

마요네즈의 기본적인 재료는 기름, 산(식초 또는 레몬즙), 달걀노른자이다. 기름은 냄새가 없고 색이 엷으며 고도로 정제된 것이 좋다. 식초는 신맛을 주고 촉감을 좋게 하며 방부성을 높여주고 유화를 안정시킨다. 보통 초산을 4~5% 함유한 식초를 사용한다. 유화액이 형성된 후 식초를 넣으면 유화액이 묽어지고 신맛이 강해진다. 레몬즙은 강한 신맛과 향미를 가지며 펙틴질이 소량 함유되어 있어 유화액의 안정도를 높여준다. 소금은 짠맛을 주어 맛을 상승시키고 수중유적형의 유화액을 안정화시키는 경향이 있다.

겨자와 후추는 마요네즈의 향미를 돋우는데, 겨자는 달걀노른자의 유화력을 증가시키고 방부효과도 있지만 후추는 유화를 방해한다는 보고가 있다. 기름의 양은 65~75%로 노른자 한 개에 3/4~1컵 정도이고 식초는 2Tbsp 정도를 사용한다. 유화제나 산에 비하여 기름이 많을 경우 분리되기 쉽다. 시판되는 마요네즈에 사용된 재료의 양을 분석한 결과 대체로 기름과 수분의 비율은 80:20 정도이다.

마요네즈 제조 방법은 기름을 제외한 재료를 한 번에 섞는 방법, 노른자와 조미료를 먼저 넣고 조금씩 식초를 넣는 방법, 기름과 식초를 번갈아가며 넣는 방법, 그리고 노른자와 조미료에 기름의 상당량을 섞은 후 식초를 첨가하는 방법이 있다.

마요네즈는 노른자를 잘 풀고 처음에는 약 2~3Tbsp 정도의 기름을 한 방울씩 떨어뜨려 혼합한 후 기름 양을 증가시키며 나무주걱이나 거품기로 저어주어 첨가한 기름이 완전히 유화 상태가 되도록 하는 것이 가장 중요하다.

차가운 기름은 더운 기름보다 기름의 입자가 작은 입자 형태로 쪼개지는 데 시간이 걸려서 유화가 더디나, 일단 유화액을 형성하면 점성이 높은 안정된 유화액을 얻을 수 있다. 노른자의 농도, 처음 첨가한 식초의 양, 섞은 시간 등 모든 조건이 같으나, 전체 재료의 온도가 18℃로 낮을 때가 30℃로 높을 때보다 완성된 마요네즈의 점도가 높아 질이 좋다.

이미 만들어진 마요네즈를 조금 취하여 노른자와 식초의 혼합물에 넣고 만들기 시작하면 빠른 시간에 안정된 유화액을 얻을 수 있다. 이 방법으로 노른자의 함량이 낮으며 점성이 높은 드레싱을 만들 수 있다.

• 마요네즈의 분리

마요네즈는 유화액이 형성되는 제조 과정이나 저장 중에 분리가 일어날 수 있다. 만드는 동안 분리가 일어나는 경우는 초기의 유화액 형성이 불완전할 때, 기름을 한 번에 많이 넣거나 너무 빨리 넣었을 때, 유화제에 비해 기름의 비율이 너무 높을 때, 젓는 방법이 부적당할 때이다.

저장 중에 분리가 일어나는 경우는 마요네즈를 얼렸을 때, 고온에서 저장하여 물과 기름의 팽창계수가 다를 때, 뚜껑을 열어 놓아 건조되었을 때, 운반 중 지나친 진동이 있을 때이다.

• 마요네즈의 재생

마요네즈를 재생할 때는 노른자 한 개에 분리된 마요네즈를 조금씩 넣으며 저어주거나, 이미 형성된 마요네즈를 분리된 마요네즈에 조금씩 넣어가며 계속 저어준다.

채소

채소류는 에너지 급원식품은 아니지만, 체내 대사조절에 필요한 비타민과 무기질이 풍부하며, 장의 운동을 도와 변비에 좋은 섬유소가 풍부하다.

채소는 종류에 따라 먹는 부분이 다르다. 채소가 중요한 이유는 아름다운 색과 독특한 향미와 씹히는 맛으로 기호성을 높여주며, 무기질과 비타민의 급원이 된다. 또한 대부분이 알칼리성 식품이다. 채소에 따라서는 특수한 성분을 가지고 있는 것이 많아 향신료로서의 가치도 크다.

1. 식물 세포의 구조 및 구성 물질

[1] 식물 세포의 종류

1) 보호 세포

식물체의 표피를 형성하는 조직을 보호 조직이라 하며 식물을 보호하는 역할을 하며 보호 세포로 구성되어 있다. 세포들이 서로 밀접하게 붙어 있어 상당히 질기고, 식물의 외부에 존재하여 큐틴(cutin)을 분비하거나 코르크(cork)질을 함유하고 있어 외부로부터의 기계적 상해나 병충해에 대해 식물을 보호하는 역할을 한다.

2) 지지 세포

채소와 과일의 구조를 붙들어서 버티게 해주는 지지 조직은 세포의 집합체로 채소의 질긴 부분에 많다. 식물의 성장이 많이 된 것일수록 두꺼워져 조리 시 쉽게 부드러워지지 않는다. 이 세포는 어리거나 연한 부분에는 많지 않다.

3) 유도 세포

수분, 염류 및 기타 영양분을 필요한 각 조직에 운반하는 긴 관 모양의 세포로 리그닌(lignin) 같은 질긴 물질로 구성되어 있어 조리 시 부드럽게 되지 않는다.

4) 유세포

채소와 과일의 가식부를 구성하는 유조직은 유세포(parenchyma cell)로 이루어져 있으며 채소와 과일의 대부분을 차지하고 있다.

물질의 저장, 운반, 광합성작용 등 영양에 관한 작용을 한다. 이 세포들은 다변성의 입방체로 되어 있고, 채소나 과일의 종류에 따라 입방체의 면수나 밀착 정도, 내부 공간 상태가 다르다.

내부 공간은 공기로 채워지며, 이 공간으로 인해서 진한 색의 색소가 없는 채소는 백색으로 보인다. 예를 들면 감자의 유조직 세포는 빈틈없이 서로 맞추어져 있어 감자 부피의 1% 정도만 내부 공간이지만, 사과의 유조직 세포는 그렇게 꽉 들어맞아 있지 않아 사과 부피의 25% 정도가 내부 공간이므로 감자보다는 좀 더 성기고 더 부드러운 텍스처를 갖게 되어 물에 넣었을 때 뜨게 되는 원인이 된다.

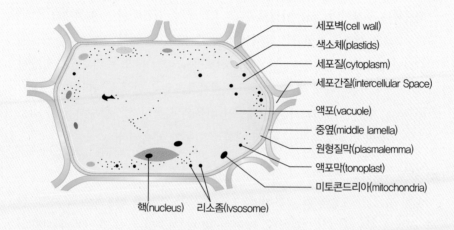

세포벽(cell wall)
색소체(plastids)
세포질(cytoplasm)
세포간질(intercellular Space)
액포(vacuole)
중옆(middle lamella)
원형질막(plasmalemma)
액포막(tonoplast)
미토콘드리아(mitochondria)

핵(nucleus)　리소좀(lysosome)

[그림 19-1] 식물 세포의 구성

[2] 식물 세포의 구조

1) 세포벽

원형질은 세포의 생명과 활동의 본체가 된다. 세포막은 원형질을 보호하며 탄력성을 갖는 것으로 중간층(middle lamella), 제1차 세포벽(primary cell wall), 제2차 세포벽(secondary cell wall)으로 되어 있다.

원형질은 플라즈마렘마(plasmalemma)라고 하는 원형질막(plasma membrane)으로 둘러 싸여 있다. 이 원형질막 또는 플라즈마렘마는 세포질과 세포벽을, 액포막(tonoplast)은 세포질과 액포를 갈라놓는 막이며 각종 물질의 흡수를 조절하는 생명체이다. 핵은 세포의 신진대사 활동을 조절하고 미토콘드리아는 식물의 호흡작용과 생화학작용을 진행시키는 세포기관이다.

2) 세포질

세포질은 원형질의 분화되지 않은 부분으로 핵을 둘러싸고 있고 세포벽 안쪽에 얇은 층을 형성하고 있다. 세포질에는 콜로이드 분산이나 또는 진용액의 상태에서 물, 유기 물질, 무기물질이 많이 함유되어 있다.

3) 색소체

색소체(plastids)는 식물에서 볼 수 있는 특이한 원형질체로 세 가지 형태가 있는데 색소에 따라서 백색체(leucoplast), 엽록체(chloroplast), 잡색체(chromoplast)로 나뉜다.

백색체는 무색이며 그중 아밀로플라스트(amyloplast)라고 하는 백색체는 감자, 콩류, 그리고 전분을 형성하는 조직에서 볼 수 있다. 엽록체는 탄수화물 합성에 필수적인 엽록소를 함유한다. 잡색체는 잔토필(xanthophyll) 또는 카로틴을 함유하고 당근이나 고구마에서 볼 수 있듯이 오렌지색 또는 노란색을 나타낸다.

세포에서 원형질이 차지하는 상대적인 비율은 식물이 성장할수록 점차 감소되지만 중요한 작용들은 세포의 전 생활주기 동안 계속된다.

4) 액포

액포(vacuol)는 액체로 된 공간이며 그 속에 있는 액체를 세포액(cell sap)이라 한다. 액포는 식물 세포가 성장할수록 핵과 세포질의 크기에 비해 크기가 커진다. 세포액에는 각종 염류, 당류, 유기산, 비타민, 페놀 유도체들, 플라본, 안토시아닌 색소 등을 함유하고 있다. 이런 물질들은 진용액이나 콜로이드 상태로 존재한다. 액포 안에 있는 세포액은 과일이나 채소류의 텍스처에 영향을 미친다.

[3] 식물 세포의 구성 물질

1) 셀룰로오스

셀룰로오스는 섬유소라 하며 식물에 다량 존재하고 세포벽의 단단하기를 형성한다. 섬유소는 포도당 단위로 구성된 다당류로 아밀로오스와는 다르며 포도당 단위는 1,4-β-glucosidic 결합으로 연결되어 있다. 사람에게는 이 섬유소를 소화시킬 능력이 없다.

2) 헤미셀룰로오스

섬유소보다 적은 양으로 존재하지만 식물 세포벽의 중요한 구조적 성분으로 다당류의 혼합물이다. 자일로오스(xylose)나 아라비노오스와 같은 오탄당이 헤미셀룰로오스의 일반적인 구성분이며 물에는 녹지 않고 알칼리에는 녹는다.

베이킹 소다를 넣고 조리했을 때 채소가 물러지게 되는 원인 물질이다.

3) 리그닌

2차 세포벽에 존재하는 것으로 식물이 성숙함에 따라 저장된다. 성숙한 채소가 단단하고 질기게 되는 것은 리그닌을 함유하기 때문이며 조리 중에 변화되지 않는다. 리그닌은 석세포(후막세포) 안에 저장되기도 하는데 배를 먹을 때 거칠거칠한 텍스처는 리그닌 때문이다.

4) 펙틴

각각의 세포들은 중간층에 있는 펙틴 물질에 의하여 서로 결착된다. 이 펙틴 물질은 식물이 성숙함에 따라 그 형태가 점차적으로 변화하게 된다. 펙틴 물질은 갈락투론산(galacturonic acid)의 중합체(polygalacturonic acid)에 속하는 모든 물질에 대한 일반명이다. 프로토펙틴(protopectin), 펙틴(pectin) 또는 펙틴산(pectinic acid), 펙트산(pectic acid) 등이 포함된다.

프로토펙틴은 불용성 형태의 펙틴 물질로 성숙되지 않은 과일과 채소에 있다. 과일이 숙성되면 구조 중에서 메틸기가 제거되고 가수분해 되어 펙틴산 또는 펙틴으로 되어 부드러운 텍스처를 준다. 펙틴은 당과 산으로 젤리를 형성할 수 있다. 계속 메틸기 제거와 가수분해가 일어나면 펙틴산이 분해되어 분자는 점점 짧아져서 펙트산으로 된다. 펙트산은 너무 많이 숙성되어 아주 부드럽게 된 과일이나 채소에서 볼 수 있다. 펙트산은 겔 형성 능력을 잃는다.

2. 채소의 종류

[1] 분류

1) 엽채류와 경채류

잎사귀를 이용하는 채소를 엽채류라 하고 줄기를 이용하는 채소를 경채류라 한다. 이 채소들은 일반적으로 수분 함량이 높고 당질 함량과 열량이 낮다. 단백질은 적은 양 함유되어 있으며 지방은 거의 없다. 비타민과 무기질의 좋은 공급원으로서 비타민 A·C·B₂, 철분을 많이 함유하고 있다.

잎사귀의 색이 짙을수록 비타민 A로서의 가치가 더 높다. 그러나 잎사귀라 하더라도 흰 것은 비타민 A가 거의 없다. 시금치, 근대, 무청과 같은 채소에는 칼슘은 많지만 칼슘이 수산과 함께 결합되어 불용성 물질을 형성하기 때문에 체내에 흡수되지 않는다.

2) 과채류

초본 식물의 열매가 채소로 이용되는 것을 과채류라 한다. 호박, 오이, 가지, 고추, 토마토 등이 있다. 일반적으로 당질 함량이 낮고 수분 함량이 높다. 오이는 특히 수분 함량이 97% 정도로 높고 당질 함량은 낮다. 늙은 호박과 단호박은 과채류 중에서는 수분 함량이 낮고 당질이 많아 단맛을 준다. 늙은 호박은 비타민 A의 전구체인 카로티노이드 색소를 함유하고 있다. 토마토와 풋고추는 비타민 C의 좋은 급원이다.

3) 화채류

꽃 부분이 조리에 이용되는 채소를 화채류라 한다. 꽃은 일반적으로 수분 함량이 높고 당질은 적은 양이 함유되어 있다. 또한 브로콜리는 특별히 비타민과 무기질의 함량이 높으며 비타민 C가 가장 많은 채소 중의 하나이다.

줄기에도 비타민 C가 많으므로 버리지 않도록 한다. 또한 비타민 A, B_2, 칼슘, 철분의 좋은 급원이기도 하다. 콜리플라워는 비타민 C의 좋은 급원이다.

4) 구근과 근채류

땅 속 줄기나 뿌리의 일부가 비대해져서 덩이줄기, 구경, 구근을 이루고 전분이나 기타 다당류를 저장하는 덩이 식물을 구근과 근채류라 한다. 감자, 고구마, 무, 당근, 파, 양파, 연근, 토란, 우엉, 마, 마늘, 생강 등이 있다. 그중에서 전분의 함량이 특히 많은 감자, 고구마 등은 따로 구분하여 서류라고 한다.

다른 채소류에 비하여 당질 함량이 더 높고 수분 함량은 적다. 칼륨이나 칼슘 등의 함량이 비교적 높아 알칼리성 식품으로 분류되어 다른 전분류의 식품이 산성인 것과 차이가 있다. 무, 당근, 우엉 등은 당분의 형태로 당질을 저장한다.

5) 종실류

종실류는 씨 부분을 이용하는 채소로서 완두콩이나 청대콩 등이 있다. 완두콩이나 청대콩은 수분 함량은 대단히 낮고 전분 함량은 높으며 단백질, 비타민, 무기질도 함유하고 있다. 말린 콩은 다른 채소류보다 단백질을 더 많이 가지고 있고 비타민 B의 좋은 공급원이 되며 아연, 구리와 같은 미량 무기질의 좋은 급원이다.

표 19-1 채소의 분류

구 분		특 징
엽경채류	엽채류	• 잎을 식용하는 채소 • 갓, 근대, 배추, 상추, 쑥갓, 시금치, 양배추, 파슬리, 쑥
	경채류	• 줄기를 식용하는 채소 • 셀러리, 아스파라거스
	인경채류	• 잎의 일부 또는 전체가 저장 기관이 된 채소 • 백합과 식물로 비늘줄기를 식용하나 잎도 먹는다. • 파, 양파, 마늘, 부추, 염교
	화채류	• 꽃을 식용하는 채소 • 개화하면 품질이 떨어지므로 개화 전 수확한다. • 브로콜리, 콜리플라워, 아티초크
근채류	직근류	• 비대한 지하부를 식용하는 채소 • 무, 당근, 우엉
	괴근류	• 덩이뿌리를 식용하는 채소 • 고구마, 마
	근경류	• 뿌리줄기가 발달한 채소 • 연근, 생강
	덩이줄기류	• 땅속줄기가 발달한 채소 • 감자, 토란
과채류	박과류	• 씨방 벽이 비대하여 열매가 된 채소 • 조직이 바깥표면에 밀착되어 있다. • 오이, 호박, 참외, 수박
	가짓과류	• 씨방 벽이 비대하여 열매가 된 채소 • 토마토, 가지, 고추
	콩과류	• 덜 익은 콩과류는 채소로 분류한다. • 완두, 강낭콩
	기타	• 꽃받기가 비대하여 발달한 채소 • 식물학적 열매는 비대한 꽃받기 표면의 수백 개의 수과이다. • 딸기

3. 채소의 영양성분

[1] 수분

수분이 85~95%로 많은 반면 다른 성분은 적다. 수분은 주로 액포에 존재하며 당, 염, 유기간, 수용성 색소, 수용성 비타민 등을 용해시켜 가지고 있다.

수분에 완전히 용해되지 않는 물질은 교질 상태로 존재한다.

[2] 탄수화물

채소류는 탄수화물 함량이 과일보다 높은 것이 많은데 감자나 고구마와 같은 채소가 미숙한 상태일 때는 당을 함유하나 성숙함에 따라 전분으로 바뀐다. 채소류의 세포는 과일보다 섬유소를 더 많이 함유한다. 일반적으로 엽채류에는 셀룰로오스가 많고, 과채류인 토마토나 참외류 등은 펙틴, 헤미셀룰로오스가 많으며 감자 등의 구근채류에는 전분이 많다.

[3] 무기질과 비타민

채소는 무기질과 비타민이 과일보다 풍부하다. 녹색채소의 잎사귀에는 철분, 비타민 $B_2 \cdot C$와 비타민 A의 전구체인 카로틴이 함유되어 있다. 그러나 시금치나 근대와 같은 채소에는 수산이 있어 칼슘은 수산과 결합하여 불용성 염으로 존재하므로 이용되기 어렵다.

[4] 단백질과 지방

엽채류는 1~4%의 단백질을 가지며 근채류와 경채류는 아스파트산(aspartic acid), 글루탐산, 유리 아미노산을 가지므로 감칠맛이 있어 고기 국물과 같은 맛을 낸다. 그러나 채소류에는 지방 함량이 극히 적은데 식물이 성장하는 데는 지장이 없으나 영양 공급원의 역할은 할 수 없다.

[5] 유기산

채소류는 세포의 대사산물인 유기산을 함유한다. 채소의 맛이 시지 않은 것은 유기산의 함량이 적을 뿐 아니라, 그 유기산이 대부분 염의 형태로 존재하기 때문이다. 휘발성 유기산은 분자가 작고 구조가 간단하며 가열하면 일단 조리하는 물에 추출되었다가 휘발하는 성질을 가지고 있다.

분자량이 작을수록 빨리 휘발하며, 채소를 끓는 물에 넣고 가열하면 처음 5분 동안에 대부분 휘발한다. 채소와 과일류에서 많이 발견되는 유기산으로는 개미산(formic acid), 호박산(succinic acid), 구연산(citric acid), 수산(oxalic acid), 사과산(malic acid), 푸마르산(fumaric acid), 주석산(tartaric acid) 등을 예로 들 수 있다. 토마토는 산의 함량이 가장 높아 pH 4.0~4.6 이상의 범위이다.

(6) 향기성분

양파, 마늘, 파, 부추와 같은 백합과에 속하는 채소와 배추, 상추, 무, 콜리플라워 등과 같이 겨자과에 속하는 채소들의 강한 향기와 맛은 유황화합물에 의한 것이다.

4. 채소의 색소

(1) 클로로필 chlorophyll

식물의 푸른 색소인 클로로필은 광합성 과정에서 중요한 역할을 한다. 광합성은 식물이 공기로부터 탄산가스와 토양의 물과 태양광선 에너지를 이용하여 탄수화물을 합성하는 과정이다. 클로로필은 녹색 잎에 집중되어 있고 엽록체 속에 함유되어 있으며 물에 불용성이다. 식물의 푸른 색소인 클로로필은 광합성 과정에서 중요한 역할을 한다.

(2) 카로티노이드 carotenoid

과일과 채소의 황색, 오렌지색, 등적색의 대부분은 세포의 잡색체 안에 있는 카로티노이드 때문이다. 녹색 잎이나 덜 익은 과일의 엽록체에서 클로로필과 함께 존재하며 클로로필보다는 적은 양이다. 보통 가을에 엽록소가 사라질 때 황색으로 나타나며 과일이 익어감에 따라 클로로필의 양이 감소한다. 카로티노이드는 물에 불용성이고 지방과 유기용매에 녹으며 카로틴과 잔토필로 나뉘며 고구마, 당근, 늙은 호박이나 단호박 등의 색소이다.

카로티노이드는 비슷한 색소의 그룹으로 구성되어 있으며 α-, β-, γ-카로틴의 세 가지가 있는데 β-카로틴이 가장 대표적인 카로티노이드이며 이소프렌기가 있는 각각의 끝이 닫힌 환 구조를 가지고 있으며 이중결합의 수가 많을수록 더 붉은 색을 띤다. 이중결합을 두개 더 가지고 있는 라이코펜(lycopene)은 β-카로틴보다 더 붉고 토마토, 수박, 분홍색 자몽(grapefruit)의 색소이다. 공액 이중결합의 숫자가 감소하면 노란색이 증가한다. 결과적으로 α-카로틴은 β-카로틴보다 연한 오렌지색이다. 당근이나 호박 등과 같은 카로티노이드계의 색이 선명한 채소를 조리할 때에는 그 자체의 색을 잃지 않도록 간장과 같은 양념을 사용하지 않는 것이 좋다.

대부분의 카로티노이드는 비타민 A의 전구체이다. α-, β-, γ-카로틴과 크립토잔틴은 체내에서 비타민 A로 전환된다. 그러나 라이코펜, 루테인, 제아잔틴은 비타민 A의 가치가 없다. 카로티노이드는 불포화도가 높기 때문에 산화되기 쉬우며 산화되면 색깔이 퇴색된다. 특히 건조한 식품에서 이중결합이 산화에 불안정한데 건조하기 전에 끓는 물에 살짝 데치면 변색을 방지할 수 있다.

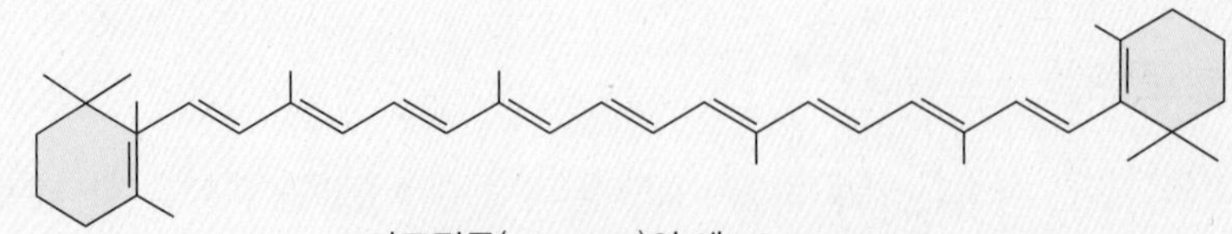

카로틴류(carotene)의 예: β-carotene

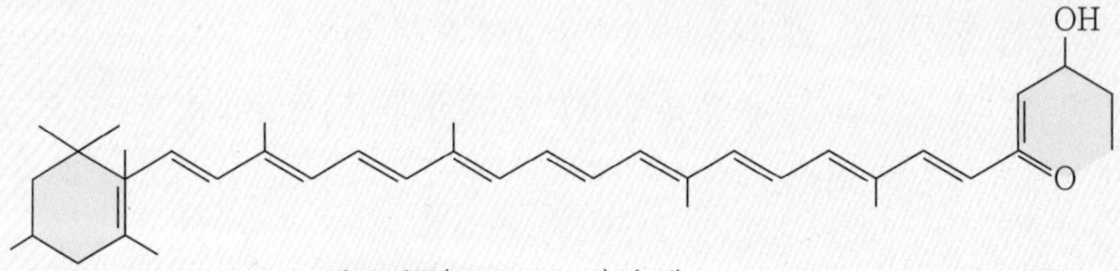

잔토필류(xanthophyll)의 예: capsanthin

[그림 19-2] 카로티노이드

[3] 플라보노이드 flavonoids

플라보노이드는 식물 액포의 액즙에 유리 상태 또는 배당체로서 존재하며 5~6개의 링이 매개가 되어 두 개의 페닐기 링으로 구성되어 있는 화학적 혼합물에 대한 명칭이며 수용성이다. 안토시아닌(anthocyanin), 안토잔틴(anthoxanthin), 베탈레인(betalain)으로 나뉜다.

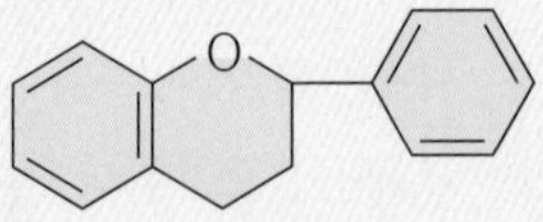

[그림 19-3] 플라보노이드의 구조

(4) 안토시아닌 anthocyanin

식물세포 내의 액포에 함유되어 있으며 기본구조는 이 색소는 물속에서 용해되어 자유롭게 흩어진다.

이 혼합물의 대부분은 식물, 특히 과일에서 적색, 보라색, 청색 등의 자극적인 색깔을 나타낸다. 체리, 딸기, 포도, 석류 등의 색깔과 당근, 적채의 색깔이다. 이 색소는 온도, pH, 다른 세포 물질, 효소, 금속의 존재에 의하여 영향을 받는다. 분자 내의 수산기의 숫자에 따라 pH에 의한 영향 정도가 다르다.

적채 내의 안토시아닌은 네 개 이상의 수산기를 가지고 있기 때문에 pH가 변화될 때마다 색깔이 매우 심하게 변화된다. 이에 반해 딸기는 pH가 변해도 색깔의 변화가 없는데 이는 분자 내의 수산기가 세 개 뿐이기 때문이다. 산에서는 붉은 색으로, 중성에서는 보라색, 알칼리에서는 푸른색이 된다. 그러나 너무 산성이면 안정성이 우려되기도 한다. 적채를 조리할 때 신 사과 조각이나 레몬즙과 같은 산성을 첨가해 주면 그 색이 더 잘 보존될 수 있다. 만약 적채를 조리하는 동안 푸른색으로 변하기 시작하면 산을 첨가시킴으로써 붉은 색깔이 되돌이 올 수 있다.

딸기잼을 만든 후 저장할 때 pH가 높거나 병 안에 산소가 존재하고 또는 저장 온도가 높게 되면 보기 싫은 적갈색으로 서서히 변한다. 철, 알루미늄, 주석, 구리 이온들은 안토시아닌 함유 식품과 접촉하게 해서는 안 된다. 이런 금속들과 접촉하게 되면 녹색에서부터 회청색으로까지 변화되기 때문이다. 통조림 안에 에나멜을 입히는 것은 이렇게 안토시아닌을 함유하고 있는 과일과 채소를 열처리하여 저장했을 때 금속과의 상호작용을 막기 위한 것이다. 조리할 때에도 이런 성분을 가진 그릇은 피하도록 한다. 안토시아닌 색소 중 가지의 색소인 나스닌(nasnin)은 알루미늄, 철, 칼슘, 마그네슘, 나트륨 이온과 결합하여 색소가 안정된다. 따라서 백반(명반)이나 식염을 사용하면 색소를 안정시킬 수 있다.

(5) 안토잔틴 anthoxanthin

안토잔틴은 플라본(flavones), 플라보놀(flavonols), 플라바논(flavanones)을 포함하는 복합체이다. 안토잔틴 색소들은 pH가 산성에서 알칼리계로 증가함에 따라 흰색 또는 무색에서 노란색으로 변한다. 철이나 알루미늄 같은 금속들과 결합하여 노란색을 나타낸다.

본래의 색은 무색 또는 흰색으로 알칼리에 의해 노란색으로 변하고 산성에 서는 표백될 수 있어 더 흰색으로 된다. 과일과 채소의 안토잔틴에서 특히 많은 것은 플라본과 플라보놀이다. 감자, 양파, 콜리플라워, 무 등의 색소이다.

[6] 베탈레인 betalain

베탈레인은 비트의 뿌리 조직에 있는 색소로 안토시아닌과 비슷한 특성을 갖고 있으나 질소를 함유하고 있다. 붉은 색소인 베타시아닌(betacyanin)과 노란색인 베타잔틴(betaxanthin)으로 나눌 수 있다. 가장 중요한 붉은 색소는 베타닌(betanin)이다. 이 색소는 pH에 의하여 영향을 받아 pH 4 이하에서는 붉은색이 보라색으로, pH 10 이상에서는 노란색으로 변한다. 그러나 이 색소는 물에 아주 잘 녹으므로 조리할 때 잘라서 물에 넣으면 색소가 거의 녹아 나오게 된다.

[7] 갈변 browning

감자, 고구마, 우엉, 연근, 토란 등의 채소는 껍질을 벗기거나 썰어서 공기 중에 두면 차차 색이 변하여 진한 갈색으로 변한다. 이는 이러한 채소들의 조직 내에 있는 티로신이나 클로로젠산(chlorogenic acid)이 효소 티로시나제에 의해 산화되어 멜라닌 색소를 형성하기 때문이다. 이를 방지하기 위해서는 껍질을 깎거나 썬 채소를 물이나 소금물 또는 식초를 넣은 물에 담가두면 티로시나아제가 물에 용해되어 갈변을 방지할 수 있다.

상업적으로는 변색을 방지하기 위하여 항산화작용을 하는 물질인 구연산, 아스코르브산, 소르빈산 칼륨(potassium sorbate) 등으로 처리한다.

5. 채소의 조리 특성

[1] 조리에 의한 영향

1) 영양소

조리하는 동안 영양소는 조리하는 물이나 용액으로 유출되거나, 열이나 pH의 변화에 의하여 화학적인 성분 변화가 일어나거나, 산화에 의한 손실, 그리고 기계적인 손상에 의한 손실이 일어난다.

당, 전분, 비타민 B와 C 그리고 무기질은 수용성이기 때문에 조리하는 동안 용액으로 흘러나와 손실된다. 또한 세포 바깥쪽에 있는 용질의 농도가 높거나 식물 세포가 손상을 입었을 때 세포 내의 물이 빠져 나오면서 수용성 물질도 함께 손실된다. 오래 가열할수록, 조리 용액이 많을수록, 채소가 많이 잘라져서 표면적이 넓을수록 이 현상은 더 많이 일어난다. 채소의 수분 함량은 증가하거나 감소되며 전분은 호화된다. 당, 산, 무기질 등이 향미를 주는 물질들인데 이들은 수용성이므로 조직으로부터 빠져 나오므로 향미가 손실된다.

비타민의 손실은 산화에 의하여 파괴되거나, 조리 용액에 용해되거나 또는 가열에 의하여 일어난다. 식물 조직에서 산화 효소는 산소가 존재하면 비타민 C의 산화를 촉진한다. 당근, 오이, 호박 등은 비타민 C의 산화효소인 아스코르비나아제(ascorbinase)를 함유하고 있어서 나박김치에 당근을 섞으면 비타민 C가 파괴되므로 당근을 많이 섞지 않는 것이 좋다. 조리 용액의 알칼리성이나 산성이 증가할수록 손실이 더 일어난다.

2) 텍스처

① 가열

가열은 채소류의 조직에 영향을 준다. 채소는 리그닌(lignin)을 함유하고 있는데 리그닌은 조리해도 연해지지 않는다. 지나치게 성숙한 당근의 목질부는 조리 후에도 질긴 채로 남아 있다. 이러한 채소들을 연하게 하기 위하여 조리 시간을 연장하면 부드러운 잎 부분을 지나치게 삶게 되어 영양분 손실의 원인이 된다.

식물에 있는 섬유소는 조리에 의해 약간 부드러워진다. 채소를 가열한 후 건조 상태에서 섬유소의 함량을 측정해보면 그 양이 증가한 것으로 보인다. 이것은 섬유소가 세포벽으로부터 유출되어 분석하기가 더 쉽기 때문인 것으로 보인다. 펙틴성분은 가열하면 가수분해 되어 세포 분리가 일어나며 몇 단계의 화학적반응을 거치면서 용해되기 쉬운 물질로 변화되기 시작한다. 펙틴성분의 이러한 변화로 채소가 조리되면 부드럽게 된다. 헤미셀룰로오스 역시 열을 가하면 좀 더 부드러워진다.

② 수소 이용 농도

조리 용액에 알칼리인 베이킹 소다를 가하면 헤미셀룰로오스가 분해되어 짧은 조리 시간에서도 부드럽게 된다. 반면에 산은 부드러워지는 것을 방해한다. 그러나 일반적인 채소 조리에 베이킹 소다를 첨가하면 지나치게 무르게 될 수 있으므로 이것을 사용하는 것은 바람직하지 않다.

만약 맛과 플라보노이드 색소의 색깔을 선명하게 하기 위해 산을 사용한다면 그것은 조리의 맨 마지막 단계에 넣어야 한다.

③ 경수

조리하는 용액의 칼슘 농도가 조리된 채소에 영향을 미친다. 경수에 많이 들어있는 칼슘 이온과 마그네슘 이온은 채소의 펙틴과 용해되지 않는 복합 물질을 형성하여 부드럽게 되는 것을 방해한다. 그 결과 더 질기고 단단한 구조를 갖게 해 준다. 이런 현상은 토마토를 통조림을 할 때 약간의 칼슘을 넣으면 토마토가 더 단단해지는 것에서 볼 수 있다.

④ 가열 시간

채소의 조리 시간은 채소의 조직에 영향을 준다. 조리 시간이 오래되면 펙틴이 잘 용해되며 섬유소를 부드럽게 한다. 채소의 부드러움 정도는 개인의 취향에 따라 다르다. 어떤 사람들은 채소가 부드럽고 연한 것을 좋아하며 또 다른 사람들은 아삭아삭한 것을 좋아한다. 아삭아삭한 상태는 조리 시간을 짧게 함으로써 가능하며 자체의 향기나 색깔, 영양분을 잘 유지할 수 있다.

3) 색소의 변화

① 클로로필

녹색의 변화 정도는 조리 용액의 산도, 채소의 pH, 클로로필 함량, 조리 온도와 시간에 영향을 받는다. 식물에서는 대사 중간 산물로 유기산이 생성된다. 색소 중 조리 온도와 조리 시 침출된 유기산에 의해 가장 영향을 많이 받는다.

채소조리 시 유기산 중 구연산과 능금산(malic acid)이, 휘발성과 비휘발성 유기산이 유출된다. 조리할 때 산에 의한 영향을 최소화하기 위해서는 휘발성 유기산을 휘발시키기 위해 뚜껑을 닫지 않고 조리하거나, 비휘발성 유기산을 희석시키기 위해 채소가 잠길 정도의 충분한 물을 사용함으로써 해결할 수 있다. 휘발성 유기산의 대부분은 채소를 끓는 물에 넣은 후 처음 몇 분 안에 제거된다.

클로로필은 산에 불안정하여 채소의 가열조리 과정(시금치 된장국 등)이나 숙성된 김치, 오이지 등의 조리 과정에서 유기산이 용출되면 클로로필의 포피린 고리의 마그네슘이 수소 이온으로 쉽게 치환되어 녹갈색의 페오피틴(pheophytin)으로 변하게 된다. 그러나 녹색 채소를 단시간에 데치면 녹색이 오히려 선명해지는데 그것은 조직 세포 간의 공기층이 데치는 과정에서 제거되기 때문이다. 그러므로 녹색 채소를 데치거나 조리할 때 처음 5~7분은 뚜껑을 열어서 유기산을 휘발시키는 것이 좋다.

가열하는 동안 액포로부터 유출된 산은 알칼리성 조리수에 의하여 중화될 수 있으며, 그 양은 알칼리 정도와 물의 양에 따라 달라진다. 다량의 물은 산을 희석시킴으로써 바람직한 푸른색을 줄 수 있다. pH가 6.2에서 7.0으로 증가되면 가열된 채소의 푸른색은 좋아진다. 그러나 pH가 7보다 크면 향미가 나빠지고 색이 오히려 좋아지지 않는다.

조리수에 베이킹 소다를 넣으면 클로로필과 반응하여 피틴과 메틸기가 분리되고 녹색의 수용성 클로로필린이 형성된다. 물에 녹는 색소는 클로로필린이다. 클로로필린의 나트륨은 조리된 푸른 채소가 자연스럽지 않고 인공적으로 보이는 녹색이 나게 한다. 또한 헤미셀룰로오스의 파괴로 인해 물컹한 텍스처를 갖게 한다. 영양적으로 볼 때 티아민과 비타민 C의 파괴도 일어나게 된다.

그러나 일부 연구에 의하면 오랫동안 가열하여야 연해지는 채소의 경우 아주 적은 양의 베이킹 소다를 넣으면 가열 시간이 짧아짐으로써 색이 더 좋아지고 오히려 비타민의 손실을 적게 할 수 있다고 하였으나 채소를 조리할 때 중조를 사용하는 것은 일반적으로 바람직하지 못하다. 왜냐하면 중조는 채소의 향, 맛, 그리고 비타민에 영향을 주기 때문이다.

② 카로티노이드

카로티노이드계 색소는 가열이나 산, 알칼리 등에 대하여 안정하나 때로는 광선이나 가열에 의해 이성체를 형성하여 조리 과정을 통해 더욱 선명한 황색을 나타내기도 한다. 그러나 지용성이기 때문에 기름과 함께 조리를 할 때는 상당량이 용해된다. 이 색소는 산화되기 쉬우므로 신선할 때 조리하는 것이 좋으며 절단한 것을 공기 중에 방치하지 않도록 한다.

당근, 고구마, 늙은 호박이나 단호박 등의 조리 시간이 길어지면 갈변되는 경우가 있는데 이것은 카로티노이드의 변화가 아니라 채소 내에 함유되어 있는 당의 캐러멜반응에 의한 갈변이다. 그러므로 조리 시 볶은 당근은 빨리 식혀야 색이 곱게 유지된다.

③ 플라보노이드

안토시아닌계 색소는 산에 안정하여 더욱 선명하게 유지되나 알칼리나 금속과 반응하면 적색은 자색으로 변하고 변색이 더 진행되어 청색과 녹색으로 변한다. 이 반응은 가역적이므로 식초나 기타 유기산이 많은 식품과 함께 조리하면 다시 적색으로 환원된다.

이 채소류를 조리할 때 물에서 조리하면 많은 양의 색소가 물속에 용해되고 색이 엷어지며, 물을 적게 하고 껍질을 벗기지 않고 상처 없이 조리한 후 껍질을 벗기면 색이 보존될 수 있다. 물이 없는 방법으로 조리한다면 색깔이 유지된다.

무, 양파, 양배추 속, 배추 줄기 등의 백색 또는 담황색의 안토잔틴계 (anthoxanthin) 색소는 물에 잘 녹으나 백색이기 때문에 보이지 않는다. 산에서는 더 선명한 백색으로 되며 중조와 같은 알칼리와 반응하면 노랗게 변한다. 양파를 알루미늄 팬에서 조리하게 되면 노란색으로 변하는데 이것은 안토잔틴 색소가 금속 이온과 결합하려는 경향 때문이다.

4) 향미

채소의 향미성분은 아미노산, 유기산, 핵산 관련 물질 외에 가열에 의해 분해되는 당, 전분, 무기질 그리고 함황 물질 등이다. 대부분 채소의 향미를 구성하고 있는 것은 물에 잘 녹으며 휘발성이다. 따라서 조리되는 동안 향미성분은 물에 용해되거나 증발로 잃어버릴 수 있다. 맛의 손실은 조리시간을 길게 하거나 물과 같은 조리 매개체의 과다 사용에 기인한다. 이럴 경우에는 조직이나 색깔에 좋지 않은 영향을 줄 수 있으며 영양분 손실도 가져오게 된다.

향미는 조리를 하는 동안 여러 방법으로 영향을 받는다. 뚜껑 닫힌 용기는 향미를 증가시키는 경향이 있는데 반하여, 뚜껑 열린 팬은 약간의 휘발성 물질을 발산하게 된다. 조리하는 물의 양이 많을수록 맛성분이 더 많이 유출된다.

당이 많이 함유된 채소는 가열에 의해 맛이 향상되는데 예를 들면 감자의 전분은 찔 때 β-전분이 α-전분으로 되어 소화가 잘되고 맛이 좋은 동시에 포도당 등 가용성 당질이 감미를 증가시킨다. 또 고구마와 같이 아밀라아제를 함유하는 것은 과잉조리 또는 부적절한 방법으로 조리를 하면 채소의 향미를 손실하게 하거나 바람직하지 못한 향미를 만들게 된다. 가능한 적은 양의 물로 짧은 시간 안에 조리 하여야 한다. 생 양파의 자극이 강한 냄새나 맛성분은 가열하면 특유의 감미 물질로 변하기 때문에 양파를 삶으면 단맛이 증가된다.

(2) 조리 방법

채소를 조리하는 목적은 영양소를 최대로 함유하게 하고 맛을 향상시키는데 있다. 맛은 채소의 색, 텍스처, 향미에 의하여 영향을 받는다. 조리된 채소는 부드러우면서도 형태가 유지되어야 하고 채소 자체의 색이 유지되어야 하며 향미가 좋아야 한다. 채소는 좋은 맛과 높은 영양가를 위해 중요하기 때문에 조리를 할 때 식품으로서의 가치를 잃어버리는 것을 최소화하여야 한다.

채소의 손질과 조리 방법에 따라 영양분의 보존, 맛, 조직 그리고 모양에 영향을 준다. 채소를 껍질째 조리하면 껍질을 벗겨 조리한 것과 맛과 조직 그리고 영양이 달라진다.

1) 비가열조리

채소가 가지고 있는 신선한 텍스처를 살리고 가열에 의한 영양소의 손실 없이 먹을 수 있는 조리방법이다. 그러나 채소를 날것으로 먹기 때문에 준비하는 과정에서 흙, 먼지, 농약, 토양 미생물 등의 불순물을 잘 씻어내야 하며 수용성 영양소의 손실이 없도록 해야 한다.

날로 먹을 채소는 잎에 붙은 기생충 때문에 여러 번 씻어야 하는데 그렇다고 지나치게 오래 씻거나 물에 담가두면 채소의 수용성 영양소 등이 흘러나와 손실되고 풍미가 유출되기 쉽고 손상부위가 변형되기도 하여 조리 식품에 영향을 준다.

채소류 중 호박, 오이, 당근 등은 비타민 C 산화효소를 많이 함유한다. 무에 토마토와 당근 등을 함께 넣어 갈면 비타민 C 손실이 증가하지만, 이때 레몬즙을 몇 방울 첨가하면 잔존율을 두 배로 늘릴 수 있다. 이는 비타민 C 산화효소가 pH 6 이하에서는 불활성화되기 때문이다.

생식용 채소를 먹기 전 물에 담그면 자극성분이나 아린성분이 용출될 뿐만 아니라 물이 세포 내에 침투되어 팽압이 높아지므로 아삭거리는 질감을 얻을 수 있다.

2) 가열조리

① 데치기와 삶기

삶기는 어느 채소든 조리할 수 있는 가장 일반적인 조리 방법이다. 채소를 끓일 때 영향을 주는 요인은 뚜껑의 사용, 끓이는 시간, 물의 사용량이다. 물의 양은 수용성 비타민의 손실에 영향을 미치는데 채소가 푹 잠길 만큼의 물로 삶게 되면 수용성 비타민의 손실이 매우 크다.

푸른 채소를 데칠 때 문제가 되는 것은 색깔의 변화와 수용성 영양소의 손실인데, 이들은 조리방법상 상반된 경우를 보이고 있다. 즉, 다량의 물을 사용하여 뚜껑을 열고 데치면 유기산의 희석으로 푸른색의 유지에는 좋으나 수용성 영양소의 손실 및 향미성분의 휘발을 초래하게 된다.

② 찌기

보통 증기에서 찌는 법과 압력을 가해 온도를 높여 짧은 시간 안에 찌는 방법이 있다. 채소를 증기에서 찌면 물에 삶는 것보다 수용성 영양소의 손실은 적으나 조리 시간이 연장되므로 열에 의한 비타민의 파괴와 푸른색의 변화를 일으키게 된다.

기압 냄비를 사용하여 찌면 조리시간을 단축시켜 색, 영양소, 맛성분을 최대한 보유하는데 유효하며 조직이 단단한 채소조리 시 이상적으로 이용할 수 있다.

③ 굽기

굽기의 방법으로는 직접 불 위에서 굽거나 오븐 또는 팬을 이용하여 간접적으로 굽는 방법이 있다. 버섯, 감자, 고구마, 겨울호박같이 부드럽거나 수분이 많은 채소를 주로 굽는데, 굽는 동안 표면이 건조되는 것을 막아줄 만큼의 수분을 가지고 있어 굽기에 적당하다. 그러나 수분 함량이 적은 채소류를 구울 때에는 건조를 방지할 수 있도록 뚜껑이 있는 오븐용 용기에 잘게 썰어 넣어 굽거나 기름을 매개체로 이용하기도 한다.

④ 볶기

아삭아삭한 질감을 오랫동안 유지하기 위해서는 단시간에 열처리를 해야 한다. 채소를 통째로 썰거나 또는 채로 썰어서 팬이나 냄비에 기름을 두르고 볶아 조리하는 방법이다. 물을 사용하지 않고 단시간 조리하므로 무기질, 비타민 등의 손실이 적다. 볶을 때 채소를 좀 더 부드럽게 하고 싶다면 프라이팬에 딱 맞는 뚜껑을 잠시만 덮어주면 된다.

⑤ 튀김

수분 함량이 적은 채소는 모두 튀김에 이용할 수 있는데, 수분이 많은 것은 물기를 닦아준 뒤 튀겨야 바삭하게 잘 튀길 수 있다.

밀가루 반죽을 입히고 튀기는 방법과 입히지 않고 그대로 튀기는 두 가지 방법이 있는데 두 방법 모두 조리시간이 상당히 짧고 물이 전혀 첨가되지 않기 때문에 비타민과 무기질의 손실이 적다. 기름의 온도가 적절치 못할 때에는 불필요한 기름이 흡수된다. 반면에 기름의 온도가 너무 높으면 충분히 익기도 전에 지나친 갈변이 일어난다.

과일

　과일류(fruits)는 아름다운 색과 모양을 가지며 90% 이상이 수분이고 포도당, 과당, 서당 등의 사과산, 구연산 등의 유기산이 많아 특유의 단맛과 상쾌한 맛을 주는 비타민, 무기질이 풍부한 알칼리성 식품이다. 알코올, 알데하이드, 에스테 등의 방향성분에 의해 향기가 좋으며 식욕을 돋운다. 숙성하는 과정에서 여러 가지 변화가 일어나며 과일에 따라서는 인공숙성을 하기도 한다. 수분이 많아 저장하기 어려운 단점이 있다.

1. 과일의 분류

[1] 분류

1) 인과류

　꽃받침이 발달하여 결실을 맺은 과일을 인과류라 하며 꼭지와 배꼽이 서로 반대편에 있다. 사과, 배, 감, 모과, 감귤류 등이 있다.

2) 핵과류

　과육의 중간에 씨방이 발달하여 딱딱한 핵을 이루고 껍질 안에 종자가 들어 있는 과일로 핵과류로는 복숭아, 매실, 살구, 앵두, 자두 등이 여기에 속한다.

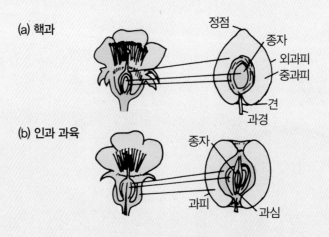

[그림 20-1] 인과류와 핵과류의 구조

3) 장과류

하나의 과실은 하나의 자방으로 되어 있으며 중과피와 내과피로 구성되어 있는 장과류는 육질이 부드럽고 그 속에 즙이 많은 과일로 작은 종자도 많이 있다. 포도, 무화과, 딸기, 바나나, 파인애플 등이 여기에 속한다.

4) 견과류

견과류는 껍질이 아주 단단하고 겉껍질을 벗기면 속껍질에 싸여 있다. 식용할 수 있는 부위는 곡류와 두류처럼 껍질 안에 들어 있으며 밤, 호두, 잣, 땅콩 등이 여기에 속한다. 양질의 단백질 특히 트립토판이 많으며 불포화 지방산과 같은 지방이 풍부하여 칼로리가 높은 식품이다. 무기질과 비타민 B_1이 풍부하다.

2. 과일의 영양성분

[1] 일반성분

과일의 성분은 과일의 종류에 따라 차이가 있다. 과일의 일반적인 성분상의 특성을 보면 수분이 85~90%로 즙이 많고 단백질과 지방 함량은 아주 적은데 예외적으로 아보카도나 성숙한 올리브에는 지방 함량이 높아 다른 과일과 구별된다.

[2] 탄수화물

과일 중 특히 성숙한 과일에는 단맛성분으로 다량의 당분이 들어있는데 포도당, 과당, 자당 등이 10~20% 들어있다. 대부분의 과일은 포도당과 과당이 많으나 바나나, 복숭아, 그리고 감귤류에는 자당이 많다. 과일의 종류나 성숙도에 따라 당의 종류, 함량 등은 다르다. 과일이 성숙함에 따라 전분은 감소하고 당의 함량은 증가하여 단맛도 증가한다. 또한 과일은 낮은 온도로 냉장 보관하는 것이 단맛이 더 강하다.

[3] 유기산

과일의 세포액에는 여러 가지 종류의 유기산이 함유되어 있어 향기와 맛을 주는 주요성분이 되고 있다. 신맛 성분으로 주로 사과산, 구연산, 주석산 등이 함유되어 있으며 그밖에 호박산과 수산도 미량 존재한다.

과일에 분포되어 있는 유기산으로 감귤류에는 구연산, 포도에는 주석산, 사과나 복숭아에는 능금산이 들어 있다. 이러한 유기산 때문에 과일의 pH는 2~4의 범위이다.

과일은 따뜻한 지방보다 추운 지방에서 생산된 것이 산이 많고, 오래 저장할수록 산이 감소한다.

(4) 펙틴

펙틴질은 세포벽과 세포벽 사이에 존재하며 세포사이를 결탁시키는 물질로 프로토펙틴(protopectin), 펙틴(pectin), 펙틴산(pectic acid)의 3종류가 있다. 덜 익은 과일에는 프로토펙틴이 함유되어 있으나 과일이 성숙함에 따라 펙틴으로 변하고 너무 익으면 펙틴산으로 변한다. 감귤류, 사과 등에는 1% 정도로 펙틴 함량이 많다.

3. 과일의 색소

채소와 마찬가지로 크게 클로로필, 카로티노이드 그리고 플라보노이드로 분류할 수 있다. 클로로필과 카로티노이드는 지용성으로 색소체에서 발견되며 플라보노이드는 수용성이며 액포에 들어있다.

클로로필은 지방에 용해되어 식물 세포 내의 색소체에 존재하는데 멜론, 아보카도 등과 같이 몇몇 과일을 제외하고는 이를 가진 과일은 적다. 클로로필은 덜 익은 과일에 존재하는 우성 색소이며 과일이 숙성하는 동안 클로로필의 양은 감소하고 다른 색소가 이를 대신하게 되어 숙성 과일 특유의 색깔이 나게 된다.

카로티노이드는 클로로필과 함께 지용성으로 담황색인 살구, 오렌지, 파인애플, 황도 등에 풍부하게 함유되어 있다. 오렌지에 많이 들어있는 잔토필과 토마토에 들어있는 라이코펜도 여기에 속한다.

과일 중에 흔히 존재하는 색소는 안토시아닌이며 주로 시아니딘(cyanidin)이다. 이 색소는 주로 앵두, 딸기류, 사과 껍질, 포도 껍질, 석류 등에 많이 들어있다. 또 자주빛을 띤 과일은 베탈레인이라 불리는 색소에 의한 것이다.

레몬이나 포도와 같이 신맛이 강한 과일은 갈변이 일어나지 않는다. 따라서 과일을 깎은 다음 신맛이 있는 레몬주스나 오렌지 주스 등에 담가두면 갈변을 늦출 수 있다. 또한 산소의 접촉을 막기 위해 물에 담가두는 방법도 좋은데 그냥 물에만 담가두는 것보다 설탕물이나 소금물에 담그는 것이 더 효과적인데 설탕은 과일 표면으로 공기 중의 산소가 침입하는 것을 방지하고 소금의 염소이온은 폴리페놀 산화효소의 활성을 억제하므로 갈변을 방지할 수 있기 때문이다.

파인애플 주스는 황화합물이 많기 때문에 여기에 깎은 과일을 담가두면 갈변을 막을 수 있다. 또한 항산화제인 아스코르브산(ascorbic acid)도 갈변방지 효과가 있어서 이것이 많이 들어있는 감귤류 주스를 과일에 뿌려주면 좋다.

4. 과일의 숙성 중 변화

[1] 크기

과일은 성숙하면서 각 과일이 지닐 수 있는 최대의 크기로 자라게 된다.

[2] 색의 변화

색변화는 주로 클로로필의 분해에 기인한다. 클로로필의 분해로 녹색이 상실되는 한편 과일 속에 존재하는 카로티노이드와 플라보노이드 등의 다른 색소를 드러나게 하여 과일이 숙성함에 따라 등황색, 붉은색, 주황색, 자주색 등 성숙한 과일 특유의 색을 나타낸다.

[3] 유기산 함량

대부분의 과일은 숙성되면 유기산의 함량이 감소하며 더 부드러워 진다. 이는 당이 증가하기 때문이며 잘 익은 과일의 향미는 상큼하고 단맛을 갖게 된다. 바나나와 사과와 같은 과일은 숙성되기 전에는 방향성 화합물이 존재하여 매우 떫은데, 숙성되면 이러한 성분들이 덜 녹아 나온다. 또 몇몇 과일은 숙성하는 동안에 수분 함량이 증가하여 유기산과 폴리페놀을 희석시켜 향미에 있어서 이에 상응하는 변화가 일어난다.

[4] 조직의 연화

숙성 중 일어나는 과일 조직의 연화는 근본적으로 펙틴 물질의 변화 때문이다. 미숙한 녹색과일에서의 펙틴 물질은 프로토펙틴이라 불리는 매우 큰 분자

형태이다. 과일이 숙성되면서 프로토펙틴은 보다 작은 분자의 수용성 펙틴으로 전환된다. 펙틴은 프로토펙틴 만큼 강하지 않으며 텍스처가 부드럽게 된다. 복숭아와 같이 가지에 꼭 붙어 있는 과일들은 익어도 여전히 단단한데 이는 숙성하는 동안에도 프로토펙틴이 조금 남아있기 때문이다.

(5) 전분과 당분 함량

미숙한 녹색과일에는 전분 함량이 높으나 과일이 숙성되는 동안에는 당으로 신속하게 변한다. 바나나와 같은 과일들은 전분의 감소와 함께 당분이 증가한다. 복숭아와 같이 전분이 들어있지 않은 과일은 숙성 중에 당 함량이 꾸준히 증가하여 성숙 과일의 단맛의 원인이 된다. 성숙한 과일의 단맛은 주로 포도당, 과당, 자당에 의한 것으로 과일의 과즙과 과육에 많이 들어있다.

(6) 인공 숙성

에틸렌 가스는 과일이 성숙하는 동안 과일 내에서 소량 생성되어 숙성 과정에 관련되나 인공 숙성에도 이용된다. 과일의 숙성과 초기 노화를 촉진시키므로 대부분 미숙한 과일을 숙성시킬 수 있다.

이 가스는 이런 기능 때문에 '숙성 호르몬'이라고 부른다. 산소를 빨아들이고 이산화탄소를 배출하도록 하여 과일이 호흡하도록 자극한다. 결과적으로 녹색의 색소가 탈색되고 다른 색깔이 나타나게 된다. 인공적으로 에틸렌 가스를 사용하는 이유는 미숙한 상태로 수확한 과일의 숙성을 촉진하고자 함이다.

5. 과일의 갈변 현상

사과, 배, 바나나, 복숭아 등을 깎아서 공기 중에 두면 색이 갈변된다. 이것은 공기 중의 산소가 과일이나 채소에 있는 페놀화합물을 산화하기 때문이다. 이 반응은 식물 조직에 있는 산화효소에 의하여 촉매된다. 즉, 공기 중의 산소에 노출되면 과일 중의 페놀라아제(phenolase)나 폴리페놀 옥시다아제(polyphenol oxidase)가 작용하여 페놀 물질을 산화시켜 멜라닌 색소를 형성한다[그림 20-2]. 이를 방지하기 위한 방법으로는 pH를 낮추거나 황의 사용, 산소의 접촉을 막아주거나 효소를 불활성화 시키는 방법 등이 있다.

데치기는 효소를 불활성화 시킬 수 있는 방법으로 갈변을 조절할 수 있는 효과적인 방법이다. 끓는 물에 잠깐 담가 재빨리 가열하면 갈변 현상의 직접적인 원인이 되는 효소인 페놀라아제가 파괴되거나 변성된다.

과일을 오랜 시간 냉동시킬 때에는 이러한 방법으로 효소를 파괴시켜야만 색을 보유할 수 있다. 그러나 과일을 가열하면 조직이 물렁해지고 향미가 변하므로 신선하게 먹고자 할 때에는 갈변방지를 위해 좋은 방법이 아니다.

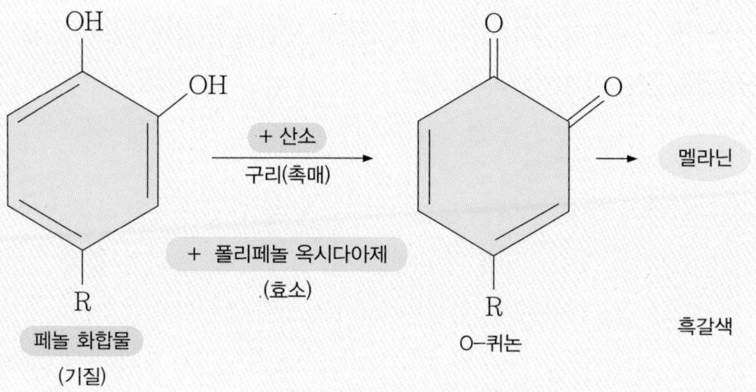

OH OH R	O O R
페놀 화합물 (기질)	O-퀴논

+ 산소
구리(촉매)

+ 폴리페놀 옥시다아제
(효소)

→ 멜라닌

흑갈색

[그림 20-2] 효소적 갈변의 반응 단계

6. 과일조리 특성

[1] 과일류의 조리

1) 잼

과일을 으깨거나 썰어서 설탕을 넣고 농축한 것으로, 젤리는 과즙만 사용하지만 잼은 과일 전체를 사용하고 불투명하다. 과일 잼을 만들 때에 가장 적당한 조건은 펙틴 함량 1%, pH 3.5, 설탕량 67% 정도이다. 과실 또는 과편이 들어있는 프리저브형은 고급형 잼이다.

2) 마멀레이드

젤리와 같은 상태에 잘게 썬 과일 조각과 과일 껍질이 섞여 있는 것으로 오렌지, 레몬, 자몽 등의 감귤류로 만든다.

마멀레이드를 만들 때는 먼저 과일과 물을 넣고 끓인 후 설탕을 넣고 끓인다.

3) 주스

과일 주스는 신선한 과일을 이용하여 음료를 제조하는 방법으로 감귤류, 사과, 배, 포도, 파인애플, 자두, 살구 등이 주로 이용된다.

주스를 만드는 과정에서 가식부분이 손실되며 생과일로 이용할 때보다 영양가가 낮아지는데, 특히 비타민 C의 손실이 크게 일어난다. 감귤류는 산도가 높기 때문에 비타민 C를 잘 보유하는 경향이 있으나 그 외 과일을 이용한 주스는 비타민 C가 소량 들어있거나 또는 없으므로 가공 중에 비타민 C를 강화하여 영양가를 높이고 색, 외관, 향미, 저장 중 안정성을 증가시킨다.

4) 건과

건조에 의하여 수분 함량을 30% 이하로 낮춰 과일을 보존하는 방법이다. 대추, 감, 바나나, 포도, 사과, 파인애플, 살구, 복숭아, 무화과 등을 일광건조 또는 건조기로 건조하면 수분 함량이 15~18%로 감소된다.

이때 수분 함량이 28~30%인 말린 과일은 말랑말랑하여 씹기에 적당하며 입안에서 마른 느낌을 주지 않고 미생물에도 안정하다. 건과는 열량 당질, 무기질 등의 함량이 수분의 제거로 생과일에 비해 더 농축되어 있다. 과일을 건조시키는 방법은 태양열을 이용한 일광건조와 인공적으로 건조시키는 방법이 있는데 인공적인 건조방법으로 건조한 과일이 조리 시 색, 텍스처, 향미가 더 잘 보존되며 위생적이다. 그밖에도 냉동 건조하는 방법이 있다. 건조방법에 따라서 비타민 A, B_1, C 등의 함량이 다르다.

5) 젤리

젤리는 펙틴, 유기산을 함유한 과즙에 설탕을 첨가하면 펙틴이 설탕과 산의 작용으로 침전하는 원리에 의해 제조한다. 젤리를 제조할 때 펙틴과 산의 함량이 많은 과일을 사용한다. 이때 침전은 산에 의해 일어나며 적당한 펙틴과 산의 농도에 의해 젤리가 단단해진다.

펙틴과 산의 함량이 많은 사과, 포도, 딸기, 복숭아 등을 이용하며 연한 과일은 그대로, 단단한 과일은 얇게 썰어 잠길 만큼의 물을 붓고 연해질 때까지 끓여 과즙을 추출한다. 이때 과실의 색, 맛, 향, 산, 펙틴 등이 과즙에 추출된다. 추출된 과즙에 설탕을 첨가하는데 과즙이 끓기 시작 전에 설탕을 넣어야 단단한 젤리가 만들어진다. 과즙 액의 온도가 105℃ 정도가 되면 젤리를 형성할 수 있으며, 형성된 젤리의 설탕 농도는 과일 자체의 당분을 함유하여 50~70% 정도이다.

6) 과일 통조림

과일을 익혀 밀봉한 것으로 과일의 향과 질감은 조리에 따라 달라질 수 있으며 비타민의 함량도 약간 감소된다. 비교적 저온에서 보관하여야 하며 22℃ 이상에서 장기간 보관 시에는 품질이 저하된다.

(2) 조리에 의한 영향

1) 텍스처

과일의 텍스처는 셀룰로오스, 헤미셀룰로오스 그리고 프로토펙틴의 양과 특성에 따라 다르다. 이들은 과일의 조직을 단단하게 해주나 습열조리 시에 분리되므로 과일의 텍스처가 연해지게 된다. 만약 조리 시 중조와 같은 알칼리를 사용하면 헤미셀룰로오스의 붕괴가 급격해져 과일의 조직이 물렁해진다. 그러나 산, 당 그리고 칼슘염은 반대 효과가 있어서 과일의 조직 구조를 더 단단하게 유지해 준다. 과일을 잘라두고 여기에 당을 첨가하면 삼투압에 의해 세포에서 물이 빠져나간다. 따라서 수분 함량의 감소로 일부 팽압을 잃어 과일이 더 부드러워진다. 특히 딸기와 같은 것은 수분의 손실로 매우 물러져서 텍스처가 나빠지므로 이러한 과일은 그대로 먹거나, 필요하다면 먹기 바로 전에 당을 첨가해야 한다.

2) 색소

과일의 색은 조리하는 도중에 변한다. 이는 산 함량의 변화, 조리하는 물의 알칼리작용과 색소에 미치는 효과 또는 과일의 색소와 금속의 작용 등에 영향을 받을 수 있다. 클로로필은 열에 매우 불안정하여 과일을 가열하면 세포가 파괴되어 유기산이 액포에서 빠져 나와 산이 클로로필의 마그네슘과 치환되어 갈색의 페오피틴을 형성하게 된다. 일상적인 방법 중 녹색이 나는 과일의 색을 보존하는 가장 좋은 방법으로는 뚜껑을 덮지 않고 가능한 한 단시간에 조리하는 것이다.

딸기류와 같은 붉은 과일은 냉장고에서 꺼내어 바로 가열하면 특유의 색을 잃는다. 서서히 가열하면 호흡에 사용된 내부 산소를 완전히 소모하게 되어서 딸기류의 밝은 색을 유지할 수 있을 것이다. 또한 주석으로 된 용기에 통조림 한 과일은 과일 중의 유기산이 주석과 반응하여 금속염을 형성하고 색이 변한다. 이러한 변색을 막기 위해서 과일과 채소는 에나멜을 입힌 용기에서 가공된다.

안토시아닌은 식초나 레몬주스와 같은 산이 있을 때 붉은 색을 유지하는데, 예를 들어 붉은색 과일로 펀치나 과일 주스를 만들 때 레몬주스를 넣어주면 붉은 색을 유지한다.

3) 향미

시럽에서 과일을 조리하면 수분을 증발시키기 위해 더 오래 조리하게 된다. 딸기류나 체리류와 같은 몇 종류의 과일들도 시럽에서 너무 오래 조리하면 이 취가 발생되므로 시럽보다는 설탕을 넣고 단시간에 조리하는 것이 좋다. 과일 의 향미를 부여하는 물질은 당과 에스테(esters)류인데 일부 유기산은 휘발성이 고 조리하는 중에 손실된다.

개미산(formin acid)과 카프로산(caproic acid) 같은 에스테(esters)류는 휘발성으로 서 과일 특유의 향미와 향기를 준다. 그러므로 과일은 단시간에 조리해야 하 며 오랫동안 가열하면 독특한 향미를 잃게 된다.

버섯류

1. 버섯류의 분류 및 종류

2. 버섯의 영양성분

버섯이란 균류의 포자를 지니는 것으로 세포에 엽록소가 없는 생물이다. 영양을 다른 생물로부터 얻어야 하므로 생물에 기생하거나 죽은 생물에서 부생적으로 영양을 얻는다. 다른 식물처럼 줄기, 잎, 뿌리 등이 분화되어 있지 않고 세포벽의 성분 중에 섬유소는 없지만 키틴질이 있다. 비타민 A를 제외한 대부분의 비타민이 골고루 함유되어 있고, 철분과 비타민 B_2, D가 풍부하게 함유되어 있다. 버섯의 구아닐산(guanylic acid)이 특유의 감칠맛을 느끼게 해준다. 알칼리성 식품으로 콜레스테롤 흡착을 저해하고, 암 발생을 억제하는 물질을 함유하고 있어 생활 습관병 예방과 개선에 효과가 있다.

1. 버섯류의 분류 및 종류

[1] 분류

1) 식용버섯

식용버섯은 일반적으로 흰색과 연한 색이 많으며 조직이 치밀하다. 채취 후 공기에 닿아도 색깔과 윤기가 변하지 않는다. 향기가 강하거나 자극성이 없으며 버섯을 찢있을 때 뿌리에서 균산까지 균등하게 찢어진다.

우리나라에서 식용하고 있는 버섯은 자연산으로는 송이버섯, 식이비섯, 싸리버섯 등이 있고 표고버섯, 느타리버섯, 양송이버섯, 팽이버섯 등은 재배하고 있다.

2) 약용버섯

약용버섯은 한방약재로 주로 사용되며 영지버섯, 상황버섯, 노루궁뎅이 버섯, 민주름 버섯목의 복령과 저령 등이 있다. 한방에서 귀하게 쓰는 영지는 최근의 연구에서 항암 물질인 다당류를 다량 함유하고 있는 것으로 밝혀졌다. 이 밖에 표고버섯이 가지는 콜레스테롤 강하성분, 혈압 강하성분, 항바이러스성 등도 연구되고 있다.

3) 독버섯

독버섯의 유독성분은 대부분이 아민류인 무스카린(muscarine)과 유독 단백질로 뇌, 위장 또는 여러 내장기관에 심한 중독을 일으키게 한다.

독버섯은 이상한 자극성의 맛과 향기를 지니며, 울긋불긋한 색을 가진 것

은 독이 있다고 한다. 그러므로 안전을 위해 모르는 버섯은 먹지 않는 것이
좋다.

(2) 종류

1) 송이버섯

송이버섯의 감칠맛성분은 글루탐산, 아스파트산, 구아닐산(guanylic acid) 등이
며, 향은 메틸시나메이트(methyl cinamate)에 의한 것이다. 송이버섯에는 크리스
틴이라는 위암, 직장암 발생을 억제하는 성분이 함유되어 있다.

송이를 보관할 때 솔잎과 함께 넣어두면 향이 날아가는 것을 방지할 수 있
다. 송이의 얇은 갈색 막을 칼로 살살 긁어내거나 젖은 수건으로 조심스럽게
닦아내고, 물에 씻을 때는 오래 씻지 않도록 한다. 향이 좋아 생으로 구워 먹
거나 여러 요리에 부재료로 넣어 먹는다.

송이로 음식을 만들 때는 짧은 시간 가열하고 요리의 마지막에 넣어야 하며,
파와 마늘, 고추 등 자극적인 양념을 되도록 적게 써 송이의 향기와 질감을 최
대한 살리는 것이 중요하다. 또, 조리하기 전 미리 물에 씻어 놓으면 물러지기
쉬우므로 직전에 씻어서 사용한다.

2) 석이버섯

석이버섯은 버섯이 아닌 균과 조류가 공생하는 것으로 자연 건조한 무공해
자연 식품이다. 칼륨, 인, 칼슘, 철 등의 무기질을 다량 함유하고 있으며 담백
한 맛과 식감이 특징으로, 습할 때에는 부드럽지만 마르면 부서지기 쉽다.

주로 말린 것을 이용하고, 미지근한 물에 불려서 물기를 없앤 다음 말아서
가늘게 채 썰어 사용하며 색을 내기 위한 고명으로 많이 쓰인다.

3) 목이버섯

흑갈색으로 윤기가 있으며 한천질로 되어 있어 부드럽고 탄력이 있다. 건조
하면 딱딱하고 얇아진다. 줄기가 거의 없고 갓만 발달되었으며 앞면과 뒷면의
색이 다르다. 철, 칼슘이 많으며 각종 비타민의 함량도 높은데, 특히 콜로이드
물질이 많다. 목이버섯은 생것으로도 식용되지만 건조품으로 많이 사용한다.
특유의 향과 맛이 있고 씹는 촉감이 좋아 수프나 볶음 등에 쓰이며, 담백한
맛이 있어 탕수육, 잡채 등에도 쓰인다.

4) 표고버섯

식용버섯으로 널리 쓰이며 말린 것을 많이 쓴다. 말린 표고는 영양적으로 우수하며 태양의 자외선에 의해 비타민 D의 함량이 많아진다. 특히 비타민 $B_1 \cdot B_2$는 함유량이 높아 보통 크기의 표고버섯 3개만으로 하루 필요량의 1/3을 섭취할 수 있다. 표고버섯의 독특한 맛은 5'-guanylic acid(구아닐산)에 의해 주로 나타나는데 생 표고에는 거의 없고, 가열이나 조리 과정에서 축적된다. 표고버섯에는 글루탐산 등의 유리 아미노산이 다른 버섯류보다 많이 함유되어 있는데, 맛성분인 5'-guanylic acid는 글루탐산나트륨의 상승효과를 나타낸다.

표고버섯은 갓의 형태에 따라 화고(화동고), 동고, 향고, 향신으로 구분한다. 갓의 퍼짐 정도가 거의 없고 육질이 두꺼우며, 갓의 모양이 거북등처럼 갈라져 있어 그 사이에 하얀 부분이 많은 것을 화고라고 하는데 백화고와 흑화고가 있다.

말린 표고버섯은 미리 불렸다가 사용하는데, 담갔던 물은 표고버섯의 영양 성분이 녹아나온 것이므로 버리지 않고 각종 요리의 국물로 사용하면 좋다. 말린 표고버섯은 물에 가볍게 씻어 미지근한 물에 불리는데, 이때 설탕을 조금 넣으면 빨리 부드러워진다. 핵산이 많이 들어있어 조미료를 넣지 않아도 맛이 좋다. 생 표고버섯은 주로 찌개, 잡채, 튀김 등에 쓰이고 말린 표고버섯은 물에 불려서 조림, 비빔밥, 볶음 등에 쓰인다.

5) 느타리버섯

전 세계적으로 분포되어 있고 재배를 많이 하는 버섯이다. 칼슘과 인, 철분, 비타민 B_2와 D의 함량이 높다. 아미노산의 하나인 메티오닌이 특유의 향기를 내며 항암작용, 혈압강하의 약효성분이 있다.

육질은 백색이고, 살이 부드러운 것이 특징이다. 느타리버섯은 저장성이 좋지 않지만 통조림, 건조저장, 염장을 하면 비교적 오래 저장할 수 있다. 국이나 생선냄비, 무침, 튀김, 찌개, 버섯밥 등 어떤 요리에든 잘 어울린다. 수분이 많아서 서양 요리에는 잘 쓰이지 않지만 부드러운 맛 때문에 생선요리의 가니쉬로 쓰인다.

살이 연해 쉽게 상하기 쉬우므로 오랫동안 보관하지 않는 것이 좋다.

6) 새송이버섯

근래에 많이 재배되는 버섯으로 1975년 송이과로 분류되었으나 1986년 느타리버섯과로 재분류되어 큰 느타리버섯으로 명명되었다가, 새송이버섯으로 최종 명명되었다.

대는 흰색이고, 갓은 연한 회색을 띤다. 자실체의 균사 조직이 치밀하여 육질이 뛰어나고, 맛이 좋다. 수분 함량이 다른 버섯보다 적어서 저장 기간이 길며, 이로 인해 버섯의 최대 단점인 짧은 유통기한을 늘일 수 있는 것이 장점이다.

새송이버섯은 비타민 C가 느타리버섯의 7배, 팽이버섯의 10배나 많이 함유하고 있으며, 다른 버섯에는 거의 없는 비타민 B_6가 많이 함유되어 있다. 칼슘과 철 등의 무기질의 함량도 높다. 버섯 자체로 구워먹거나 모든 요리에 다양하게 쓰인다.

7) 양송이버섯

양송이는 맛과 향이 우수해서 널리 이용되며 인공 배양으로 다량 생산되므로 경제적으로 중요한 버섯이다. 비타민, 탄수화물, 단백질, 칼슘, 인 등이 다량 함유되어 있다. 특히 필수 아미노산의 함량이 높다. 버섯의 표면은 흰색가 담황갈색이 있는데 흰색은 칼로 썰면 쉽게 길번뇌므로 바로 레몬즙을 뿌려두면 갈변이 지연된다. 생것은 구이, 찜, 조림, 수프, 전골에 이용되며 육류와 잘 어울려 육류 요리에 많이 이용되나 대부분은 통조림으로 가공된다.

8) 팽이버섯

작고 가지런한 것이 최상품으로 그루터기로 자라는 것이 특징이다. 팽이버섯은 소화율이 높고, 비타민, 무기질, 핵산, 아미노산 등을 많이 함유하고 있으며 비타민 D의 효과를 가진 에르고스테롤을 함유하고 있다.

전골류나 신선로, 장국, 샤부샤부, 수프, 샐러드 재료로 이용된다. 요리의 거의 마지막 단계에 첨가하여 팽이버섯 특유의 맛과 향을 살려주어야 한다.

9) 송로버섯

송로버섯은 이탈리아, 프랑스, 스페인 등의 중부 유럽에 분포하며 프랑스에서는 캐비어, 거위 간과 함께 3대 진미 식품으로 알려져 있다. 육안으로 보기에는 얼룩진 무늬가 있는 돌멩이처럼 생겼으나 강한 향이 난다. 30여 가지 중 검은 색이 맛과 향이 가장 우수하며 주로 샐러드나 전채에 사용된다.

송로버섯의 방향성분인 α-안드로스테롤의 냄새는 암퇘지와 개가 잘 맡으므로 송로버섯을 채취할 때는 돼지나 훈련한 개를 이용한다. 상하기 쉬워서 병조림, 통조림 등으로 만들어 가공하거나 코냑과 같은 브랜디에 담아 보관한다.

2. 버섯의 영양성분

버섯은 수분 90%, 당질 5.1%, 단백질 2%, 지방 0.3% 등으로 이루어져 있고, 칼로리가 거의 없는 식품이다. 핵산성분인 구아닐산이라는 성분이 함유되어 있는데 이 성분으로 인해 특유의 감칠맛을 느낄 수 있다.

버섯을 채취한 후에 방치하면 암갈색으로 변하게 되는데, 이는 티로시나아제(tyrosinase)라는 효소의 작용 때문이다.

(1) 단백질

보통 15~30% 정도의 많은 양을 함유하고 있으며, 그 성분 중에는 글루탐산, 알라닌, 페닐알라닌, 루신 등이 함유되어 버섯의 독특한 맛과 향기를 낸다.

(2) 지방

저지방 식품으로 보통 2~10% 정도 함유하며, 지방산은 주로 리놀렌산, 올레산, 에르고스테롤, 레시틴 등을 함유하고 있다.

(3) 비타민

비타민 $B_1 \cdot B_2$, 나이아신이 비교적 많으며 프로비타민 D_2의 전구체인 어고스테롤도 다량 함유하고 있다.

(4) 특수성분

여러 종류의 효소가 함유되어 있는데 특히 리파아제(lipase)와 과산화효소(peroxidase) 등은 그 활성도가 높아 버섯의 변질을 촉진한다. 표고버섯에는 글루탐산(glutamic acid), 알라닌(alanine), 구아노신 인산(GMP), 이노신산(IMP) 등이 함유되어 맛난 맛을 낸다. 버섯은 산화효소(oxidase), 티로시나아제(tyrosinase) 등에 의하여 산화되어 변색된다. 표고버섯, 양송이버섯에는 혈액 중 콜레스테롤 함량을 저하시키는 유효성분이 존재한다. 독버섯에는 여러 종류의 유독성분이 함유되어 있다.

Chapter
22

해조류

1. 해조류의 분류 및 종류

2. 해조류의 성분

해조류(seaweeds)는 바다 속에서 생육하는 식물로서 비타민, 무기질 등이 풍부하고 독특한 풍미와 색을 가지고 있는 중요한 식품 재료이며 약 50여 종을 식용하고 있다.

해조류의 탄수화물 대부분은 복합 다당류로서 소화율은 그다지 좋지 않다. 그러나 인체 생리기능에 중요한 영향을 미치는 좋은 성분을 많이 가지고 있으며 최근의 연구로는 해조류의 대부분이 인체 면역력을 2~3배 증가시킨다고 하였다. 카라기닌, 알긴산(alginic acid), 한천 등은 식품의 물성 개량을 위한 첨가제로 많이 이용되고 있다.

1. 해조류의 분류 및 종류

[1] 분류

1) 녹조류

대부분의 녹조류는 초록색에 의해 구분되는데 클로로필계, 크산토필계, 카로틴계의 색소가 복합되어 있다. 우리나라에 서식하는 품종으로는 파래, 청각, 모자반, 매생이가 있다. 매생이는 단맛이 있고 전남 지방에서 즐겨 식용한다.

2) 갈조류

갈조류에는 만니트(mannit), 라미나린(laminarin), 알긴산(alginic acid) 등이 함유되어 있으며 다시마, 미역, 톳 등이 속한다.

3) 홍조류

홍조류의 붉은 색은 피코에리트린(phycoerythrin)이지만 클로로필과 카로티노이드도 함유하고 있다. 글리코겐과 비슷한 홍엽 전분을 함유하고 있으며 식용되는 중요한 것으로는 김과 우뭇가사리가 있다.

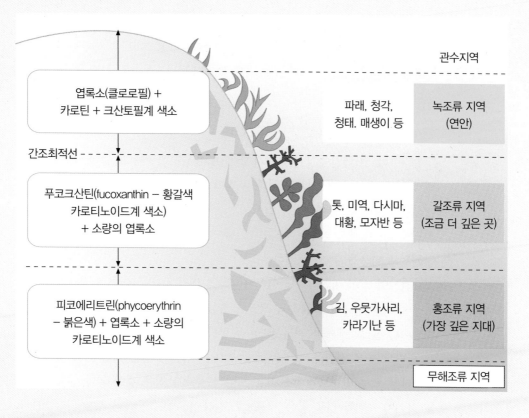

[그림 22-1] 해조류

(2) 주요 해조류 종류

1) 김

생산되는 시기에 따라 품질이 달라지는데 겨울에 생산되는 것이 가장 품질이 좋다. 겨울에는 김의 질소 함량이 최고에 달하기 때문이다. 알라닌과 글리신이 감미를 주며 글루탐산은 좋은 맛을 내는 주요소이다.

김은 무기질의 보고라 할 정도로 무기질을 골고루 함유하고 있고 단백질도 많으며 특히 타우린이 많이 함유되어 있다. 비타민 A가 많고 비타민 B군 중 비타민 B_{12}가 특히 많다. 알긴산이 함유되어 있어 콜레스테롤의 흡수를 방해해 준다.

질이 좋은 김은 검은 빛을 띠고 윤기가 많으며 불에 구우면 선명한 녹색을 나타낸다. 김을 구울 때 청록색으로 변하는 것은 김 속에 있는 붉은 색소 피코에리트린이 청색의 피코시안(phycocian)으로 바뀌기 때문이다. 또한 엽록소가 열에 의하여 퇴색되어 청록색으로 변하기 때문이기도 하다.

　김을 보관할 때에는 밀폐된 용기에 넣어 냉장 또는 냉동보관을 하는 것이 좋다.

2) 미역

　우리나라 전 연안에서 생육하기 때문에 일찍부터 애용된 기호 식품이며 우리 생활과 깊은 연관을 맺고 있다. 미역 역시 무기질의 보고로 특히 칼슘과 아이오딘이 많이 함유되어 있는 알칼리성 식품이다.

　미역의 탄수화물 함량은 높은 편이나 전분이나 당과 같이 인체 내에서 에너지원으로 이용될 수 있는 것은 아니다.

　알긴산이 많아 미역의 미끈미끈한 점액성분의 주류를 이루며 장내에서 정장작용을 하고 체내의 중금속과 오염 물질을 배출시키며 피를 맑게 해주고 중성지방이나 콜레스테롤을 저하시키는 점질성 다당류로 알려져 있다. 미역의 단백질 함량도 높은 편이다. 미역을 고를 때에는 색깔이 검은 색을 띠고 있는 것이 좋으며 손으로 만져보아 부드러운 느낌과 줄기가 적은 것이 좋다. 초봄에서 6월 사이에 채취한 것을 좋은 제품으로 친다.

3) 다시마

　단백질의 주성분은 글루탐산으로 감칠맛을 준다. 지방은 아주 적으나 비린내가 있고 비누화되지 않는다. 다시마의 탄수화물로는 알긴이 20% 가량 들어 있으며 이것은 끈끈한 점질물로서 이를 분해하면 포도당, 과당, 갈락토오스, 말토오스 등이 생긴다. 다시마 표면의 하얀 가루는 만니트(mannit)이다. 조리를 할 때에는 물에 씻지 않고 깨끗한 마른 헝겊으로 표면을 닦아내어 사용한다.

　글루탐산과 만니트는 좋은 맛을 주는데 다시마에는 국물에 녹아 좋지 않은 맛을 내는 성분도 있다. 이러한 성분의 용출을 막기 위해서는 다시마를 처음부터 넣어 끓이지 말고 끓기 직전에 넣어 잠깐만 가열하는 것이 바람직하다.

4) 파래

　우리나라를 비롯한 유럽, 남아메리카, 일본 등 전 세계에 걸쳐 두루 분포한다. 알긴산과 아이오딘을 비롯하여 칼륨, 철분, 불소 등의 무기질 및 비타민성분이 풍부하게 함유되어 있다. 파래류가 갖는 독특한 향기는 디메틸설파이드(dimethyl sulfide)에 의한 것이다. 광택이 있고 선명한 녹색을 띤 어린잎이 좋은 것이다. 겨울철에 맛이 좋으며 생채, 국, 무침 등의 다양한 요리에 이용된다.

5) 한천

한천은 홍조류 중 우뭇가사리, 비단풀 등을 일광에 표백한 후 0.01%의 황산 또는 0.03%의 초산을 넣고 삶아서 점액을 채취하고 이것을 식혀서 고형화 하여 동결시킨 후 해동하여 건조시켜 만든다.

인체 내에서 소화되지 않고 그냥 배설되므로 다이어트 식품으로 또는 정장 작용을 하는 식품으로 이용된다. 또한 미생물이 이용하지 못하기 때문에 미생물 실험용 배지로 널리 쓰이며 특히, 겔 형성하는 능력이 강해서 식품의 겔화를 이용한 식품(잼, 젤리, 양갱 등)에 많이 쓰인다.

6) 클로렐라

클로렐라는 녹조류에 속하는 대표적인 조류이다. 단세포로서 고등식물과 같이 빛의 존재 하에서는 간단한 무기염과 이산화탄소의 공급으로 광합성을 하면서 생육하는 독립 영양균인데 세포막은 헤미셀룰로오스나 셀룰로오스로 되어 있고 핵을 가지고 있다.

2. 해조류의 성분

[1] 방향성 물질

갈조류의 냄새는 터펜(terpene)계이며 녹·홍조류는 함황계 화합물이 냄새의 원인 물질이다. 김의 냄새는 이황화 디메틸설파이드(dimethyl disulfide)에 의한 것이다.

[2] 감칠맛성분

김의 구수한 맛성분은 글리신(glycine) 또는 알라닌 등의 유리 아미노산이며 다시마는 글루탐산이 나트륨과 결합한 글루탐산나트륨(MSG)이다.

[3] 색소

클로로필과 카로티노이드가 주로 들어있으며 홍조류의 붉은 색은 피코에리트린(phycoerythrin)이다.

참고문헌

• 강근옥 외, 조리과학 이론 및 실험, 도서출판 효일, 2004
• 김경삼 외, 기초식품학, 지구문화사, 1996
• 김기숙 외, 식품과 음식문화, 교문사, 1999
• 김동훈, 식품화학, 탐구당, 1995
• 김상순 외, 식품학, 수학사, 1988
• 김영남 역, 식품화학, 도서출판 효일, 1999
• 김영수 외, 식품학개론, 수학사, 1998
• 김완수 외, 조리과학 및 원리, 라이프사이언스, 2004
• 남궁석 외, 식품학 총론, 진로 연구사, 2000
• 문수재 외, 식품학 및 조리원리, 수학사, 1993
• 박영선 외, 식품과 조리과학, 도서출판 효일, 2000
• 박원기, 한국식품사전, 신광출판사, 1990
• 박일화, 식품과 조리원리, 수학사, 1994
• 백과사전부, 두산세계대백과, 동아출판사, 1997
• 손종연, 최신 식품화학, 도서출판 진로, 2008
• 송계원, 식육과 육제품의 과학, 선진문화사, 1982
• 송재철, 최식식품가공저장학, 도서출판 효일, 1998
• 식품재료사전, 한국사전연구사, 1998
• 신말식 외, 조리과학, 파워북, 2009
• 안명수, 식품과 조리원리, 신광출판사, 1995
• 유영상 외, 식품 및 조리원리, 광문각, 1997
• 윤서석, 한국식품사연구, 신광출판사, 1974
• 윤옥현 외, 최신조리원리, 광문각, 1997
• 원융희, 음료/주장관리, 형설출판사, 1996
• 이경애 외, 식품학, 파워북, 2009
• 이서래, 한국의 발효식품, 이화여자대학교 출판부, 1986
• 이서래 외, 개정증보 최신식품화학, 신광출판사, 1997
• 이숙영 외, 식품화학, 파워북, 2009
• 이주희 외, 식품과 조리원리, 교문사, 2012
• 이혜수 외, 조리원리, 교문사, 1999

- 장지현, 한국전래 대두음식의 조리·가공사적 연구, 수학사, 1993
- 장지현, 한국전래 면류음식사 연구, 수학사, 1994
- 장명숙 외, 서양음식 이론과 실제, 신광출판사, 2004
- 장명숙 외, 한국음식, 도서출판 효일, 2003
- 장명숙 외, 식품과 조리원리, 도서출판 효일, 1999
- 장수경 외, 식품조리학 백산출판사, 1998
- 전희정, 식품조리, 교문사, 1995
- 정현숙 외, 새로운 조리과학, 1998
- 조신호 외, 식품학, 교문사, 2008
- 조재선, 식품재료학, 문운당, 2003
- 채범석 외, 영양학 사전, 아카데미서적, 1998
- 한국식품과학회, 식품과학용어사전, 광일문화사, 2006
- 한국조리과학회, 조리과학용어사전, 교문사, 2003
- 한명규, 식품화학, 형설출판사, 1998
- 허필숙, 조리학, 지구문화사, 1999
- 현기순 외, 조리학, 교문사, 1996
- 현영희 외, 식품재료학, 형설출판사, 2001
- 스기다 고이치, 조리요령의 과학, 전파과학사, 1993
- Brown, A., Understanding Food, Principles and Preparation. 2nd ed., Thomson Wadsworth, Cailfornia, 2004
- Charley H., Food Science. 3rd ed., Wiley, New York, 1992
- Penfield, M. P., Experimental Food Science. 3rd ed., Academic Press, San Diego, 1990
- Stilling, B. R., Trends in Foods. Nutrition Today, 1994

저자소개

박문옥

- 단국대학교 대학원(이학박사)
- 장안대학교 호텔조리과 교수

김용식

- 단국대학교 대학원(이학박사)
- 연성대학교 호텔외식조리과 교수

최신 조리원리 -개정판-

발 행 일	2016년 2월 25일 초판 발행
	2019년 2월 25일 개정판 발행
지 은 이	박문옥·김용식
발 행 인	김홍용
퍼 낸 곳	도서출판 효일
디 자 인	에스디엠
주 소	서울시 동대문구 용두동 102-201
전 화	02) 928-6643
팩 스	02) 927-7703
홈페이지	www.hyoilbooks.com
E m a i l	hyoilbooks@hyoilbooks.com
등 록	1987년 11월 18일 제6-0045호
정 가	22,000원
I S B N	978-89-8489-473-0